주식 투자,
내려갈 때 사서
올라갈 때 팔아라

주식 투자

내려갈 때 사서 올라갈 때 팔아라

이상엽 지음

한국경제신문*i*

평범하려면 비범한 노력이 필요하다

평범하게 살고 싶다

나는 부자 동네로 이사 온 가난한 소년이었다. 농촌 출신이셨던 아버지는 학비가 공짜라서 육사를 나와 군인이 되셨고, 가족들과 군대 관사에서 살았다. 어느 날 부모님은 반포가 학군이 좋다는 이야기를 들으셨고, 무리해서 이사를 왔다. 이곳 아이들은 하나같이 공부도 잘하고 잘생기고 잘살았다. 열등감에 힘들었지만 이내 잘 적응했다. 아이들이 인성도 좋았기 때문이다. 그렇게 고등학생이 됐다. 친한 친구에게 물었다.

"넌 앞으로 뭘 할 거야?"
"의사가 될 거야."
"왜? 매일 아픈 사람만 봐야 하잖아."
"직장 다니면 월 150만 원 번대. 우리가 쓰는 돈을 생각해봐. 그 돈으로는 평범하게 살기도 힘들어."

당시는 우습다고 생각했다. 그 똑똑한 머리로 겨우 평범함을 꿈

꾸다니. 나는 '과학기술로 국가 발전에 기여하겠다'라는 그럴싸한 꿈을 꾸며 공대에 갔다. 고시를 준비하기도, 유학을 준비하기도 했다. 그러다가 대학 3학년 때 IMF가 터졌다. 많은 기업이 망했고, 사람들은 직장에서 잘렸다. 취업 경쟁률은 100대 1을 우습게 넘겼다. 의대 간 그 친구가 얼마나 현명했는지 깨달았다. 평범하게 살고 싶다. 어떻게 하면 평범하게 살 수 있을까? 먼저 평범함을 정확하게 정의하고 어떻게 하면 될지 고민해보기로 했다.

평범하려면 얼마가 필요할까?

평범함이란? 결혼해서 아들, 딸 한 명씩 있었으면 좋겠다. 서울 아파트에 산다. 이왕이면 반포처럼 학군이 좋았으면 좋겠다. 방이 3개로 안방과 아이들 방이 있다. 나는 그럴듯한 직장에 다니며 생활비를 번다. 배우자는 아이가 어느 정도 클 때까지 육아에 전념했으면 좋겠다. 그 이후 돈 때문이 아니라 보람 있는 일을 한다. 자녀들은 대학을 졸업하고 결혼할 때 전세금 정도 해준다. 이렇게 살려면 얼마가 필요할까?

대학 졸업을 앞뒀던 2001년, 강남 30평 아파트는 5억 원쯤 했고, 월 300만 원이면 4인 가족이 살 수 있었다. 자녀 2명 전세금은

2억 원씩 총 4억 원이 필요했다. 이 책을 쓰는 2021년, 강남 30평 아파트는 25억 원, 4인 가족 생활비는 월 550만 원, 자녀 2명 전세금은 10억 원씩 20억 원이 필요하다. 2001년에도, 2021년에도 "꺅!" 소리를 지를 만큼 큰돈이다. 그때 의대를 갔어야 했다. 늦었다. 지금부터라도 의대 간 친구만큼 노력해야 한다. 공부보다 더 어렵다. 무엇을 어떻게 해야 할지 모르기 때문이다.

무엇을 어떻게 해야 하나?

결론부터 이야기하겠다. 먼저, 일해서 시드머니를 모은다. 그 시드머니로 주식 투자를 한다. 그리고 주식 투자에 성공하면 그 돈으로 집을 산다. 이게 답이다. 왜 그런지 하나씩 알아보자. 시드머니는 왜 일해서 모아야 하나? 시드머니를 마련하는 방법은 세 가지가 있다. 부모님께 받거나, 대출받거나, 일해서 모으는 것이다. 시드머니의 중요한 역할은 '잃었을 때 공포를 느끼는 것'이다. 부모님께 받은 돈은 잃어도 공포를 못 느낀다. 공포를 못 느끼니 실패가 뻔한 결정을 쉽게 한다. 그래서 실패가 반복되어도 실패로부터 배우지 못한다. 따라서 부모는 시드머니를 주면 안 되고, 자녀도 부모에게 달라고 하면 안 된다.

대출로 시드머니를 마련하면 공포가 너무 커진다. 한번 실패로 신용불량자로 전락하기 때문이다. 어떤 투자도 생각한 대로 되지 않는다. 예상했던 일이 일어나지 않을 수 있다. 타이밍은 거의 맞출 수 없다. 하지만 대출은 정해진 시간에 꼭 갚아야 한다. 그렇지 않으면 망한다. 따라서 시드머니는 일해서 모아야 한다. 일해서 모은 돈은 잃어도 망하지 않는다. 다시 모으면 된다. 과거의 실패를 곱씹으며 다음엔 더 나은 시도를 한다. 결국 큰 성공이 온다. 게다가 남들과 스스로한테 떳떳하다. 그러면 왜 시드머니로 주식 투자를 해야 하나?

왜 주식 투자인가?

다른 투자와 비교해서 주식 투자는 세 가지 장점이 있다. 시드머니가 작아도 된다. 정보가 투명하다. 쉽고 단순하다. 부동산 투자(집(갭 투자 포함), 상가 등), 대안 투자(코인, 그림, 음악 등)와 비교하겠다. 첫째, 시드머니가 작아도 된다. 부동산 투자는 적어도 1억 원은 있어야 의미 있는 투자를 할 수 있다. 물론 1,000만 원으로도 가능하다. 하지만 작은 돈으로 살 수 있는 물건은 매우 적다. 그걸로 돈 버는 건 더 어렵다. 코인, 그림, 음악 등 대안 투자는 주식처럼 적은 시드머니로 투자할 수 있다. 하지만 이들은 다른 문제가 있다. 정보가 투명하지 않다.

둘째, 주식 투자는 정보가 투명하다. 주식 시장에는 '공시' 제도가 있기 때문이다. '공시'란 기업 경영에서 중요한 내용을 투자자에게 알리는 것이다. 공시를 제대로 하지 않으면 불성실공시법인으로 지정되어 벌점을 받는다. 벌점이 쌓이면 거래가 중단되거나 심하면 상장 폐지[1]까지도 가능하다. 그러면 투자자들은 소송을 걸 것이고, 대표이사는 민사책임을 져야 한다. 그래도 '불성실공시법인'을 검색하면 하루 2~3개씩 나온다. 하지만, 부동산, 그리고 코인, 그림, 음악 같은 대안 투자와 비교해보라. 이 정도 장치라도 있는가? 그래서 주식 시장은 상대적으로 정보가 투명하다는 것이다.

셋째, 주식 투자는 쉽고 단순하다. 그래서 시간과 돈이 많이 절약된다. 주식 투자가 어렵다는 말을 많이 듣는다. 오히려 부동산이 쉽다고 한다. 부동산 용어는 생활에서 많이 쓰지만, 주식 용어는 재무회계를 잘 모르면 어려워서 그렇다. 하지만, 돈을 생각해보라. 부동산은 살 때 취득세, 갖고 있을 때 보유세, 팔 때 양도세

1) 상장 폐지 : 그 회사 주식이 거래소(코스피, 코스닥)에서 더 이상 거래되지 않는 것

를 낸다. 덩치가 커서 대출도 필수다. 팔고 싶을 때 팔리지 않아 시간을 맞추기도 어렵다. 그 외 수수료와 비용들이 많다. 수익률 계산이 가능한가? 주식은 수수료와 세금이 매우 적어 계산할 필요도 없을 정도다. 용어만 익히면 가격 변동만 신경 쓰면 된다.

그러니 시드머니로 주식 투자해서 돈을 벌어라. 그리고 그 돈으로 집을 사라. 부동산 투자로 돈을 벌어 집 사기는 어렵다. 처음부터 큰돈이 필요하다. 정보도 불투명하다. 어렵고 복잡해서 시간과 돈이 많이 낭비된다. 게다가 성공까지 많은 시간이 걸린다. 물론 한 번에 큰돈을 벌 수 있다. 하지만 주식 투자로 돈과 실력을 쌓은 후에 해야 한다. 투자는 모두 일맥상통하기 때문이다. 그러면 주식 투자를 어떻게 해야 하나?

주식 투자 어떻게 해야 하나?

이것이 바로 이 책에서 설명하려는 내용이다. 먼저 주식 투자 준비가 필요하다. 준비, 기본기, 뉴스 분석 방법을 소개한 후 이 단계에서 가능한 투자 전략을 소개한다. 한번 따라 해보기 바란다. 100% 성공하는 전략은 아니다. 세상에 그런 것은 없다. 하지만 '별것 아니네', '아, 이렇게 하는 거구나'라는 자신감을 갖기에는 충분할 것이다.

다음은 내 집 마련 주식 투자 단계다. 먼저 왜 주식 투자가 내 집 마련에 더 유리한지 설명한다. 그리고 재무 분석과 미래 예측을 설명한다. 집을 살 수 있는 주식 투자 방법은 가치 투자이며, 가치 투자를 하려면 재무 분석과 미래 예측을 할 수 있어야 하기 때문이다. 내 집 마련이 됐다면 부수입을 마련해야 한다. 그 방법은 '성장하는 배당주 투자'다. 이 방법이 오피스텔, 갭 투자, 상가 투자보다 나은 점을 설명하고 주의할 점을 설명한다.

마지막으로 직업으로 주식 투자 단계다. 전업 투자자가 되려면 시장 참여자들의 마음을 읽어야 한다. 그리고 타이밍이 중요하다. 가치 투자나 배당주 투자처럼 시간에 "얽매이지 않는" 투자를 할 수 없다. 생활비를 벌어야 하기 때문이다. 그래서 투자자 분석과 기술적 분석이 필요하다. 시간이라는 변수 때문에 리스크도 커서 리스크 관리도 필요하다. 그 사례로 내가 지금 쓰고 있는 투자 전략을 소개하겠다.

결론

평범하게 살려면 비범한 노력이 필요하다. 이 사실을 깨닫고 무엇을 어떻게 해야 하나 고민해서 찾은 것이 주식 투자였다. 열심히 노력했고 평범함을 이루는 데 성공했다. 이제 이 책이 나와 같은 입장인 사회 초년생, 아직 성공이 찾아오지 못한 분, 성공했지만 자녀에게 가르쳐 줄 방법을 고민하는 분들께 도움이 됐으면 한다. 나도 여러분의 도움을 받고 싶다. 이 책을 읽고 내 생각과 관점, 전략 중 잘못된 것이나 개선안을 알려 달라. 나도 더 발전하고 싶다.

이상엽

차 례

내 집 마련 주식 투자

부수입 만들기

직업으로 주식 투자

PART 01

투자를 위한 준비

준비

증권사 선택법

증권사 선택 기준은 수수료가 아니라 HTS 이용 편리성이다

증권사를 선택하는 기준은 'HTS[2]가 쓰기 편하냐? 보기 편하냐?'다. 매매 수수료가 아니다. 국내 HTS 주식 매매 수수료는 2020년 기준, 최저 0.014%~최고 0.15%, 중간값은 0.04%다. 주식을 1,000만 원어치 사면 1,400원~15,000원이고, 중간값은 4,000원이다. 하루에도 몇 번씩 사고파는 투자를 하지 않는다면 수수료는 의미 없다. 중요한 것은 '사고파는 것이 편리한가?'와 '필요한 정보들이 보기 좋게 잘 정리되어 있는가?'다. 왜냐하면, 종목 선택, 매수, 매도를 빠르고 편리하게 할 수 있어야 하기 때문이다. HTS는 각 증권사에서 쉽고 빠르게 분석할 수 있도록 많은 기능

2) HTS : Home Trading System의 약자. 컴퓨터로 주식을 매매하는 프로그램

이 있다. 그중 나와 잘 맞는 것을 찾아야 한다. 그러면 MTS[3]는? MTS로는 분석할 수 없다. MTS는 사고파는 것이 편리한지, 아닌지만 확인하면 된다.

HTS에서 점검해야 하는 화면

여러 개의 증권사 HTS를 설치해보고 네 개를 선택한다. 왜 네 개일까? 일단 차트 2개를 동시에 같이 봐야 한다. 코스피 종목이면 코스피 차트와 종목 차트, 코스닥 종목이면 코스닥 차트와 종목 차트를 봐야 하기 때문이다. 종목은 대세에 영향을 받는다. 종목마다 영향을 받는 정도와 방식이 다르다. 이것을 알기 위해 차트용 HTS 2개가 필요하다. 세 번째 HTS는 거래용이다. 주식을 싸게 사고 비싸게 팔기 위해 가격을 여러 개로 쪼개서 주문한다. 시장 흐름에 따라 정정, 취소도 많이 한다. 따라서 사용이 쉽고 직관적이어야 한다. 마지막 HTS는 종합시황 뉴스를 보는 화면이다. 뉴스에 따라 코스피, 코스닥 지수와 종목의 가격이 어떻게 움직이는지 확인해야 한다.

주식을 사고파는 것 외에 종목 선택을 위해 기본적으로 보는 화면은 다섯 개다. 종합시황 뉴스, 기업정보, 잔고조회, 투자자별 매매동향, 종합차트다. 이 중 종합시황 뉴스와 기업정보는 어느 증권사나 화면이 같다. 증권사마다 다른 화면은 잔고조회, 투자자별 매매동향, 차트, 이 세 가지다. 잔고조회 화면이 중요한 이유는 여러 종목을 거래할 때 각각 주가가 어떻게 움직이는지 한 번에 봐야 하기 때문이다. 투자자별 매매동향이 중요한 이유는 이 종목

3) MTS : Mobile Trading System의 약자. 스마트폰으로 주식을 매매하는 앱

을 개인, 기관, 외국인, 기타 중 누가 사고팔았는지 봐야 하기 때문이다. 마지막으로 차트는 봉차트 - 거래량 - 기술적 지표 - 수치, 이 네 가지를 동시에 봐야 한다. 보기 좋고 다루기 쉬운 것으로 선택하라.

계좌는 사고팔기 편한 증권사로 해라

계좌는 사고팔기 편한 증권사로 선택해야 한다. 증권사 회원 가입만으로 HTS나 앱을 설치해서 이용해볼 수 있다. 하지만 사고파는 것은 직접 해봐야 한다. 선택한 네 개의 증권사에 계좌를 만들어 돈을 조금 넣고 직접 거래해보라. 직장인은 MTS가 더 중요하다. 분석은 집에서 하더라도 거래는 직장에서 해야 하기 때문이다. 여러 MTS를 이용해보면 손에 착착 감기는 것이 있다. 주식을 사고팔 때 가격을 여러 개로 쪼개서 거래하기 편한지를 확인한다. 이미 낸 주문에 대한 정정과 취소도 쉬워야 한다.

키움증권 HTS, MTS는 무조건 써보자

키움증권 HTS, MTS는 무조건 설치해서 사용해보라. 두 가지 이유가 있다. 첫째, 개인 투자자가 가장 많이 사용한다. 이것은 장점일 수도, 단점일 수도 있다. 개인 투자자와 같은 화면을 보고 있으니 같은 판단을 할 확률도 높다. 반면 개인 투자자의 마음을 더 잘 알 수 있기도 하다. 둘째, 기술적 지표값(RSI, 볼린저밴드 등)이 다른 증권사와 약간 다르다. 이 또한 장점일 수도, 단점일 수도 있다. 나만의 기술적 지표값을 설정해 새로운 패턴을 찾을 수도 있다.

증권사 이용 사례

나는 차트용으로 KB증권을 사용한다. 이유는 양봉인 날 거래량 차트가 빨간색, 음봉인 날 거래량 차트가 파란색이다. 물론 증권사마다 바꾸는 기능은 다 있다(거래량 환경설정에서 '캔들색과 같이'를 선택하면 된다). 하지만 일일이 바꿔보고 선택할 수 없어 디폴트 기능을 보고 선택하다 보니 그렇게 됐다. 그리고 DATA값을 차트 아래에서 바로 볼 수 있다. 영웅문이나 한국투자증권은 수치 조회를 하면 별도의 창이 뜬다. 개인적으로 하단에서 한꺼번에 보는 게 더 좋았다.

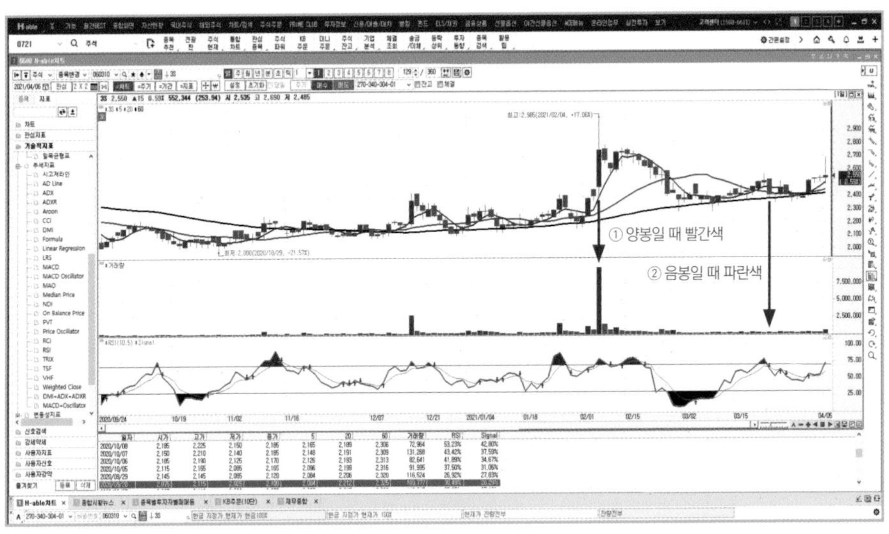

자료 1-1. KB증권 차트 화면

기업 분석, 재무 분석은 삼성증권을 사용한다. HTS에서 두 개의 금융정보업체 WISEfn과 FnGuide를 동시에 제공하기 때문이다.

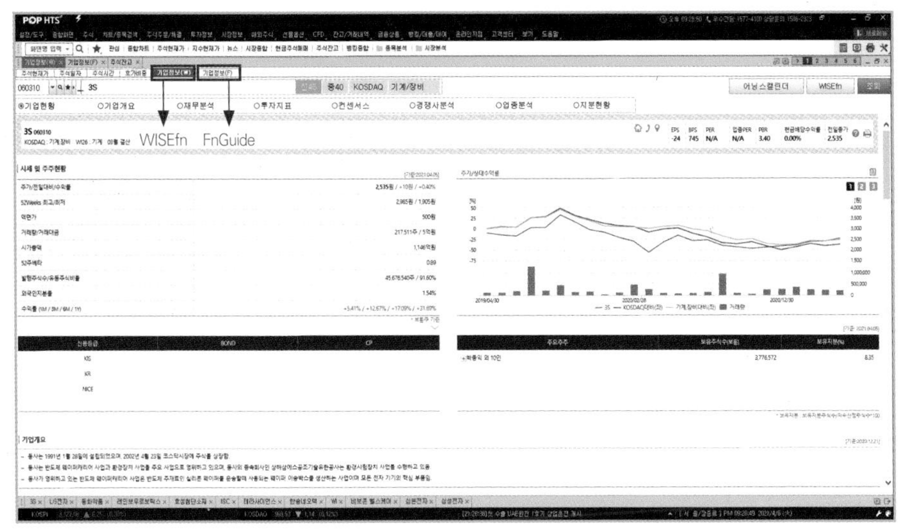

자료 1-2. 삼성증권 기업 정보 화면

투자자 분석은 한국투자증권 '종목별 일별 동향' 화면으로 한다. 수량을 '주'로 설정하고, '매도', '매수', '순매수'를 번갈아가면

① 수량을 '주'로 표시한다.

② 매도, 매수, 순매수를 번갈아가면서 선택한다.

③ 외국인, 개인, 기관, 기타가 얼마나 사고팔았는지 확인한다.

060310 3S KOSDAQ ○금액 백만원 ⊙수량 주 기준일 2021-04-06 엑셀 유의사항 조회 다음

3S	AJ네트웍	MP한강	ISC	테라사이
WI	옴니시스	한송네오	오스테오	지티지웰

현재가 2,550 ▲ 15 (0.59 %)
거래량(전일) 552,344 (217,511)

일별동향 그래프 ○매도 ○매수 ⊙순매수 ☑수정주가 □외국인(등록/비등록)표시

일자	종가	전일대비	거래량	외국인	개인	기관종합	기관: 금융투자	투신(일반)	투신(사모)	은행	보험	기타금융	연기금등	국가지방	기타
2021/04/06	2,550	▲ 15	552,344	-7,315	12,002										-4,687
2021/04/05	2,535	▲ 10	217,511	15,252	-13,475										-1,777
2021/04/02	2,525	▲ 10	207,049	-10,855	10,855										
2021/04/01	2,515	▲ 120	287,995	70,436	-72,436										2,000
2021/03/31	2,395		235,504	37,297	-37,297										
2021/03/30	2,395	▲ 10	168,100	7,641	-7,641										
2021/03/29	2,385	▼ 25	194,419	18,605	-19,805										1,200
2021/03/26	2,410	▼ 55	195,825	-38,669	38,669										
2021/03/25	2,465	▲ 55	288,725	57,162	-57,162										
2021/03/24	2,410		156,213	27,578	-27,578										
2021/03/23	2,410	▼ 90	245,741	-54,315	54,315										
2021/03/22	2,500	▼ 5	148,301	-8,748	8,748										
2021/03/19	2,505	▲ 35	240,133	21,231	-21,231										
2021/03/18	2,470	▲ 35	280,927	-102	102										
2021/03/17	2,435	▲ 15	169,436	-284	284										
2021/03/16	2,420	▲ 10	333,474	17,761	-17,761										
2021/03/15	2,410	▲ 10	119,628	4,004	-4,004										
2021/03/12	2,400	▲ 5	192,976	25,415	-25,415										
2021/03/11	2,395	▼ 5	181,897	926	-926										
2021/03/10	2,400	▲ 60	238,515	-8,727	8,727										

자료 1-3. 한국투자증권 투자자 동향 화면

서 선택하면 누가 얼마나 거래했는지 알 수 있다. 2021년 4월 6일, 3S는 개인이 1.2만 주를 더 사서 4월 5일보다 15원 올랐다. 거래량은 55만 주이고, 개인은 47만 주, 외국인은 8만 주를 사고팔았다. 3S는 개인 투자자가 85% 거래하는 회사라는 것을 알았다.[4]

마지막으로 키움증권은 RSI나 볼린저밴드 값이 KB증권과 어떻게 다른지 확인해보겠다.

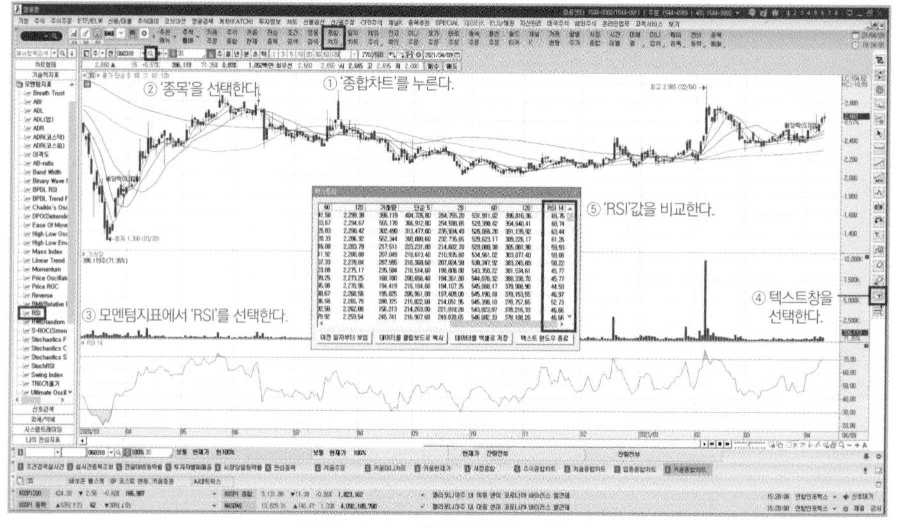

자료 1-4. 키움증권 차트 화면

가장 중요한 거래용으로는 한국투자증권을 쓴다. 사고팔고, 취소하고, 정정하는 데 가장 편하기 때문이다.

---

4) 자료 1-3 ①, ②, ③을 해보면 알 수 있다. 2021년 4월 6일 3S 거래량 552,344주는 76,121(외국인 매도) + 471,536(개인 매도) + 4,687(기타 매도)다.

:: 결론

이 모든 것은 개인의 취향이다. 따라 할 필요 없다. 증권사 선택 기준은 '쓰기 편하냐?', '보기 편하냐?', 이 두 가지다. 사고팔기 편해야 한다. 보기 편해야 종목을 쉽고 빠르게 찾을 수 있다. 수수료가 기준이 되어서는 안 된다. 지금은 수수료가 가장 높은 증권사가 0.15%지만, 2000년대 초반까지 0.5%가 대다수였다. 그때도 수수료는 적은 편이었다. 물론 아깝다고 생각할 수도 있지만, 이 말을 기억하자.

"티끌은 모아봐야 티끌이다."

증권사 HTS뿐만 아니라 네이버 증권도 봐야 한다. 왜 봐야 하며, 무엇을 어떻게 봐야 하는지 알아보자.

네이버 증권 활용법

'나는 상인이다'라는 마음으로 보라

네이버 증권에 가는 이유는 상인이 시장에 가는 이유와 같다. '무엇이 잘 팔리나?', '왜 잘 팔리나?', '어떤 사람들이 다니나?', '사람들이 뭐라고 하나?' 이런 것을 알기 위해서다. 그래야 무엇을 사면 나중에 비싸게 팔아 돈을 벌 수 있을지 알 수 있지 않겠는가. 네이버 증권은 우리나라에서 가장 많은 사람이 본다. 정리도 잘되어 있고 정보도 많다. 영향력 또한 크다. 따라서 주식 투자를 잘하려면 네이버 증권을 잘 봐야 한다. 네이버 증권은 정보가 많다. 하지만 시간만 보내고 원하는 목적을 달성하지 못하는 때가 많다. 그러지 않으려면 '나는 상인이다'라는 마음으로 이렇게 봐야 한다. ① 돈 벌 목적으로, ② 시간을 정해서, ③ 볼 것만 보고, ④ 본 것을 정리한다.

상인의 목적 : 돈을 버는 것

상인이 시장에 오는 목적은 두 가지다. 첫째, '내가 가진 아이템을 팔아야 할 때인가?', 둘째, '돈이 될 만한 아이템은 없나?'다. 네이버 증권도 마찬가지다. '내가 가진 종목을 팔아야 할 때인가?', '돈 될 만한 새로운 종목은 없나?', 이 두 가지 질문을 마음속에 되뇌며 네이버 증권에 들어가라. 아무 생각 없이 들어가면 많은 글을 읽고 긴 시간을 보냈지만, 아무것도 얻지 못할 때가 많다. 이럴 바엔 네이버 증권에 들어가지 않는 것이 낫다. 오히려 돈 버는 데 방해가 된다.

꼭 봐야 하는 것

꼭 봐야 하는 것은 '상한가'다. '상한가'는 오늘 하루 30%나 올랐다는 뜻이다. 1년에 이자를 1.5%도 받기 어렵다. 그런데 하루에 30%나 오른 것은 사람들이 어제보다 30%가 올랐어도 샀고, 더 사고 싶어 한다는 뜻이다. 그 이유를 꼭 알아봐야 한다. 그 종목이 30%나 오른 어떤 변화가 있었고, 그 변화가 해당 종목에 득이 된다고 사람들이 생각했기 때문이다. 꼭 그 종목을 사지 않더라도 그렇게 알게 된 지식은 많은 아이디어를 준다. 어떤 변화로

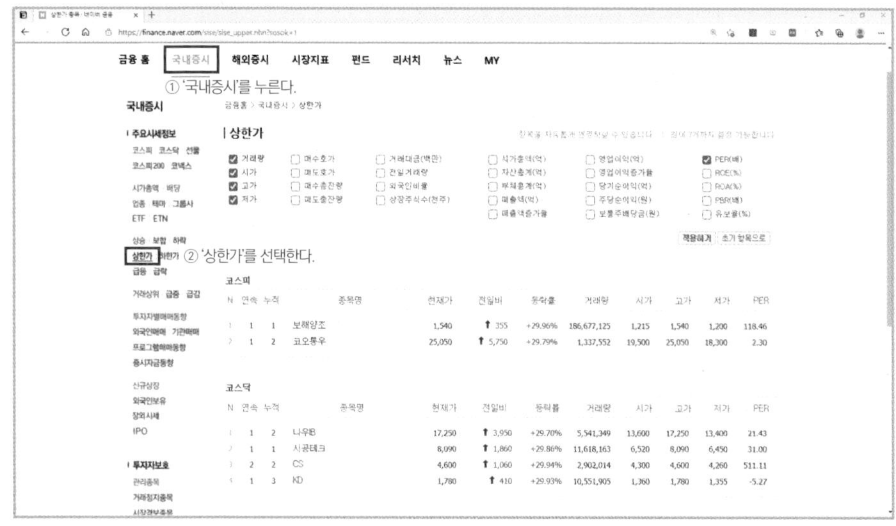

자료 1-5. 상한가 종목 조회 화면

이 종목이 '상한가'가 된 것은 '사실'이다. 종목 선택에서 중요한 정보다.

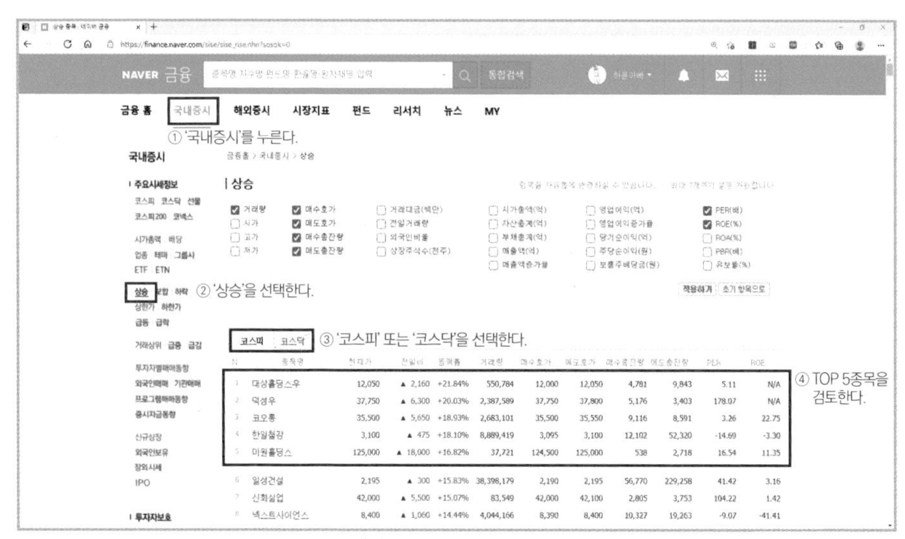

자료 1-6. 상승 Top 5종목 종목 조회 화면

'상승 TOP 5종목'은 '상한가'는 아니더라도 15~20% 이상 오른 종목들이다. 상인이 시장에서 무엇이 잘 팔리나, 왜 잘 팔리나를 알아보는 것과 같다. 이 종목들을 통해 화제가 되는 업종이나 테마를 알 수 있다. '상승 TOP 5종목'을 볼 때 코스피 5종목, 코스닥 5종목을 따로 봐야 한다.

관심 종목의 '뉴스·공시'도 봐야 한다. 네이버 '뉴스·공시'는 정리가 잘되어 있다. 불필요한 뉴스가 없고, 중복 기사는 정리가 되어 있다. 불필요한 뉴스란 단순히 주가가 오르거나 내렸다는 뉴스, 이동평균선이 정배열, 역배열 됐다는 뉴스다. 그런 것이 없어 판단을 내리기 편하다.

자료 1-7. 뉴스 공시 종목 조회 화면

관심 종목의 '종목토론실'도 꼭 봐야 하는 곳이다. '종목토론실'은 다른 사람들의 의견을 볼 수 있다. 가끔은 그 회사 주식 담당자와 통화한 내용, 실제 공장이나 사무실을 방문한 내용도 있다. 다 믿을 수는 없지만 참고할 만하다. 글을 비판적으로 보는 능력이 있다면, 많은 정보를 얻을 수 있다.

자료 1-8. 종목토론실 조회 화면

안 봐도 되는 것

안 봐도 되는 것은 코스피와 코스닥이 올랐는지 내렸는지, 외국인·기관·개인이 얼마씩 사고팔았는지, 그리고 그 이유가 무엇인지 설명하는 '주요 뉴스'다. 이것은 네이버 증권에 들어가면 가장 첫 화면 중앙에 있다. 사람들은 주식 시장의 변화가 개별 종목의 가격과 관계가 있다고 생각한다. 오랜 경험으로 봤을 때 상관없다.

대세가 떨어지더라도 오를 종목은 오르고, 대세가 오르더라도 내가 가진 종목은 안 오른다. 본업이 있어 주식 투자는 시간을 쪼개서 하고 있다면 더더욱 '주식 시장 전반의 움직임'과 '주요 뉴스'는 알 필요가 없다.

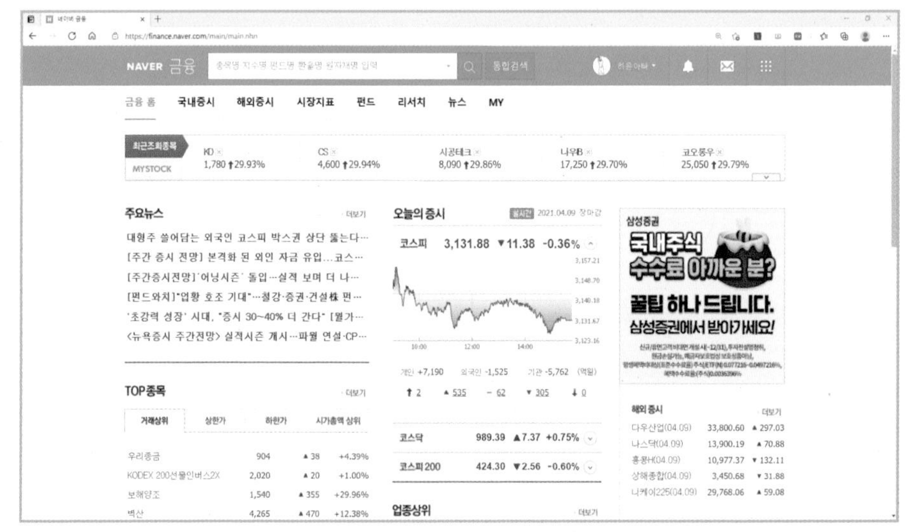

자료 1-9. 네이버 금융 메인 화면

네이버 증권을 보는 시간

평일에는 하루에 세 번만 들어간다. 오전 9시 30분, 10시 30분, 오후 3시. 오전 9시 30분, 10시 30분에 볼 것은 '상한가'다. 상한가가 없는 날도 있지만 있다면 어떤 종목이고, 그 이유가 무엇인지 본다. 가지고 있는 종목이 있다면 시세와 뉴스도 같이 확인한다. '매도'를 한다면 이 시간에 한다. 오후 3시에는 '상승 TOP 5 종목'이 무엇이고, 이유가 무엇인지 본다. 주식 시장은 3시 30분에 마감된다. 그 30분 사이에는 큰 변화가 없다. 하루가 어떻게 마무리되는지 보고 내일은 어떻게 시작될지 예상해본다. 그리고 시장에는 데이트레이더(Day Trader)가 있다. 오전에 사서 오후에 파는 하루하루 사고파는 투자자들이다. 이들은 3시쯤이면 그날 샀던 것을 거의 정리한다. 따라서 '매수'를 한다면 이 시간에 한다.

주말에는 좀 더 긴 시간을 본다. 할 일은 이번 주 '상한가', '상승 TOP 5종목'이 포함됐던 '테마', '업종'과 '배당' 종목들을 공부한다. 지금 가지고 있는 종목보다 나은 종목이 있다면 '매도 계획', '매수 계획'을 세운다. 새로 살 만한 종목이 없다면 다음 주를 기다리자. 네이버 증권에서 새로운 종목을 찾지 말자. 새로운 종목은 생활 속이나 '상한가', '상승 TOP 5종목'을 보고 그 이유를 찾다가 불현듯 떠오르는 아이디어 속에 있다. 생활과 아이디어 속에서 찾은 새로운 종목을 확인하기 위해 들어가는 것이다. 그렇게 하지 않으면 긴 시간 아무 성과 없이 정보의 바다를 헤매는 자신을 발견할 것이다.

본 것을 정리하라

주식 투자에서 중요한 것은 '어떤 종목을 얼마에 사서 얼마에 팔았느냐?'다. 무언가 읽었다면 그 결과, '무엇을 얼마에 사거나 판다'라는 의견을 가져야 한다. 수많은 정보를 읽다 보면 생각이 계속 변한다. 그 상태로 오랜 시간을 무언가 읽기만 하면 머리만 복잡하다. 따라서 날짜별·종목별 뉴스나 정보를 요약하고, 판단 결과를 정리하라. 그러다 보면 종목에 대해서 잘 알게 되고, 무엇보다 판단하는 나 스스로에 대해서 잘 알게 된다. 엑셀로 정리하는 것을 추천한다. 엑셀의 '필터'라는 기능으로 날짜별, 종목별, 출처별, 판단 결과별로 일목요연하게 정리할 수 있다.

:: 결론

네이버 증권을 효율적으로 보려면 ① 돈 벌 목적으로, ② 시간을 정해서, ③ 볼 것만 보고, ④ 본 것을 정리하라. 공부가 목적이 아니다. 무엇을 사야 나중에 비싸게 팔아 돈을 벌 수 있을지 알기 위해서다. 시간을 아끼자. 시간은 돈보다 더 소중하다.

이제 증권사도 선택했고, 네이버 증권도 어떻게 보는지 알았다. 그렇다면 얼마로 주식 투자를 시작해야 할까?

시드머니

1,000만 원으로 시작하라

많은 책과 강연에서 얼마로 시작하면 되느냐는 질문에 답이 없다. 이해한다. 누군가는 100만 원도 큰돈이고, 누군가는 1,000만 원도 작은 돈이다. 각자 원하는 금액도 다르고, 인플레이션 이슈도 있다. 하지만 1,000만 원으로 시작하라고 이야기하고 싶다. 왜냐하면, 버는 재미와 잃을 때 고통을 느낄 수 있다. 그리고 쉽게 다시 시작할 수 있기 때문이다. 이 세 가지 조건을 충족하는 금액은 2021년 기준 1,000만 원이다.

1,000만 원으로 투자하면 버는 재미가 있다

버는 재미를 느끼기에 1,000만 원이 적절한 이유는 짧은 시간에 버는 수익률(단타수익률)이 보통 1%이기 때문이다. 100만 원을 투자했다면 1%는 1만 원이다. 너무 적지 않은가? 1,000만 원의 1%는 10만 원이다. "오늘 점심 내가 쏜다" 드립이 가능하다. 나도 회사 다닐 때 오전에 하루짜리 투자를 하곤 했다. 그 결과에 따라 어떤 때는 일주일 내내 밥을 사기도 했다. 투자 감각도 유지하고 밥도 사는 재미가 있다. 직장 생활의 큰 활력소였다.

버는 재미를 느껴야 하는 이유는 흥미를 갖고 계속하기 위해서다. 주식 투자를 처음 하면서 가치 투자, 장기 투자를 하는 사람은 없다. 대부분 뭣도 모르고 한번 사보고 얼른 판다. 이 과정에서 '초심자의 행운'으로 쉽게 돈을 벌어 본 사람들은 계속 투자를 한다. 하지만 어떤 사람들은 그 행운이 없어 자신감을 잃고 포기한다. 잃더라도 포기하지 마라. 복권을 생각해보라. 복권을 사면 확률이 낮아도 당첨 가능성이 있다. 사지 않으면 당첨 가능성은 없다. 주식으로 돈을 버는 것은 복권보다 당첨 확률이 높다. 게다가 맞추기도 훨씬 쉽다.

1,000만 원으로 투자하면 잃을 때 고통을 느낀다

1,000만 원은 잃는 고통을 느끼기에 적절하다. 왜냐하면, 단타가 실패하면 -10%쯤 나기 때문이다. 100만 원을 투자해서 10%인 10만 원을 잃으면 간담이 서늘한가? 내가 통이 큰 것인지 모르지만, 10만 원은 잃어도 별 느낌이 없다. 하지만 1,000만 원에서 100만 원이 사라지면 등골이 서늘하다. 100만 원을 잃으면 '이

걸 어떻게 복구하지?' 하면서 오만 가지 생각이 든다. 계속 떨어질 것 같다. '빨리 팔아야지' 하며 팔려고 하면, 왠지 다시 오를 것 같다. 주식 투자자라면 모두 아는 이 감정을 느낄 수 있어야 한다.

쉽게 다시 시작할 수 있어야 한다

'1억 원을 만드는 가장 쉬운 방법은? 2억 원으로 주식 투자를 한다'라는 농담이 있다. 1,000만 원으로 투자해서 실패하면? 미수[5]를 하지 않는 한, 0원이 되지 않는다. 500만 원이 된다. 그러면 반성하는 마음으로 500만 원을 더 모아 1,000만 원으로 다시 시작하라. 2021년 최저임금으로 계산하면 월 182만 원이다. 부모님과 함께 산다면 3개월, 혼자 산다면 월 100만 원씩 5개월 정도 반성과 복기의 시간을 가져라. 남은 500만 원으로 바로 다시 주식 투자를 하지 마라. 그러면 또 250만 원이 된다. 그 사례로 내 경험담을 이야기하겠다.

주식 투자 시작 경험담

나는 1997년 12월에 IMF가 터지는 것을 보고 집 근처 현대증권(현 KB증권)에서 계좌를 만들었다. 대학 1학년 때 큰 교통사고를 당해 교통사고 보상비로 받은 2,000만 원이 있었다. 기회였고 모든 것이 싼 시기였지만 전부 투자하기엔 겁이 났다. 1998년 1월 초, 그중 1,000만 원으로 첫 투자를 시작했다. 무엇을 사야 할지 몰라 현대증권 계좌를 담당하는 직원분에게 물어봤다. 그랬더니 그분은

5) 미수 : 가진 돈의 최대 5배까지 주식을 사는 것. 100만 원으로 500만 원까지 살 수 있다. 기간은 3일. 3일 안에 주가가 오르면 괜찮지만, 가진 돈보다 더 큰 손해가 나면 부족한 돈을 입금해야 한다(이를 '마진콜'이라고 한다).

'한국전력(당시 시가총액 1위)'과 'LG정보통신(당시 핸드폰 제조 1위)'를 추천해주셨다. 그런데 사람 마음이 참 간사하다. 남들이 다 아는 정보로는 돈을 못 벌 것 같았다. 나만 아는 정보를 찾다가 PC 통신 나우누리 '주식 정보방'을 알게 됐다. 지금으로 따지면 카톡 리딩방 같은 곳이었다.

장 시작하기 전 8시, 점심시간, 장 마감하고 4시에 글이 올라왔다. 오전 글에서 추천한 주식을 샀다. 처음 산 주식인데 이름은 기억나지 않는다. 기억나는 건 PER이 100이라고 했다. 당시 그것이 좋은 건지, 나쁜 건지도 몰랐다. 일주일 후, 팔라는 글이 올라와서 바로 팔았다. 17%가 올라 170만 원을 벌었다. 기분이 좋았다. '이 돈으로 뭐할까?' 고민하다 대학을 휴학하고 '박영만 전산학원'이라는 컴퓨터 프로그래밍 학원을 등록했다. 6개월 과정 140만 원이었다. 이렇게 주식 투자로 돈 버는 재미를 알았다.

추천주를 한 번 더 샀다. 팔라는 글이 올라오지 않았는데 주가가 떨어져 손해를 봤다. 4시 글에 "팔라고 말씀드렸습니다"라는 글이 올라왔다. 그런 말 없었다. 화가 났다. 속았다는 생각이 들었지만, 누구에게 하소연할 수도 없었다. 하지만 일주일에 170만 원을 번 기쁨을 잊을 수 없었다. 서점에서 '주식'이라는 단어가 들어간 책은 다 읽었다. 태어나서 이렇게 열심히 공부한 적은 없었다. 두 달 만에 우량한 회사를 찾았다. '미원상사'라고 샴푸에 들어가는 계면활성제를 독점으로 생산하는 회사다. 사업, 재무 등 완벽했다. 3월 초 '미원상사' 주식 1,000만 원어치를 샀다.

이후 주가는 무섭게 떨어지기 시작했다. 일주일 만에 10%가 떨어졌다. '설마…' 하며 버텼다. 6월에는 반토막이 되어 있었다.

1,000만 원이 500만 원이 되자 더 이상 버틸 수 없어서 팔았다. 사람들은 IMF로 나라가 망할 것이라고 했다. 자살하는 사람들도 있었다. 나라가 망해 사람들이 샴푸 대신 비누로 머리를 감을 것 같았다. "더 손해 보기 전에 지금이라도 팔자"라는 마음이었다. 처음엔 잘했다고 생각했다. 하지만 1998년 말, '미원상사'는 내가 샀던 가격을 회복했고, 그다음 해에는 2배 이상 올랐다. 이렇게 돈 잃는 고통을 배웠다.

손실의 고통은 컸다. 주식은 쳐다보지도 않았다. 당시 얻은 교훈이라면 '그래, 잘 알려진 큰 회사를 사야 해'였다. 잘 모르는 작은 회사를 사서 마음이 흔들렸다고 생각했다. 1999년 7월, 6개월간 호주로 어학연수를 갈 예정이었다. 이 기간에 남은 500만 원이 다시 1,000만 원이 되기를 바라는 마음으로 주식을 살 생각을 했다. 후보는 '삼성전자'와 '현대건설'이었다. '삼성전자'는 반도체 1위 회사다. 하지만 IMF 전 8만 원이던 주가는 4만 원까지 떨어졌다가 이미 10만 원이 넘은 상황이었다. '현대건설'은 건설 1위 회사다. 5,000원에서 큰 변화가 없었다. '불황인데 건설로 경기를 일으키려 하지 않을까?' 하는 생각도 들었다. 그래서 남은 500만 원으로 '현대건설'을 사고 어학연수를 다녀왔다.

6개월 후, 삼성전자는 30만 원이 넘었고, 현대건설은 2,500원이 되어 있었다. 500만 원이 250만 원이 된 것이다. 겁이 나서 얼른 팔았다. 삼성전자는 2000년대 초 인터넷 붐을 타고 가격이 크게 올랐고, 현대건설은 이라크에서 공사대금 10조 원을 받지 못했다고 했다. 얼마 후 현대건설은 워크아웃이 됐다.

이 아프고 바보 같은 경험은 이후 주식 투자를 하는 20년간 성공 투자의 바탕이 됐다. 생각과 고민, 즉 '자기만의 투자 전략' 없이 투자하면 얼마나 위험한지 깨달은 것이다. 1998년 프로그래밍을 배운 나는 2000년 초반에 불어온 IT 바람 덕분에 잃은 750만 원을 채워 넣었다. 그동안 와신상담하며 '자기만의 투자 전략'을 세웠기 때문이다.

:: 결론

버는 기쁨과 잃는 아픔을 느낄 수 있는 금액이자 잃으면 와신상담 후 다시 시작할 수 있는 금액 1,000만 원. 1998년 1월에 산 미원상사 1,000만 원을 계속 가지고 있었다면, 2021년 4월, 25억 원이다. 1999년 7월에 삼성전자 1,000만 원을 사서 계속 가지고 있었다면 2021년 4월, 4억 원이다. 지금도 생각하면 속이 쓰리다. 유사한 경험을 한 분들에게는 심심한 위로의 말씀을 드리고 싶다.

증권사를 선택하고 1,000만 원도 모았다면, 이제 꼭 필요한 주식 용어를 익히자. 적어도 'PER 100'이 좋은 건지, 나쁜 건지는 알아야 할 것 아닌가? 주식 용어는 어디까지 알아야 할까?

알아야 할 주식 용어

돈 버는 데 필요한 용어만 정확하게 알자

주식 용어는 돈 버는데 필요한 용어만 정확하게 알면 된다. 주식에는 어려운 용어가 많다. 사람들과 주식 이야기를 하다 보면 가끔 어려운 토론을 하게 된다. 예를 들어 'ROI로 기업의 가치를 평가하는 것의 장점과 한계점은 무엇인가?', 'EV/EBITDA 8배가 맞느냐, 13배가 맞느냐?' 하는 것 등이 그것이다. 재무실 직원이라면 모를까, 주식 투자자가 알 필요 있을까? 주식 투자자는 주식 투자로 돈 버는 데 필요한 용어만 정확하게 알면 된다. 많이 알 필요 없다. 하지만 정확하게 알아야 한다. 그것이 투자에 더 도움이 된다.

예수금, D+1일 정산금액, D+2일 정산금액

증권사 선택 후 돈을 1,000만 원 넣으면 어느 화면을 가장 먼저 들어갈까? 바로 잔고 화면이다. 돈이 제대로 들어가 있는지 확인해야 할 것 아닌가? '예수금'에 1,000만 원이 들어가 있다. 지금 주식을 살 수 있는 금액이자 현금으로 출금할 수 있는 금액이다.

여기 'D+1일 정산금액('익일 정산금액'이라고도 한다)', 'D+2일 정산금액'이 있다. 'D+1일 정산금액'은 출금하려면 내일부터 가능하지만, 주식 매수는 오늘도 가능하다. 'D+2일 정산금액'은 출금하려면 모레부터 가능하지만, 주식 매수는 오늘도 가능하다. 이 정보가 필요한 이유는 매수하면 D+2일에 돈이 예수금에서 빠져나간다. 매도하면 D+2일에 예수금으로 돈이 들어온다. 이것을 정확하게 이해하고 있어야 한다.

다음은 한국투자증권에 72,155,044원이 있고, 오늘 91,600원 주식을 샀을 때 잔고 화면이다.

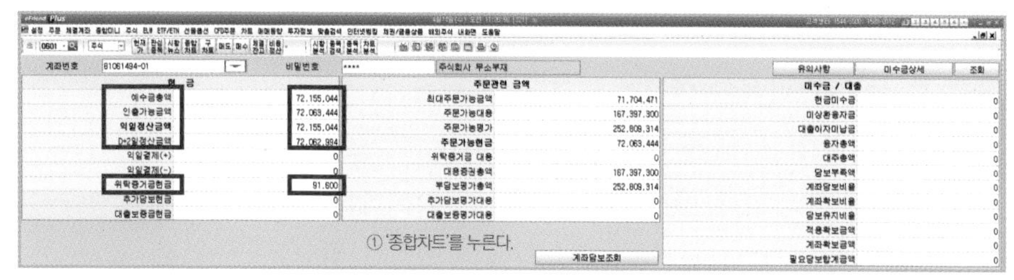

자료 1-10. 예수금 화면

'예수금'은 72,155,044원 그대로다. 아직 돈이 빠져나가지 않았다. '인출가능금액'은 예수금에서 주식을 산 91,600원이 빠져나간 72,063,444원이다. '익일정산금액'은 '예수금'과 같다. 아직 돈이 빠져나가지 않았다. 'D+2일 정산금액'은 91,600원+450원(수수료)이 함께 빠져나간 72,062,994원이다. 모레 예수금은 D+2일 정산금액이 된다.

화면 중간에 '위탁증거금 대용', 오른쪽에 '미수금/대출' 이런 어려운 용어들은 몰라도 된다. 말도 어려운데 쓸모도 없다. 예를 들어 '미수'란 가진 돈보다 5배까지 살 수 있는 제도다. 단, 3일 안에 갚아야 한다. 오늘내일 10% 이상 오를 것 같은 주식이 있다. 그래서 1,000만 원밖에 없지만, 5,000만 원어치를 주문한다. 3일 만에 500만 원을 벌 수 있다. 그러나 시장은 절대 예상대로 되지 않는다. 3일에 10%가 떨어지면 당신의 돈은 반토막 나고, 20% 이상 떨어지면 '0원'이 된다. 이것을 '깡통을 찬다'라고 표현하며, 이런 계좌를 '깡통 계좌'라고 한다. 미수, 신용, 대출은 관련 용어조차 공부하지 마라. 보통 초보들이 하다가 깡통을 찬다. 고수는 절대 하지 않는다. 초보들이 하는 실수를 하지 말고 그 돈과 시간을 아껴라.

재무 관련 용어

재무 관련해서 정확하게 알아야 하는 첫 번째 용어는 자산, 부채, 자본이다. 쉽게 바꾸면 자산(재산), 부채(빚), 자본(내 돈)이다. 5억 원짜리 집에 살고, 예금 1,000만 원이 있고, 대출 2억 원이 있다고 하자. 자산(재산)은 5억 1,000만 원, 부채(빚)는 2억 원, 자본(내 돈)은 3억 1,000만 원이다. 정확하게 알아야 하는 두 번째 용어는 매출, 영업이익, 순이익이다. 연봉 1억 원, 카드값 연 7,000만 원이 나온다고 하자. 그러면 매출은 1억 원, 영업이익 3,000만 원이다. 그러면 순이익은? 연봉 1억 원이면 세금과 국민연금, 건강보험이 2,300만 원 나온다. 순이익은 영업이익에서 세금과 공과금을 뺀 700만 원이다. 이 순이익이 자본(내 돈)이 되어 자산(재산)이 늘어난다. 기업도 똑같다. 이 개념을 명확하게 알고 있어야 한다.

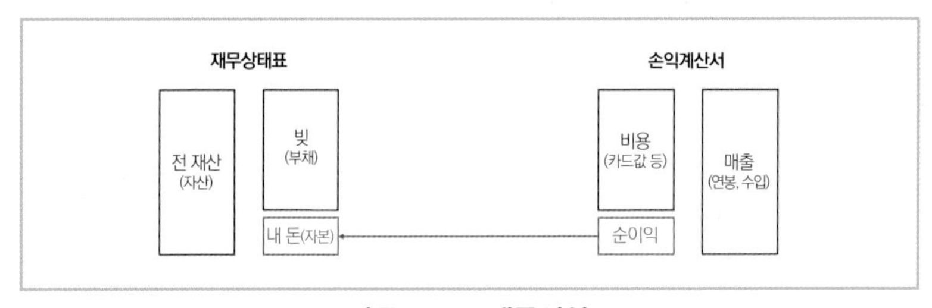

자료 1-11. 재무지식

순이익을 정확하게 이해했다면 PER을 정확하게 알 수 있다. PER은 주식 1주당 순이익율이다. PER 10은 1주당 순이익율이 10%(1/10)다. PER 20이면 1주당 순이익율 5%(1/20), PER 100이면 순이익율 1%(1/100)다.

자본(내 돈)을 정확하게 이해했다면 PBR을 정확하게 알 수 있다. PBR은 주식 1주당 순자산율이 얼마냐다. 순자산은 자산 빼기 부채다. 즉 자본(내 돈)이다. PBR이 1이면 1주당 순자산과 주가가 같다. PBR이 2이면 주가가 1주당 순자산의 2배다. 주가가 고평가 됐다고 한다. PBR이 0.5면 주가가 1주당 순자산의 0.5배다. 주가가 저평가됐다고 한다.

차트 관련 용어

차트에서 가장 중요한 것은 시가와 종가다. 시가는 오전 9시 시작 가격이고, 종가는 오후 3시 30분 마감 가격이다. 시가와 종가를 이해하려면 '주식 시장 매매체결의 원칙'과 '동시호가'를 알아야 한다. 왜냐하면, 시가와 종가는 '동시호가'로 결정되기 때문이다. '주식 시장 매매체결의 원칙'은 ① 가격 우선, ② 시간 우선, ③ 수량 우선, ④ 위탁매매 우선, 이 네 가지다. 가격이 높을수록, 먼저 주문을 낸 순서로, 더 큰 물량을, 증권회사보다 고객 주문을 우선한다는 원칙이다. '동시호가'는 주식 시장 시작 때와 마감 때 가격과 수량 우선 원칙만 적용해 모아서 거래를 체결하는 제도다.

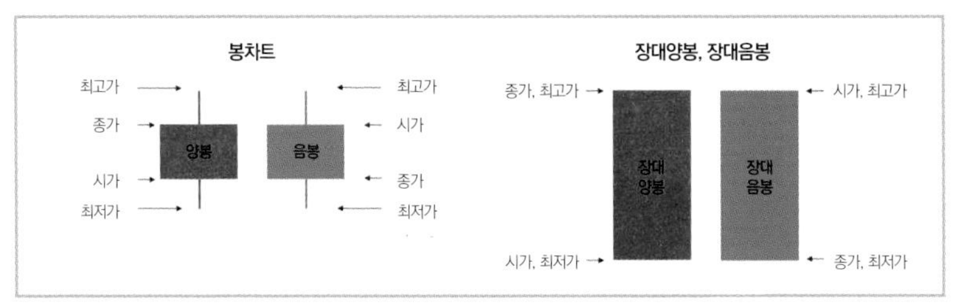

자료 1-12. 차트지식

봉차트에서 빨간색은 '양봉'이다. 종가가 시가보다 높다는 뜻이다. 파란색은 '음봉'이다. 종가가 시가보다 낮다는 뜻이다. '꼬리'라고 불리는 선은 위로는 최고가, 아래로는 최저가를 나타낸다. 봉차트는 그날 시가보다 종가가 올랐는지 내렸는지 표시한다. 어제보다 오늘 올랐는지는 어제 종가와 오늘 종가를 비교해야 한다. 어제보다 떨어졌지만 빨간색일 수도 있고, 어제보다 올랐지만 파란색일 수도 있다. 봉차트는 그날 하루에 있었던 일을 압축해서 보여준다. 전날과 다음 날을 비교하면 흐름도 볼 수 있다. 한눈에 많은 정보를 보여주는 차트다. 따라서 보기 힘들고 이해하기도 힘들다. 제대로 보려면 봉 하나의 의미를 정확히 파악하고, 전날과 다음 날 봉과 비교하며 보는 연습을 해야 한다.

봉차트는 시간 단위에 따라 '일봉', '주봉', '월봉', '분봉'이 있다. '일봉'은 하루 단위로 시가, 종가, 최고가, 최저가를 표시한다. '주봉'은 1주일, '월봉'은 1개월, '분봉'은 1분이다. 이 중 꼭 봐야 하는 것은 '일봉'이다. '주봉', '월봉'은 3년 이상을 보는 장기 투자를 할 때 본다. '분봉'은 하루에 여러 번 거래하는 스캘핑을 할 때 본다. 그 외에는 모두 '일봉'이다. 주식 시장은 하루 단위로 마감되므로 흐름을 파악하기에 '일봉'이 가장 적절하다.

'장대양봉'과 '장대음봉'은 '꼬리' 없이 긴 양봉 또는 음봉이다. '장대양봉'이 왜 생긴 것일까? 그날 그 종목에 뭔가 좋은 일이 있었던 것이다. '장대음봉'은 반대로 나쁜 일이 있었는 뜻이다. 뉴스와 공시를 확인하니 아무 일도 없었는데 생겼다면? 누군가 한꺼번에 사거나 팔았다는 뜻이다. 장대양봉이나 장대음봉이 있는 날은 뉴스와 공시 유무와 상관없이 해당 종목에는 중요한 날이다.

호가

호가란 투자자가 주식을 사고팔기 위해 가격과 수량을 제시하는 것이다. 여러 사람이 복수의 가격과 수량을 경쟁적으로 제시해 사고판다. 그러다 사고자 하는 호가와 팔고자 하는 호가가 일치할 때 거래가 성사된다. 거래하는 수량 단위는 1주다. 가격 단위는 주가가 5,000원 미만이면 5원 단위, 1만 원 미만이면 10원, 5만 원 미만이면 50원, 10만 원 미만이면 100원, 50만 원 미만은 500원, 50만 원 이상은 1,000원 단위로 거래한다. 예를 들어 2,000원짜리 주식은 매도 호가는 1,995원 1,990원 … 이렇게 되고 매수 호가는 2,005원 2,010원 … 이런 식이다.

:: 결론

주식 용어는 많지만 다 알 필요는 없다. 하지만 돈 버는 데 꼭 필요한 용어는 정확하게 알아야 한다. 앞서 말한 용어들이 바로 그런 용어들이다. 고등학교 시절 물리를 좋아하고 잘했다. 물리 선생님은 물리를 이렇게 가르치셨다.

"F=ma, F=ma … 100번 말했습니다. 앞으로 200번 더 말하겠습니다. F=ma, F=ma…."

선생님은 그렇게 F=ma의 중요성을 가르치셨다. 그때는 너무 성의 없다고 불평했다. 하지만 물리를 깊이 알수록 선생님의 가르침이 옳았다는 것을 깨달았다. 중요한 것을 정확하게 잘 알아야 한다. 나머지는 천천히 알아도 되고 몰라도 된다. 그리고 주식에서 미수, 신용, 대출은 하지도 말고, 관련 용어를 알려고도 말라. 시간 낭비다.

주식 용어를 익혔으니 이제 주식 투자 공부 방법을 알아보겠다.

주식 투자 공부 방법

책을 많이 읽어라

책을 많이 읽어라. 시중에 나와 있는 책을 읽다 보면 마음에 '쏙' 드는 책이 있다. 그 책이 당신의 교과서이고, 그 책의 저자가 당신의 스승이다. 인터넷 글, 유튜브 영상보다 책을 읽으라고 하는 이유는 무엇일까? 책은 저자가 가진 지식, 경험, 지혜를 모두 정리한 것이다. 따라서 책을 읽으면 저자를 스승 삼아 따라 할 수 있다. 하지만 인터넷 글, 유튜브 영상은 너무 짧다. 저자의 지식, 경험, 지혜를 정리해서 전달하기 어렵다. A4 1~2장, 10분 이내의 영상으로 전달할 수 있을까? 책을 읽는 것이 가장 좋은 방법이다. 그러면 어떤 책을 읽어야 하는지 사례를 소개하겠다.

돈, 뜨겁게 사랑하고 차갑게 다루어라

내 첫 번째 교과서는 《돈, 뜨겁게 사랑하고 차갑게 다루어라》다. 2001년에 나온 이 책을 읽고 2002년부터 이 책을 교과서 삼아 투자했다. 이 책에서 주식 투자 성공전략은 '남들과 반대로 하는 것'

이라고 말한다. 이어서 '뚜렷한 주관을 가지라'고 한다. 앙드레 코스톨라니(André Kostolany, '앙선생'이라 부르겠다)는 러시아 차르 시대, 가치 없는 채권에 투자해서 60배를 벌었고, 망해가던 크라이슬러에 투자해 50배를 벌었다. 나는 2001년 대학 졸업 후 1년간 전업 투자를 하며, 기술적 분석과 투자자 분석으로 나름 좋은 수익을 올렸다. 하지만 청춘을 방구석 주식 투자자로 보내기 싫어 대안을 찾던 중 이 책을 만나 취직을 하고 장기 투자자로 변신했다.

앙선생의 주요 투자 전략은 '턴어라운드 투자'다. 즉 남들이 모두 망할 것이라고 하는 것을 진짜 망할지 살펴본다. 망하지 않을 것으로 생각하면 과감하게 투자한다. 그 믿음이 현실이 됐을 때 엄청난 수익이 생긴다. 이런 투자의 장점은 첫째, 수익률이 높다. 망할 회사나 채권은 가치가 없어 아주 싸게 살 수 있다. 그런 것이 살아나면 엄청난 수익이 발생한다. 둘째, 성공률이 높다. 국가도, 회사도 쉽게 망하지 않는다. 기회가 오고 살아난다. 셋째, 매일 쳐다볼 필요가 없다. 믿고 기다리면 된다.

이 책을 읽고 2002년 말 '하이닉스'를 샀다. 지금의 'SK하이닉스'로 IMF 빅딜 정책으로 현대전자와 LG반도체가 합쳐서 탄생했다. 당시 두 회사 모두 '반도체 치킨게임'이라고 불리는 심한 경쟁, 기술 부족, 계속된 적자로 망하는 게 정상이었다. 합쳐서 구조 조정을 해서 살려보려는 것이었다. 그때 두 가지 큰 결정을 한다. 첫째는 '비메모리를 팔고 메모리에 집중한다', 둘째는 '21:1로 감자[6]한다.' 나는 이 과감한 결정이 회사를 살릴 것으로 생각

6) 감자 : 자본을 줄이는 것. 일반적으로 주식의 가치를 아무 보상 없이 떨어뜨리는 무상감자를 '감자'라고 한다.

했고, 감자 전 매수했다. 500원에 샀지만 감자 직전 125원까지 내려갔다. 지금 SK하이닉스 주가로 따지면 1만원에 샀는데 2,600원까지 내려간 셈이다. 하지만 5년 뒤 3만 원이 넘었다. 5년에 3배를 번 것이다.

아쉬움이 많은 투자였다. 조금만 더 신경을 썼다면 좀 더 싸게 사서 훨씬 더 비싸게 팔 수 있었기 때문이다. 하지만 취직하고, 결혼하고, 아이 둘을 낳고 집을 마련하면서 번 돈이다. 3개월에 한 번 분기 보고서가 나오면 하이닉스가 내 믿음대로 잘되고 있는지만 확인하면 됐다. 이 투자로 장기 투자에 자신감을 얻었다.

월가의 영웅, 피터 린치

내 두 번째 교과서는《월가의 영웅》이다. 2002년에 읽었다. 처음 읽을 당시에는 와닿지 않았다. 하지만 좋은 책이라고 생각해서 계속 가지고 있었다. 앙선생의 턴어라운드 투자는 좋은 투자 방법이다. 하지만 종목을 찾기가 쉽지 않았다. 하이닉스는 좋은 투자였지만, 그런 회사는 흔하지 않다. 망해가는 회사들은 살아남기 위해 하이닉스처럼 멋진 결정을 내리지 못했다. 다른 종목 발굴방법이 필요했는데《월가의 영웅》에 그 방법이 있었다.

피터 린치(Peter Lynch)는 이런 회사를 완벽한 주식이라고 했다.

① 따분하게 들린다.
② 따분하거나 혐오감을 일으키는 사업을 한다.
③ 기관들이 보유하고 있지 않고 증권분석가들도 취급하고 있지 않다.

④ 남들이 거들떠보지 않는 틈새에 있다.

완벽한 주식은 10배씩 올랐고 이것을 '10루타를 쳤다'라고 표현했다. 주식 투자 경력 10년 만에 피터 린치의 투자법이 좋다는 것을 깨달았다. '하이닉스'처럼 크고 유명한 회사로는 큰돈을 벌 수 없다. 이해관계가 너무 다양하기 때문이다.

2009년에는 돈이 간절하게 필요했다. 셋째가 태어났기 때문이다. 대기업에서 빠르게 승진했어도 외벌이로 세 아이를 키우기엔 부족했다. 이 상황을 타개할 투자 방법을 찾아야 했다.《월가의 영웅》이 생각나 다시 읽고, 이 책대로 투자하기로 했다. 주말이면 피터 린치가 말한 '완벽한 주식'을 찾아 DART(금융감독원 전자공시시스템, dart.fss.or.kr)를 찾아 헤맸다. 그렇게 찾게 된 회사가 '고려신용정보'였다. 속된 말로 '떼인 돈 받아드립니다' 사업을 한다. 이름부터 따분하지 않은가? 기관은 보유하고 있지 않았다. 분석 리포트도 없다. 우리나라 채권추심 1위 업체임에도 말이다. 아무도 거들떠보지 않아 1,000원짜리 주식이 하루 1~2만 주 거래됐다. '완벽한 주식'이었다.

책으로 만난 스승과 제자 사례

책으로 주식 시장에서 같은 스승을 모신 동문 제자를 만나기도 했다. 2011년 말, 나는 '고려신용정보'에 많은 돈을 투자했고 항상 모니터링했다. 2015년 4월 23일, '주식 등의 대량보유상황보고서' 공시가 떴다. 특이하게 제출자가 '김봉수'라는 개인 투자자였다. 80만 주, 5.63%를 보유했다고 신고했다. 상장 주식을 5% 이상 보유하면 이렇게 공시를 해야 한다. 이 일은 큰 화제가 되어 〈매일경제〉신문에 인터뷰 기사가 나왔다. "종잣돈 4억, 10년 만에 400억으로 불린 카이스트 김봉수 교수의 투자 비법 노트(윤재오 기자, 〈매일경제〉, 2015년 6월 12일자)"였다.

이 기사의 일부를 그대로 옮기겠다.

"교수는 공부가 전공이다. 주식 공부도 책으로 했다. 많은 책을 사서 읽고 공부했다. 100, 200권쯤 될 텐데 거의 다 읽었다. 앙드레 코스톨라니의《돈, 뜨겁게 사랑하고 차갑게 다루어라》, 피터 린치의《월가의 영웅》, 벤저민 그레이엄(Benjamin Graham)의《현명한 투자자》는 큰 도움이 됐다."

이 부분을 읽는데 마음의 감동이 있었다. 같은 책을 읽었으니 비슷한 선택을 한 것이다. 같은 스승을 모신 제자로서 동질감을 느꼈다.

덕분에 돈도 많이 벌었다. 이분 덕분에 고려신용정보는 유명한 주식이 됐고, 가격도 많이 올랐다. 2015년 5월, 고려신용정보를 팔아 강남에 30평대 집을 살 수 있었다. 김봉수 교수님은 나에게 동문이자 은인이다. 이분이 산 부산방직, F&F 또한 눈여겨보게 됐다. 교수님은 5% 룰 때문에 신고하는 것이 부담이 되셨는지 고려신용정보 물량도 5% 이하로 줄이셨다. 얼굴 한 번 본 적 없고 그분은 나를 모르지만, 나는 그분을 좋아하고 존경한다. 책과 주식으로 이어진 사제 동문이다.

:: 결론

왜 책을 많이 읽어야 하는지 충분한 설명이 됐으리라 생각한다. 책에서 내가 따를 스승을 찾아야 한다. 그 스승이라면 지금 어떤 종목을 어떻게 사서 어떻게 팔까? 이것이 머릿속에 그려진다면 좋은 책이다. 책을 읽고 따라 하라. 따라 하다 보면 자신과 상황에 맞게 변형하게 된다. 그것이 바로 '자기만의 투자 전략'이며 성공의 초석이다.

그렇다면 '자기만의 투자 전략'을 어떻게 만드는지 좀 더 구체적으로 알아보자.

02 기본기

투자 전략 만드는 법

Trial and error

자기만의 투자 전략을 만드는 방법은 'Trial and error(시행착오)'다. 'Trial and error'란, 먼저 구체적인 '목표'를 정한다. 목표를 달성하기 위해 '계획'을 세운다. 계획을 '실행'한다. 목표가 달성되지 않는다. 원인을 분석해서 계획을 '수정'하고 다시 실행한다. 이것을 목표가 달성될 때까지 반복하는 것이다. 이 방법의 특징은 누구든지 할 수 있고, 반드시 성공한다. 하지만 실패가 반복되는 힘든 과정을 거쳐야 하며, '실행'하기 위해서는 믿음과 용기가 필요하다.

목표 정하기

구체적인 목표가 가장 중요하다. 목표가 명확하면 절반은 된 것이다. '돈을 벌고 싶다', '가능하면 많이 벌고 싶다'처럼 막연한 목표는 안 된다. 금액과 시간이 구체적이어야 한다. 돈에 대한 목표는 수익률이나 금액이다. 시간에 대한 목표는 언제까지 얻고자 하느냐다. 예를 들어 '투자금의 20%를 번다'거나 '1,000만 원으로 10만 원을 번다'라는 것은 목표가 아니다. '1년에 투자금의 20%를 번다'거나 '1,000만 원으로 하루 10만 원을 번다' 이런 것이 목표다.

금액 목표는 비교적 쉽다. 생활비가 부족하다면 생활비가 목표다. 생활비가 아니라면 집이나 더 여유로운 생활이 목표가 된다. 2009년 내 목표는 '매월 50만 원 추가 수익 만들기'였다. 그해 셋째가 태어났고, 기저귓값, 분윳값이 매월 50만 원씩 더 나갔다. 당시 월급으로는 감당할 수 없었다. 2012년 목표는 '강남 30평 집 사기'였다. 직장까지 교통, 아이들 학교, 교회까지 거리, 다자녀 복지 혜택 등을 고려했을 때 강남이 최선이었다. 당시 2억 원이 있었고, 강남 30평은 10억 원 정도였다. 시간에 대한 목표는 부동산 급등 주기를 15년으로 봤다. 강남은 1991년, 2006년에 급등했으니 2021년 전후 급등할 것이라고 생각했다. 그래서 '2020년까지 10억 원 마련'이 목표였다.

목표를 정할 때 어려운 것은 시간이다. 필요하거나 원하는 돈, 수익률을 구하는 것은 상대적으로 쉽다. 하지만 언제 돈을 벌 수 있는지 알 수 있을까? 때와 시간을 아는 것은 신의 영역이다. 하지만 시간 목표가 없으면 목표는 의미가 없다. 수익 목표가 20% 또는 1억 원일 수 없다. 1개월에 20%면 연 240%이고, 10년에 20%면 연 2%다. 연 1억 원이냐, 10년에 1억 원이냐에 따라 목표는 달라진다. 그래서 시간을 정하지 않으면 'Trial and error'를 할 수 없다.

계획 세우기

목표를 정했다면 어떻게 달성할지 계획을 세워야 한다. 계획을 세우는 것은 항상 어렵다. 알아야 할 것도 많고, 알아도 정답은 없다. 하지만 어차피 'Trial and error' 아닌가? 일단 실행해야 한다. 하다 보면 몰랐던 많은 것을 알게 된다. 그것을 바탕으로 계속 고쳐나가야 한다. 이 책은 내가 사용하는 투자 전략들을 제공한다. 그것을 초기 계획으로 사용하는 것도 좋은 방법이다.

주식 투자에서 필요한 계획은 종목, 매수, 매도[7] 세 가지다. 종목은 '① 목표를 달성하기에 적합한 종목은 어떤 종목인가, ② 어떤 방법으로 찾을까, ③ 최종 선택 기준은?', 이 세 가지를 정해야 한다. 목표에 따라 종목이 다르다. 오늘 하루 1% 오를 종목을 찾는 데 재무 분석 또는 미래 예측은 시간 낭비지만, 5년 이내 2배 이상 오를 종목을 찾는다면 꼭 필요하다. 전업 투자자는 5년 이내 2배 이상 오를 종목을 사서 기다릴 수 없다. 한 달, 늦어도 석 달 안에 수익이 나야 한다. 이렇게 목표 달성에 적당한 종목을 찾아야 한다. 종목은 하나 찾고 끝이 아니다. 최대한 빠르고 정확하게 찾는 방법을 가져야 한다. 시간이 돈이다. 그렇게 찾은 후보 중 가장 좋은 것을 선택해야 한다.

---

7) 주식으로 거래하는 회사를 **'종목'**, 주식 사는 것을 **'매수'**, 파는 것을 **'매도'**라고 한다.

매수 계획 또한 목표에 따라 방법이 다르다. 오늘 하루 1% 오를 종목을 매수한다면 조금씩 차근차근 매수할 수 없다. 적절한 타이밍에 빠르게 사야 한다. 5년 이내 2배 이상 오를 종목을 산다면 떨어질 때마다 조금씩 꾸준히 사야 한다. 한 달 안에 조금이라도 돈을 버는 투자를 한다면, 매일 주식 시장 시작과 끝 30분을 지켜야 한다. 매수의 목표는 최대한 싸게 사는 것이다. 바로 1초 후에 주가가 오를지, 내릴지 모르는데 싸게 산다는 것은 실제 해보면 참 어렵다. 하지만 살 때 노력해서 조금이라도 싸게 사면 팔 때 쉽다. 하지만 '어차피 모르는 것 빨리 사자' 하며 쉽고 빠르게, 그래서 비싸게 사면 팔기 어렵다.

매도 계획은 단순하다. '어떤 일이 벌어지면 팔겠다'라는 계획이다. 그런데 주식 투자에서 매도가 가장 어렵다. 절대 계획대로 되지 않는다. 예상했던 호재가 와서 원하는 만큼 올랐다. 그런데 더 오를 것 같다. 또는 호재가 왔는데 오르지 않는다. 기다려야 하나 싶다. 예상 못 한 악재가 발생했다. 손절해야 하나 망설여진다. 미리 계획한 대로 하는 것이 답은 아니다. 계획이 맞을지, 틀릴지 아무도 모르기 때문에 상황에 맞춰서 대응해야 한다. 정답은 없다.

실행하기

목표를 정하고 종목, 매수, 매도 계획을 세웠다면 이제 실제로 종목을 선택해 사고팔아야 한다. 이때 필요한 것은 믿음과 용기다. 믿음은 성공에 대한 믿음이 아니다. 이 투자가 잘못되어 모든 것을 잃더라도 다시 시작할 수 있다는 '자신에 대한 믿음'이다. 사실 투자가 실패해도 모든 것을 잃지 않는다. 절반은 건지거나 원금이 회복될 때까지 '존버'할 수 있다. 주식 투자로 성공한 사람들도 한두 번의 큰 성공이 있었을 뿐 많이 실패했다. 주식 투자에서 확실한 것은 하나도 없다. 실패는 당연하다. 하지만 성공할 때까지 시도하면 실패란 없다. 용기를 가지고 계획을 실행하라.

수정하기

주식 투자에서 실패란 계획보다 낮은 성과를 올렸을 때다. 수익률이 낮아졌거나 시간이 길어졌거나. 예를 들어 1달에 5%를 계획했는데, 2달 만에 벌었거나 3%만 벌었을 때다. 계획보다 시간이 더 걸렸다면 종목 선정 방법을 개선해야 한다. 수익률이 낮았다면 매수와 매도 방법을 개선하고 다시 실행한다. 성공할 때까지 계속 수정하고 실행해야 한다. 성공할 때까지 실패하는 횟수와 기간을 얼마나 줄이느냐가 문제이지, 성공률은 100%다.

:: 결론

'Trial and error', 이것이 자기만의 투자 전략을 만드는 방법이다. 누군가 주식 투자 방법을 물었을 때 이렇게 설명하면 "됐고, 그래서 지금 뭘 사야 해?"라며 끝까지 듣지 않는다. 끝까지 들은 사람들은 인내심이 대단한 사람들이었다. 그분들도 "그런 식으로 하면 누가 성공 못하냐?"라고 한다. 좀 더 쉬운 방법을 기대했나 보다. 2,000만 원으로 주식 투자를 시작해 강남에 집을 사고 전업 투자를 하는 사람으로서 확실하게 말할 수 있다. 이보다 더 쉬운 방법은 없다. 그리고 누구나 할 수 있다.

그러면 매수와 매도에 대해서 좀 더 자세히 설명하겠다.

주식 매매 방법

분산 매수, 분산 매도

주식을 사고팔 때 목표는 최대한 싸게 사서 비싸게 파는 것이다. 그렇게 하려면 나눠서 사고, 나눠서 팔아야 한다. 누구도 미래를 알 수 없기 때문이다. 비록 1분 뒤라 할지라도 아무도 모른다. 어떤 종목을 사겠다고 마음먹고 매수 창에 들어간다. 더 떨어질 것 같아서 기다리고 있었는데, 부담스러울 정도로 올라버린다. 그래서 얼른 샀는데 갑자기 떨어지기 시작한다. 누군가 내가 사기를 기다렸다가 파는 것 같다. 하지만 워런 버핏(Warren Buffett)도 모른다. 나눠서 사고파는 것은 미래를 알 수 없는 상황에서 싸게 사고 비싸게 파는 최선이다.

방법 : 지정가 10단계 주문

나눠서 사는 방법은 '지정가 10단계 주문'을 하는 것이다. '지정가 주문'이란 **원하는 종목의 수량과 가격을 지정해서 주문**하는 것이다. 10단계를 하는 이유는 나누기 쉽기 때문이다. '지정가 10단계 주문'은 첫째, 사고자 하는 종목의 주가와 가진 돈을 고려해서 매수 수량을 결정한다. 둘째, 10단계 호가 주문을 한다. 예를 들어 '3S' 3,500주를 2,750원에 사기로 했다. 그러면 2,745원에 350주, 2,740원에 350주, 2,735원에 350주 … 2,700원에 350주, 이렇게 '지정가 10단계 매수 주문'을 낸다. 살 때, 원하는 가격보다 한 호가 낮게 시작하라.

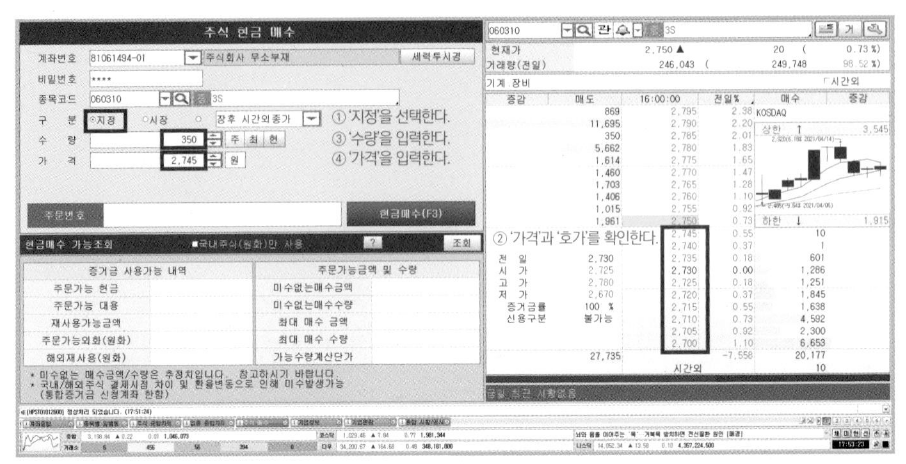

자료 1-13. 10단계 지정자 매수 화면

나눠서 파는 방법도 마찬가지다. 예를 들어 '3S' 3,500주를 2,750원에 팔기로 했다. 그러면 2,755원에 350주, 2,760원에 350주, 2,765원에 350주 … 2,800원에 350주, 이렇게 '지정가 10단계 매도 주문'을 낸다. 팔 때, 원하는 가격보다 한 호가 높게 시작하라.

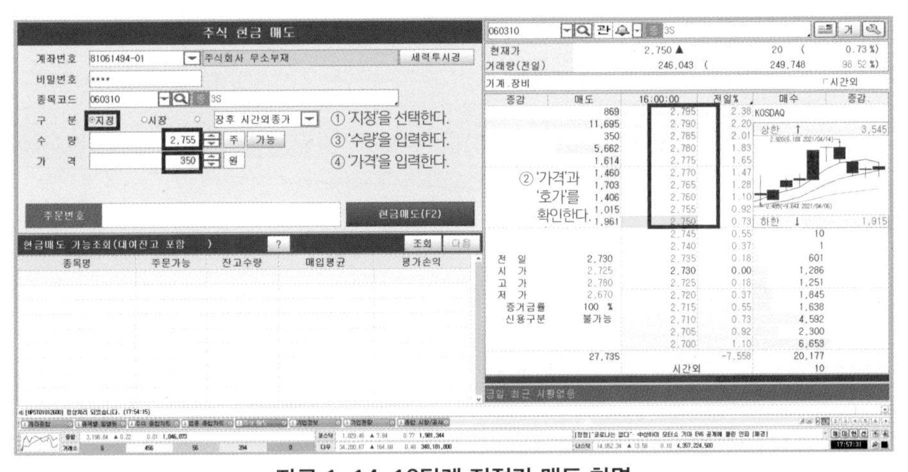

자료 1-14. 10단계 지정가 매도 화면

바로 사는 법 : 시장가 주문

지정 바로 옆 '시장'을 선택하면 '시장가 주문'을 하게 된다. '시장가 주문'이란, **원하는 종목과 수량만 지정하고 가격은 지정하지 않는 주문**이다. 빠르게 확실히 사거나 팔고 싶다면 '시장가 주문'을 하면 된다. 단점은 원하는 가격보다 불리하게 사거나 판다는 것이다. 나눠서 사고파는 것은 미래를 알 수 없는 상황에서 싸게 사고 비싸게 파는 최선이다. '시장가 주문'은 가격보다 타이밍이 중요할 때 쓴다. 데이트레이딩이나 스캘핑은 타이밍이 핵심이다. 남보다 먼저 사서 먼저 팔아야 한다. '지정가 주문'은 의미가 없다. 하지만, 그 외의 경우에는 '지정가 10단계 주문'이 최선이다.

'시간 외' 거래 방법들 : 의외로 유용하다

'장전 시간 외 종가'는 **오전 8시 30분 ~ 40분 10분간 '어제 종가'로 거래할 수 있는 거래 방법**이다. 알 필요가 있나? 있다. 게으르거나 다수 대중과 생각이 다른 사람들의 돈을 벌 수 있다. 예를 들어 코로나가 한창 유행하던 2020년 11월 13일 아침 뉴스에서 미국 모더나는 코로나19 백신 임상시험 결과가 화이자만큼 좋을 것이라는 중간 발표를 했다. 나는 오전 7시 뉴스에서 그 소식을 듣고 '모더나 관련 주'인 파미셀, 에이비프로바이오, 소마젠을 검색했다. 오전 8시 30분, 이 세 종목 중 시가총액이 가장 낮은 소마젠을 '장전 시간 외 종가'로 매수했다. 매물로 내놓은 사람이 있었다. 뉴스를 못 봤거나, 관련 없다고 생각했나 보다. 고맙게도 소마젠은 그날 상한가를 쳤고 나는 그날 30%를 벌었다.

'장후 시간 외 종가'는 **오후 3시 40분부터 4시까지 20분간**

'오늘 종가'로 거래할 수 있는 거래 방법이다. '시간 외 단일가'는 오후 4시부터 오후 6시까지 종가 대비 ±10% 범위에서 10분 단위로 거래할 수 있는 거래 방법이다. 이 거래 방법들도 같은 방식으로 활용 가능하다. 그 시간대에 좋은 뉴스나 신호에 대해 게으른 사람이나 다수 대중과 생각이 다른 사람들의 돈을 벌 수 있다. 하지만, 거래가 많지 않아 큰돈이 되지는 않는다. 그리고 거래 시간이 상대적으로 길고, 예상이 틀리면 잃기도 한다. 그러니 알고는 있되 확실할 때만 거래하라.

기타 거래 방법들

앞서 소개한 거래 방법 이외의 여러 가지 방법이 있다. 싸게 사서 비싸게 파는 데 도움이 되는지 잘 모르겠다. 하지만 그것은 내 생각일 뿐 남들은 다를 수 있으니 소개한다.

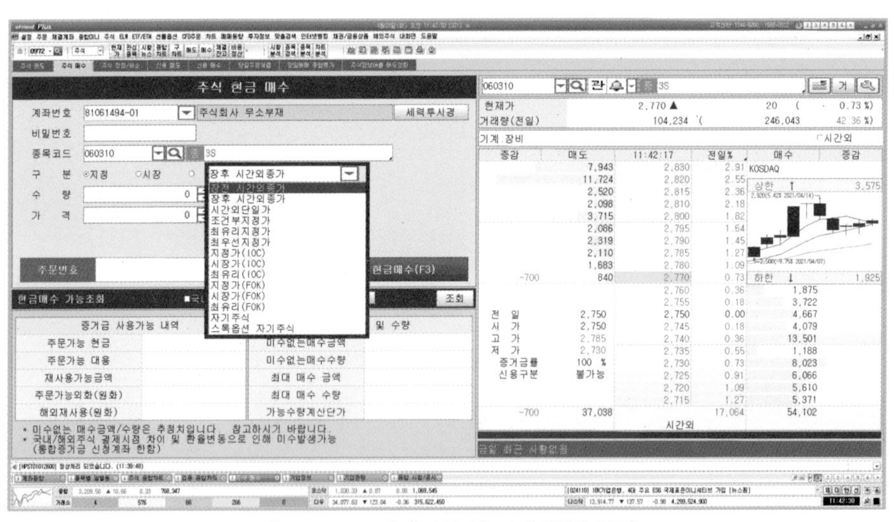

자료 1-15. 지정시간 외 거래 방법 화면

'조건부지정가'는 장이 열려 있는 시간에는 '지정가 주문'과 같다. 하지만 **오후 3시 30분까지 이 거래가 체결되지 않으면 종가로 자동 전환되어 그날 반드시 거래가 체결되는 거래 방법**이다. 이해가 잘되지 않을 것이다. 내 사례를 소개한다. 코로나 진단키트와 백신 원료를 생산하는 '파미셀'이라는 종목을 오래 가지고 있었다. 백신 개발이 막바지에 이르러 상승을 앞두고 있던 어느 날 '조건부지정가'가 궁금해졌다. 장난 삼아 '조건부지정가' 상한가로 전량 매도 주문을 넣었다. 그날 오후 3시 30분에 '주문이 체결됐습니다'라는 메시지가 떴다. 깜짝 놀랐다. '혹시 상한가?' 하고 살펴보니 아니다. 오히려 하락했다. '조건부지정가'의 정의를 다시 봤다. '오후 3시 30분까지 거래가 체결되지 않으면 종가로 자동 전환되어 거래가 체결된다.' 1년 가까이 기다린 성과가 장난 주문으로 날아간 것이다. 이것이 '조건부지정가'다.

'최유리지정가 주문'은 **종목과 수량을 지정하면 매수는 최우선 매도 호가로, 매도는 최우선 매수 호가로 지정되는 거래 방법**이다. '최우선지정가 주문'은 **'최유리지정가 주문'과 반대**다. 종목과 수량만 지정하면 매수는 최우선 매수 호가로, 매도는 최우선 매도호가로 지정되는 주문이다. 예를 들어 자료 1-15에서 '3S'를 최유리지정가로 매수하면 2,770원으로 주문된다. 최우선지정가로 매수하면 2,760원으로 주문된다.

'IOC'는 **주문 즉시 체결 그리고 체결 안 된 것은 자동 취소**, 'FOK'는 **주문 즉시 전부 체결되지 않으면 전부 자동 취소**한다는 조건을 부여하는 것이다. 도움이 되는 것 같은 느낌이 오는가? 조건부지정가 실수 이후 이런 거래 방법들은 쳐다보지도 않는다. 웬만하면 '지정가 매매'를 하라. 가격, 수량, 타이밍은 본인이 직접 정해야 한다. 그래야 잘못이 있다면 고쳐서 더 좋아질 수 있다.

자주 거래해서 매매의 감을 잃지 마라

자주 거래하라. 그래서 매매의 감을 잃지 마라. 그 이유는 싸게 사고 비싸게 팔기 위해서다. 장기 투자하라는 말을 많이 들었을 것이다. 그래서 짧게는 1년, 길게는 3년~5년에 한 번 거래를 하면 '매매의 감'을 잃는다. '매매의 감'을 잃는다는 것은 첫째, 더 떨어질 것 같아 못 사거나, 더 오를 것 같아서 못 팔면 감이 떨어진 것이다. 둘째, '조건부지정가가 뭐지? 한번 해 볼까?' 이런 생각이 들면 감이 떨어진 것이다. 감이 떨어지면 사야 할 때 못 사고 팔아야 할 때 못 판다. 그래서 적은 돈으로 자주 매매해야 한다. 매매는 기술이다. 뛰어난 축구선수도 매일 공을 찬다. 세상 모든 것이 그렇듯 꾸준하게 연마해야 실력이 유지된다.

:: 결론

나눠서 사고 나눠서 팔아라. 방법은 '10단계 지정가 매매'다. 성향에 따라 5단계, 20단계도 가능하겠지만 나누기 쉽게 10단계로 하라. 그리고 적은 돈으로 사고파는 것을 꾸준하게 하라. '매매의 감'을 유지해야 한다. 매매는 기술이다.

용어와 주식 매매 방법을 익혔으니, 이제 하루 중 언제 사고팔지 알아보자.

주식 매매 시간

생활 속에 남는 자투리 시간에 하라

생활 속에 남는 자투리 시간에 매매해야 한다. 나도 직장인이었으니 직장인 자투리 시간의 예를 들겠다. 직장인은 보통 9시까지 출근한다. 하지만 그보다 일찍 나가서 업무 준비를 할 것이다. 그리고 10시 30분쯤 잠깐 티타임이 있다. 12시부터 1시까지 점심시간이다. 그리고 오후 3시쯤 잠깐 티타임이 있다. 오후 5시~6시는 퇴근을 준비하며 약간 어수선해진다. 일이 남았다면 야근을, 약속이 있다면 퇴근을 준비할 것이다. 방금 이야기한 시간이 직장인의 자투리 시간이다. 왜 자투리 시간에 투자를 해야 할까?

직접 투자를 통해 '투자의 감'을 유지해야 한다

'투자의 감'을 유지해야 한다. 투자 감각은 첫째, 뉴스에 대한 감이다. 어떤 뉴스를 들었을 때 '어떤 일이 벌어지겠구나'를 예상해야 한다. 대부분 자신이 일하는 영역에서는 그런 감이 있을 것이다. 하지만 주식 투자 영역은 다르다. 어떤 뉴스를 들었을 때 '어떤 종목들이 오르겠구나. 내리겠구나'라는 감각은 자신의 전문분야에서 느끼는 감각과는 다르다. 따라서 지속적인 노력이 필요하다.

또 다른 투자 감각은 매매에 대한 감이다. 살 때 싸게 사고, 팔 때 비싸게 팔아야 한다. 알지만 쉽지 않다. 이 또한 꾸준한 노력이 없으면 비쌀 때 사고 떨어질 때 파는 바보 같은 짓을 하게 된다. 이 또한 지속적인 노력이 필요하다. 많은 실패 경험 덕에 알게 된 지혜다.

주식 투자를 가장 열심히 했던 대학 졸업 후 1년, 그때는 전업 투자자처럼 종일 컴퓨터와 뉴스를 보고 하루에도 몇 번씩 매매했다. 이때는 뉴스에 대한 감과 매매에 대한 감이 있었다. 결혼해서 살 전세금 마련에 대한 절박함 때문이었다. 짧은 시간에 전세금을 마련했지만 계속할 수 없었다. 돈이 커지니 단타가 잘 안 먹혔다. 그리고 방구석 폐인으로 살고 싶지 않았다. 남 보기 그럴싸한 것이 중요한 20대였다. 취직도 하고 결혼도 했다. 주식 투자는 계속했지만 종목 선택만 하고 매매는 아내가 했다. 그렇게 15년이 흘렀다.

아내는 새로운 인생을 위해 대학원을 다니며 어려운 시험을 준비했다. 직접 매매를 시작했다. 자신 있었다. 2000년 대신증권 프로그램 경진대회에서 '개인 데이트레이더를 위한 매매 시뮬레이션 프로그램'을 개발해 금상을 탔다. 이 경험과 자료들로 전세금까지 마련하지 않았던가. 그런데 오랜만에 매매하니 계속 실수했다. 흐름을 제대로 읽지 못하고 자꾸 비싸게 사서 싸게 팔았다. 한참을 헤매다가 돈도 꽤 잃은 다음에야 감을 찾았다. 이때 깨달았다. 매매를 계속해야 한다. 그래야 '투자의 감'이 유지된다. 그러면 왜 회사를 다니며 자투리 시간에 투자해야 하나?

직장은 소중하다

직장은 정말 소중하다. 쥐꼬리만 한 월급은 쓰고 나면 얼마 남지도 않는다. 아침 일찍 출근해서 야근이나 약속이 있었다면 9시나 10시, 집에 오면 11시가 넘는다. '다녀서 뭐하나?' 하는 생각이 수도 없이 든다. 하지만, 직장은 정말 소중하다. 연봉 3,000만 원짜리 직장을 다닌다고 가정하자. 얼마가 있어야 연 3,000만 원을 벌 수 있을까? 예금 1% 기준으로 30억 원을 가진 것과 같다. 펀드나 배당주 투자를 잘해서 5%를 벌 수 있다고 하더라도(이것은 대단한 수익률이다) 6억 원을 가진 것과 같다. 연봉 3,000만 원이 이러할진대, 여러분이 받는 연봉과 비교해 생각해보라. 쉽게 포기하면 안 된다. 열심히 일해서 고용을 지켜야 한다. 열심히 일하면서 투자도 해야 하니 미리 계획을 세워서 자투리 시간에 투자를 해야 하는 것이다. 그러면 전업 투자자는 어떨까?

전업 투자자도 마찬가지다

전업 투자자도 시간을 정해 자투리 시간 투자를 해야 한다. 돈보다 시간이 더 소중하기 때문이다. 코로나 19가 창궐하던 2020년에 전업 투자자가 됐다. 전업 투자자가 된 이유는 한 가지다. 시간을 좀 더 보람된 곳에 쓰기 위해서다. 돈을 더 벌기 위해서가 아니다. 돈을 더 벌려면 직장에서도 벌고 투자로도 벌어야 한다. 나이가 들어 연봉 8,000만 원이 됐다고 하자. 1% 기준 80억 원, 5% 기준 16억 원의 자산을 가진 것과 같다. 이게 적어서 포기해도 될 정도라면 수백억 원 자산가일 것이다. 이것을 포기하고 전업 투자자가 되는 이유는 직장을 다닐 시간에 더 의미 있는 일을 하기 위해서다.

종일 컴퓨터만 쳐다보고 매매하는 삶은 살고 싶지 않다. 인생은 돈이 전부가 아니다. 전업 투자자 생활을 하면서 오전 8시 30분~9시 30분, 오후 2시 30분~3시 30분 이 두 시간을 제외하고는 모니터 앞에 앉지 않는다. 그 외의 시간에는 책을 쓰거나 다른 콘텐츠를 만든다. 물론 이 두 시간을 어떻게 보낼 것인가에 대한 계획은 미리 세워야 한다. 직장 생활 자투리 시간 투자에서도 자투리 시간을 어떻게 보낼 것인가에 대해서는 미리 계획을 세워야 한다.

:: 결론

똑같이 회사를 다니더라도 자투리 시간은 사람마다 다를 것이다. 자기 사업을 하는 사람은 더더욱 다를 것이다. 하지만 결론은 같다. 자투리 시간에 투자해야 한다. 심지어는 전업 투자자도 마찬가지다. 지금까지 자기만의 투자 전략 만드는 법, 매매 방법, 매매 시간을 설명했다.

이제 투자 단계별로 얼마나 알아야 하는지 알아보자.

단계별 필요지식

단계별로 돈 벌 만큼만 알면 된다

단계별로 돈 벌 만큼만 알면 된다. '돈 벌 만큼만'이란 '이 책에서 소개하는 정도'만 알면 된다는 뜻이다. 용돈벌이는 매매 방법과 뉴스 분석만 알면 된다. 집 살 돈을 마련하거나 부수입을 원한다면 재무 분석과 미래 예측까지만 알면 된다. 전업 투자자가 되고자 한다면 투자자 분석과 기술적 분석[8]까지 알아야 한다. 각 분

---

8) 기술적 분석 : 기술적 지표(이동평균법, RSI 등) 분석과 차트 분석을 기술적 분석이라고 한다.

야를 전문가 수준까지 알 필요 없다. 이 책에서 소개하는 정도만 알면 된다.

주식 투자로 돈을 잃으면 '몰라서 돈을 잃었다'라고 생각한다. 나도 그랬다. 하지만 대학 때 기술적 분석을 끝까지 가봤다. 재무실에 근무하며 재무 분석을 끝까지 가봤다. 신사업을 하며 미래 예측과 투자자 분석을 끝까지 가보고 깨달았다. 지식이 중요하지 않다. 미래는 아무리 분석해도 알 수 없다. 심지어 더 나은 결과를 얻지도 못한다. 따라서 지식을 얻기에 너무 골몰하지 말아야 한다. 적정한 지식을 얻은 후, 그 지식을 활용해 Trial and error로 스스로 길을 찾아야 한다.

용돈벌이 투자 : 매매 방법과 뉴스 분석만 알자

용돈벌이 투자를 하려면 매매 방법과 뉴스 분석만 알면 된다. 용돈벌이 투자란 자주 나오는 패턴을 이용해서 돈을 버는 방법이다. 주로 500~1,000만 원 정도의 돈으로 하며, 하루에 10~20만 원 정도의 돈을 벌 수 있다. 물론 잃기도 한다. 익숙한 나도 성공률은 80%가 되지 않는다. 손해 보면 며칠을 노력해서 복구해야 한다.

용돈벌이 투자는 단타, 데이트레이딩, 스캘핑으로 불린다. 용돈벌이라고 하는 이유는 하루 10~20만 원 이상 벌기 어렵기 때문이다. 1,000만 원이 넘어가면 거래가 어렵다. 물론 대형주로 단타를 한다면, 억대의 돈으로 하루 수십~수백만 원 수익도 가능하다. 그러나 대형주는 크게 움직이지도 않고 큰돈, 정보력과 시스템을 갖춘 뛰어난 사람들과 경쟁해야 한다. 이것은 피해야 한다. 그들이 사지 않거나 사지 못하는 종목들을 사라. 주식 투자는 전문가를 이기는 게 목적이 아니다. 돈을 버는 것이다.

물론 나는 못했지만 여러분은 용돈 이상 벌 수 있을지도 모른다. 단타, 데이트레이딩, 스캘핑 등을 잘하는 방법을 소개한 책들도 많이 있다. 그 투자 방법과 그렇게 돈을 버는 분들을 무시하고자 하는 것이 아니다. 다만, 들이는 시간과 노력보다 돈이 잘 벌리지 않는다. 그리고 종일 모니터 앞에 매달려 있어야 한다. 20대 때 한번 해봤다. 그렇게 살고 싶진 않더라. 40대가 됐다. 지금도 그렇게 살고 싶지 않다.

그러면 하지 말아야 하는가? 아니다. 가능하면 자주 해야 한다. 왜냐하면, 이것은 주식 투자 연습이자 훈련이다. 매매와 뉴스의 감을 유지하려면 자주 해야 한다. 직장 생활할 때 그날 중요한 일이 없으면 했다. 아침 뉴스를 보고 시장을 예측한다. 9시 반쯤 매수해서 11시 반쯤 판다. 점심때 돈을 잃었으면 더치페이를 하고, 벌었으면 내가 쏜다. 오후 3시쯤 종가매수를 시도한다. 오후 5시 시간 외 상한가 종목을 줍는다. 돈이 목적이 아니다. 매매 감각과 시장에 대한 감을 유지하기 위해서다.

집 살 돈을 마련하고 싶다 : 재무 분석, 미래 예측을 알아야 한다

집 살 돈을 마련하려면 장기 투자를 해야 한다. 장기 투자란 최소 1년 이상 가지고 있는 것을 말한다. 그걸 하려면 재무 분석과 미래 예측을 알아야 한다. 용돈이나 벌자고 주식 투자를 하는 사람은 없다. 삶을 바꾸려고 한다. '삶이 바뀌었다'라고 할 만한 것은 집이 바뀌었을 때다. 가전제품이 바뀌고 차가 바뀌어도 삶은 바뀌지만, 그건 월급으로도 가능하다. 집이 바뀌는 것은 월급으로 불가능하다. 없던 집을 새로 사고, 집값이 싼 동네에서 비싼 동네로 가고, 빌라에서 아파트로 가고, 화장실 하나 더 있는 아파트로 간다. 단계 하나를 넘을 때마다 억 단위 목돈이 필요하다. 게다가 나는 먹고 싶은 건 다 먹고 놀 거 다 놀아야 한다. 나같이 절약이 힘든 사람은 더욱 힘들다. 대박이 필요하다. 장기 투자는 대박을 내는 투자 방법이다. 이것을 하려면 재무 분석과 미래 예측을 알아야 한다.

재무 분석을 알아야 하는 이유는 첫째, 망하지 않는 회사인지 확인해야 하기 때문이다. 보통 장기 투자는 투자하는 돈의 규모도 크다. 집이 바뀔 만큼 큰돈을 버는 게 목표이기 때문이다. 절대 잃어서는 안 된다. 둘째, 지금보다 여러 배 올라 줄 수 있을 만큼 저평가되어야 한다. 그렇다면 적정한 가격이 얼마인지 본인만의 기준을 가지고 있어야 한다. 재산이 얼마인지, 그중 빚은 얼마인지, 1년에 얼마를 버는지 볼 줄 알아야 값을 매길 수 있다. 셋째, 속지 않기 위해서다. 어디선가 어떤 회사가 돈을 잘 번다는 정보나 뉴스를 들었다. 진짜일까? 재무 분석을 통해 확인할 수 있다.

미래 예측을 알아야 하는 이유는 첫째, 대세를 읽어야 하기 때문이다. 뻔하게 보이는 미래가 있다. 내가 어렸을 때(1980~1990년대)는 컴퓨터와 인터넷, 젊었을 때(2000~2020년대)는 스마트폰과 모바일이 뻔히 보이는 미래였다. 지금(2020년~)은 AI, 바이오, 대체에너지다. 뻔히 보이는 미래에 주도권이 어디로 가는지 읽어야 한다. 둘째, 주가의 흐름을 알아야 한다. 대세가 상승이면 아무 종목을 사도 오른다. 하락이면 좋은 회사 주가도 떨어진다. 이 흐름을 읽기 위해서는 정치, 국제(특히 미국과 중국), 금리, 환율, 유가, 금값 등에 대해 알아야 한다.

전업 투자자 : 투자자 분석 기술적 분석을 알아야 한다

전업 투자자는 투자자 분석, 기술적 분석을 알아야 한다. 장기 투자의 장점은 시간을 고려할 필요가 없다는 것이다. 저평가된 주식은 언젠가 제값을 찾아간다. 그러다가 제값을 넘어 거품이 낀다. 그때 팔면 된다. 그러나 전업 투자자는 일정한 시간 내에 성과를 내야 한다. 생활비와 공과금을 내야 하기 때문이다. 타이밍을 찾기는 매우 어렵다. 그것을 찾기 위해 투자자 분석과 기술적 분석을 한다.

투자자 분석은 투자자인 대주주, 기관 투자자, 개인 투자자의 상황을 분석하는 것이다. 적자가 지속해 관리종목으로 지정될지 모르는 대주주가 있다. 이익을 내고 싶지만 잘 안 되거나 하기 싫다면? 회사를 예쁘게 포장해서 최대한 비싸게 팔아야 한다. 또는 대주주가 지분이 적다. 그런데 주가가 떨어져 경쟁자나 펀드에 회사가 헐값에 넘어갈지 모른다. 이런 상황이라면 그는 주가를 올리기 위해 무언가를 한다. 그런 상황을 읽는 것이 바로 투자자 분석이다.

기술적 분석을 알아야 하는 이유는 패턴을 찾기 위해서다. 차트가 어떤 형태일 때 오르고, 내리는지 연구해야 한다. 이동평균선 정배열, 역배열, 골든크로스 모두 그것을 찾는 방법 중 하나다. RSI, 스토캐스틱, 볼린저밴드 등 어려운 지표들을 보기도 한다. 이런 패턴을 찾는 이유는 정해진 시간 안에 오를 종목을 찾기 위해서다. 월급을 줘야 하고 월세를 내야 하며 카드값이 매월 나간다. 이것을 결제하려면 투자 성과가 매월 나와줘야 한다. 이번 달 안에 성과가 없으면 손해 보고 팔아서 월급, 월세, 카드값을 내야 할지도 모른다. 이 외에도 더 많은 방법이 있을지 모르지만 나는 이 두 가지만 쓴다. 충분하다. 그렇다면 그 각각을 얼마나 알아야 할까?

이 책에서 설명하는 만큼만 알면 된다

용돈벌이를 위한 매매 방법과 뉴스 분석은 대단한 내용이 아니다. 진짜 이 책에서 설명하는 만큼만 알면 된다. 그러면 재무 분석과 미래 예측은 얼마나 알아야 할까?

먼저 재무 분석은 두 가지 용도로 사용한다. 첫째, 투자하지 말아야 할 종목을 걸러내는 것, 둘째, 대략적인 적정 주가를 구하는 것이다. 그런데 재무는 깊고 오묘하다. 너무 재미있어 보면 볼수록 빠져든다. 하지만 재무 분석으로 돈을 벌 수 없다. 안 속는다고 오를 주식을 찾을 수 있나? 적정 주가도 의미 없다. 적정 주가보다 내려가서 저평가됐다고 샀다가 더 내려간 게 몇 번인가? 그보다 더 올라갔다고 고평가됐다고 안 샀더니 하늘 높은 줄 모르고 올라간 주식도 많다. 그래서 필요하지만 빠져들면 안 된다.

미래 예측은 어디까지 알아야 할까? 미래 예측에서 가장 중요한 것은 첫째, 자기 자신에 대한 믿음이다. 먼저 자기만 보이는 미래가 있다. 그것을 믿어야 한다. '난 항상 틀려' 하면서 이른바 전문가라는 사람들의 의견을 쫓아다니면 미래를 예측할 수 없다. 둘째, 정치를 알아야 한다. 최소한 국내 정치와 미국 정치는 알아야 한다. 정치의 영향력은 엄청나다. 어떤 정권이 들어섰느냐에 따라 미래는 크게 바뀐다. 셋째, 금리, 환율, 유가, 금값을 알아야 한다. 이와 관련된 책이 많다. 그러나 아무리 읽어도 모른다. 자기만의 기준이 필요하다. 다시 한번 이야기한다. 자기 자신을 믿어야 한다.

전업 투자자를 위한 투자자 분석과 기술적 분석은 어디까지 알아야 할까? 투자자 분석은 대주주가 지배하고 있는 회사들의 지분율, 회사 실적, 주가와 투자자별 매매 동향으로 대주주나 그 회사에 투자한 기관 투자자들의 상황을 읽어야 한다. DART에서 주주에 관한 사항을 보고, 지배구조를 알고, 대략 의미를 파악할 수 있을 정도만 알면 된다. 왜냐하면, 아무리 열심히 분석해도 확실하게 알 수는 없기 때문이다.

기술적 분석도 재무 분석과 비슷하다. 깊고 재미있고 오묘하다. 하지만 깊이 공부해도 돈 버는 것과는 상관없다. 패턴은 패턴일 뿐이다. 반복될 수도 있지만 반복된다는 보장은 없다. 매도 신호 후 더 오르기도 하고, 매수 신호 후 더 내려가기도 한다. 아무리 공부해도 미래를 알 수 없다. 오히려 다른 사람의 마음을 읽을 수 있다. '우리나라 개인 투자자 95%가 차티스트'라는 말도 있다. 어떤 패턴이 나오면 개인 투자자들이 반응한다는 뜻이다. 그것을 활용해 전략을 세우는 것도 좋은 방법이다. 그냥 내가 종목 선정, 매수, 매도 신호로 쓰는 지식, 그만큼만 추려서 설명하고자 한다. 주식 투자의 목적은 공부가 아니다. 돈을 버는 것이다.

:: 결론

단계별로 돈 벌 만큼 안다는 것은? 용돈을 벌려면 매매 방법과 뉴스 분석만 알면 된다. 집을 사려면 재무 분석과 미래 예측을 알아야 한다. 직업으로 주식 투자를 하려면 투자자 분석과 기술적 분석까지 알아야 한다. 이 책에서 소개하는 만큼만 알아도 충분하다. 몰라서 돈을 잃는 것이 아니다. 자기 자신을 믿어라. 미래를 알 만큼 똑똑한 사람은 아무도 없다. 알 수 없는 미래 앞에서 모든 사람은 공평하다. 자신을 믿고 시도하는 용기, 실패해도 다시 일어서는 긍정적인 마음만 있으면 된다.

그러면 지금까지 소개한 매매 방법과 함께 용돈벌이 투자에 필요한 최소한의 지식, 뉴스 분석을 소개하겠다.

뉴스 분석

호재·악재 구분법

거래량으로 알 수 있다

어떤 일이 벌어져야 그 종목 주가가 오를까? 그것이 '호재'다. '펄(Perl)'이라고도 한다. 어떤 일이 벌어지면 그 종목 주가가 떨어질까? 그것이 '악재'다. 그것을 알아야 그 일이 언제 일어날지 생각해 투자한다. '매출과 이익이 좋으면 오르고 나쁘면 떨어진다', '성장하면 오른다'라고들 생각한다. 하지만 주가는 그렇게 단순하지 않다. 매출과 이익이 좋아져도 주가가 떨어지기도 한다. 2018년부터 2020년까지 CJ제일제당이 그랬다. 이처럼 종목마다 '호재'와 '악재'는 다르다. 그것을 아는 방법은 거래량이다. 그렇다면 종목별로 '호재·악재'를 알아야 하는 이유는 무엇일까?

‘호재·악재’를 알아야 하는 이유

주식 투자의 목적은 ‘돈을 버는 것’이기 때문이다. ‘사람들이 이 회사에 무엇을 기대한다’가 중요하다. 주식 투자를 권하는 많은 유명인과 책이 “주식 투자는 좋은 회사를 사서 그 회사의 이익을 공유하는 것이다”라고 말한다. 맞는 말이다. 좋은 회사에 투자하면 만족감을 느낀다. 하지만 좋은 회사라고 반드시 주가가 오르지 않는다. 좋은 회사와 동행하는 기쁨은 돈 때문에 힘든 삶 앞에서는 배부른 소리다. 돈을 벌기 위해 가장 중요한 것은 사람들의 생각이다. 따라서 ‘호재·악재’를 알아야 한다.

주식을 사고팔 때마다 다짐한다. “좋은 회사가 좋은 종목은 아니다 … 아니다 … 아니다.” 좋은 종목은 주가가 오르는 종목이다. 그것도 내가 원하는 시기에 올라야 한다. 데이트레이딩을 할 때는 오늘 올라야 한다. 전업 투자자는 이번 달에 올라야 한다. 장기 투자자는 3~5년 동안 기다릴 수 있지만, 많이 올라야 한다. 그렇지 않으면 은행이자보다 못할 수 있다. 20년 넘게 주식을 사고팔면서도 매번 다짐하는 이유는 그렇게 하지 않으면 좋은 회사가 오를 주식이라고, 나쁜 회사가 떨어질 주식이라고 계속 착각하기 때문이다. 그러면 거래량으로 ‘호재·악재’를 아는 방법은 무엇일까?

거래량으로 ‘호재·악재’를 아는 방법

거래는 사는 사람과 파는 사람이 있다. 어떤 종목이든지 매일 각자의 사정에 따라 누군가는 사고, 누군가는 판다. 그런데 어느 날 갑자기 평소보다 몇 배씩 거래된다면? ‘호재’는 누군가 평소보다 몇 배씩 산 것이다. 그래서 가격이 오르니 이익이 나서 파는 사람도 많아졌다. 사람들이 왜 많이 샀는지 원인을 찾기 위해 뉴스와 공시를 본다. 뉴스나 공시가 있다면 그것이 바로 사람들이 기대하고 기다리던 '호재'다. '악재'는 누군가 많이 판 것이다. 그래서 가격이 떨어지니 싸다고 생각하고 사는 사람이 많아졌다. 사람들이 왜 많이 팔았는지 원인을 찾기 위해 뉴스와 공시를 본다. 뉴스나 공시가 있다면 그것이 바로 사람들이 두려워하던 '악재'다.

'자안코스메틱' 예를 들어보겠다. '일봉' 차트를 보면 거래량이 확 튀는 ①~⑥이 보인다. 이날 뉴스 또는 공시를 정리해봤다.

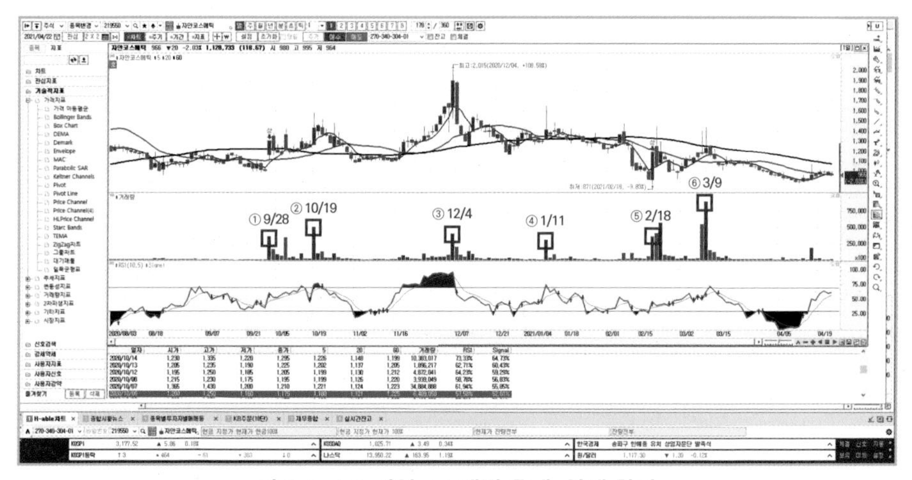

자료 1-16. 자안코스메틱 호재, 악재 화면

① 9/28 : 미스터피자 품은 페리카나, MP한강 상한가

② 10/19 : 현저한 시황 변동 공시 요구 → 10/20 중요 공시 없음(주가 급등 사유 없음)

③ 12/4 : MP그룹 최대 주주 변경

④ 1/11 : LG생활건강, MP한강 지분매입 검토 안 해

⑤ 2/18 : 자안그룹, MP한강 인수 청사진 공개(인수 후 신사업으로 흑자 전환)

⑥ 3/9 : 자안, MP한강 인수 본계약 체결

뉴스 분석을 통해 자안코스메틱의 회사 이름은 'MP한강'이었고, 미스터피자그룹(MP그룹) 소속이라는 것을 알았다. 투자자들은 'MP그룹'과 'MP한강'이 다른 회사에 팔리는 것을 기다리고 있다. 'LG생활건강'에 팔리기를 기대했으나 무산되고, '자안'이라는 회사에 팔렸다.

'자안코스메틱'에 투자한 투자자들과 투자하려는 사람들은 무엇을 기대하고 있을까? 뉴스에 나와 있다. '신사업'과 '흑자 전환'을 기대하고 있다. 신사업을 추진한다는 뉴스가 나왔을 때 거래량이 터질 것이다. 좋은 신사업이라면 '호재', 그저 그런 신사업이라면 '악재'다. '흑자 전환' 뉴스는 거래량이 터지며 오르는 '호재'다. '적자 유지'는 '악재'가 될 것이다. 투자 의사 결정은 그럴듯한 '신사업'과 '흑자 전환' 가능성과 시기를 보고 판단하면 된다. 그렇다면 어떻게 해야 이 능력을 키울 수 있을까?

작은 회사부터 분석하라

작은 회사부터 분석해야 한다. 주식 투자를 처음 시작하면 가장 먼저 보는 회사는 '삼성전자'다. 우리나라에서 가장 크고 좋은 회사이며, 주가 또한 지난 20년간 경이로운 상승을 기록한 회사다. 삼성 핸드폰, 반도체, 가전은 모두 익숙하고 잘 알기 때문에 쉽게 분석할 수 있을 것으로 생각한다. 하지만 그렇지 않다. 중복 뉴스를 정리해주는 '네이버 뉴스·공시'에서도 삼성전자 관련 뉴스가 하루 20개씩 뜬다. 이런 상황에서 투자자들이 무엇을 기대하는지, 또는 두려워하는지 알 수 없다. 따라서 작은 회사부터 분석해야 한다. 그러면 '작다'라는 기준은 무엇일까?

작은 회사란 시가총액이 2,000억 원 이하인 회사다. 이런 회사들은 뉴스가 적다. 1주일에 한두 개, 많아도 하루 한두 개다. 이런 회사는 '호재·악재' 분석이 쉽다. 뭐든지 처음엔 쉬운 것부터 시작해야 한다. 그래야 나중에 어려운 것도 할 수 있다. 예시로 살펴본 '자안코스메틱'도 2021년 4월 23일 기준 시가총액이 766억 원이다. 그러니 네이버 '뉴스·공시'만 쓱 봐도 무엇이 호재이고 악재이며, 사람들이 무엇을 기대하고 있는지 쉽게 알 수 있다.

작은 회사가 갖는 또 하나의 장점은 투자하는 사람이 대부분 개인 투자자라는 것이다. 기관 투자자나 외국인이 투자하는 회사들은 분석하기 어렵다. 큰 회사일수록 공매도[9]로 돈을 벌고자 하는 투자자들에게 노출되어 있다. 특히 코스피 200에 포함되어 있는 회사들은 선물·옵션[10]으로 돈을 벌고자 하는 투자자들의 마음까지 읽어야 한다. 하지만 개인 투자자가 대부분인 작은 회사는 상대적으로 투자자들의 마음을 읽기 쉽다. 일반적으로 작은 회사에 투자하는 것은 위험하다고 한다. 그래서 작은 회사 분석이 시간 낭비라고 생각할 수도 있다. 하지만, 미적분을 하려면 덧셈, 뺄셈, 곱셈, 나눗셈을 할 줄 알아야 한다. 그리고 돈 벌 기회는 작은 회사에도 많다. 《부자 아빠 가난한 아빠》에서 로버트 기요사키(Robert Toru Kiyosaki)도 작은 회사만 투자한다고 이야기했다.

---

9) 공매도 : 주가가 하락해야 돈을 버는 투자 방법
10) 선물·옵션 : 코스피 200지수를 사고파는 투자 방법

:: 결론

주식을 사서 돈을 벌기 위해서는 그 종목에 투자한 사람들과 투자할 사람들이 무엇을 기대하는지(호재), 무엇을 두려워하는지(악재)를 알아야 한다. 그래야 돈을 벌 수 있다. 그 방법은 거래량이 많은 날 뉴스나 공시를 보는 것이다. 왜 올랐고, 왜 떨어졌는지를 통해 사람들의 기대와 두려움을 알 수 있다. 분석이 쉬운 작은 회사부터 시작하라. 작은 회사의 기준은 시가총액 2,000억 원 이하다. 그중에 숨겨진 보석(Perl)이 있다. 이제 '호재·악재'가 무엇인지 알았다.

그러면 볼 필요 없는 '불필요한 뉴스'는 무엇이고 어떻게 대해야 할까?

불필요한 뉴스

불필요한 뉴스는 보지 마라

뉴스와 정보의 홍수 속에 살고 있다. 많은 사람이 나만 몰라 손해를 볼지도 모른다는 두려움에 모든 뉴스와 정보에 귀를 기울인다. 시간도 낭비지만 판단력도 낭비된다는 게 문제다. 판단력이란 투자자들이 기대하는 것과 두려워하는 것이 무엇인지 구분해 원하는 시기에 오를 종목을 선택하는 중요한 능력이다. 판단에 도움이 되지 않는 뉴스들은 쳐다보지 말고 시간과 판단력을 아껴라.

그러면 불필요한 뉴스란 어떤 뉴스일까?

주가가 올랐다 내렸다는 뉴스

'3S, 전일 대비 7.14% 상승', '3S, 8거래일 연속 상승' 이런 뉴스는 불필요하다. 저 제목을 보면 어떤 생각이 들까? '진짜? 왜 올랐지?' 하면서 본다. 왜 올랐는지 내용이 있기도 하고 없기도 하다. 없으면 시간 낭비, 있어도 아무 말 대잔치다. 문제는 그 아무 말이 나의 판단에 영향을 미친다. 따라서 이런 뉴스는 보지 말아야 한다. 뉴스를 보는 방법은 ① 거래량이 많은 날을 찾는다, ② 그날 뉴스나 공시를 본다, ③ 전일 대비 시가, 종가, 최고가, 최저가를 보고 거래량과 가격의 이유를 생각한다. 스스로 생각하고 판단해야 실력이 늘어난다. 그래서 '주가가 올랐다 내렸다'라는 뉴스는 내 판단을 방해한다.

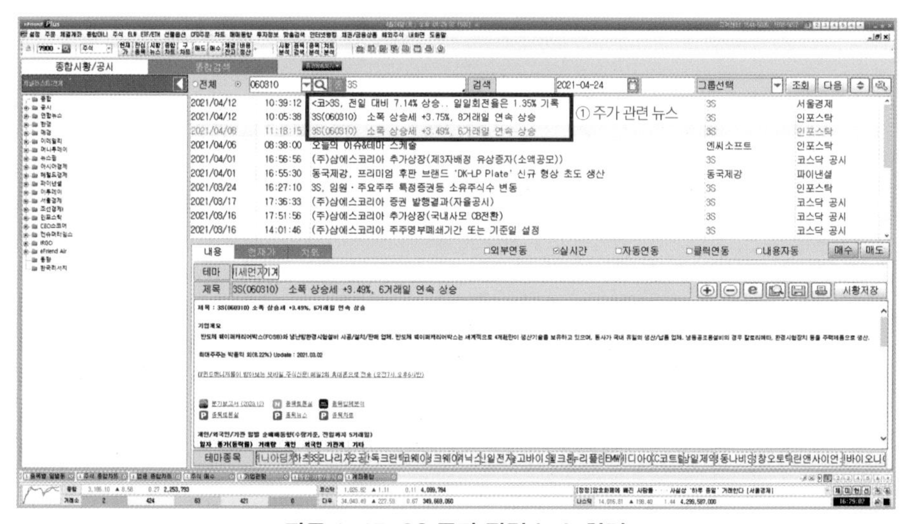

자료 1-17. 3S 주가 관련 뉴스 화면

차트·기술적 분석 뉴스

자료 1-18을 보면 '일신방직, 단기·중기 이평선 정배열로 상승세'라는 말이 보인다. 무슨 소리인지 알겠는가? 이는 '계속 오르는 중'이라는 뜻이다. '52주 신고가 경신'이라는 말까지 더해지면, '계속 오르는 중, 1년 중 최고가 경신'이라는 뜻이다.

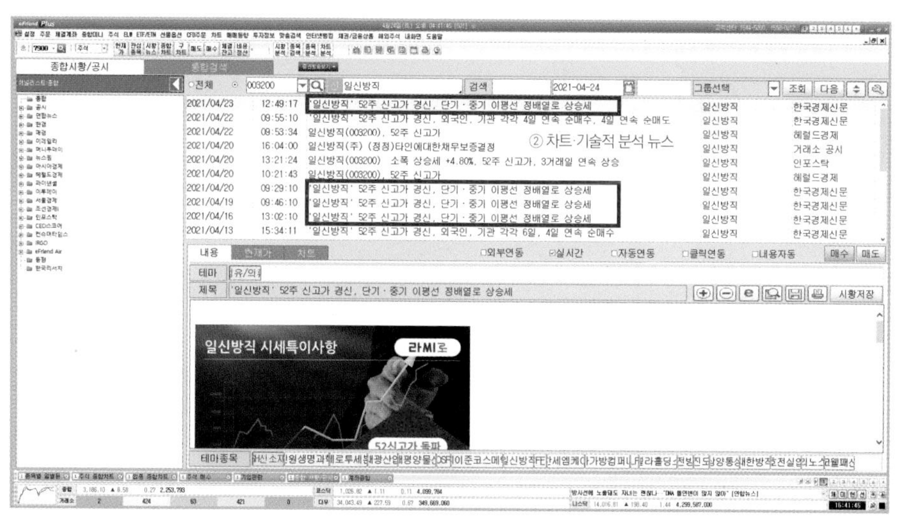

자료 1-18. 일신방직 차트·기술적 분석 뉴스 화면

이평선이란 '이동평균선'을 말한다. 단기 이동평균선은 5일선, 중기는 20일선, 장기는 60일선이다.[11] 주가의 움직임을 '이동평균선'으로 보는 이유는 올라가는지, 내려가는지 흐름을 알기 위해서다. 주가는 급하게 오르거나 내려가는 경우가 많아서 그날 종가만 나열하면 흐름이 왜곡된다. 그리고 봉차트가 시가, 종가, 최고

11) 5일 이동평균선, 20일 이동평균선, 60일 이동평균선은 이하 5일선, 20일선, 60일선으로 표기한다.

가, 최저가의 정보를 제공하지 않는가? 봉차트에 있는 가격과 5일(1주일), 20일(1개월), 60일(1분기) 평균 가격과 비교해 어떤 의미가 있는지 스스로 해석하라는 뜻이다. 분기 평균보다 월 평균이 높고, 월 평균보다 일주일 평균이 높다면 가격이 계속 올랐다는 뜻이다.

'가격이 계속 올랐다'면 내일 주가가 오를까? 언제까지 주가가 오를까? '지금이 1년 중 가장 비싸다'라는 말은 계속 오른다는 뜻일까? 아니면 내일부터 내려간다는 뜻일까? 이 뉴스 또한 주가가 올랐다 내렸다는 뉴스와 같다. 가격이 올랐다 내렸다는 것은 차트를 보면 된다. 가격이 왜 변했는지 이유를 찾으려면 회사와 투자자의 행동에서 찾아야 한다. 가격에는 답이 없다. 가격에 답이 없으니 이동평균선 같은 기술적 분석 결과에도 답이 없다.

실적 뉴스

'현대위아, 매출 전년 대비 12% 증가', '현대모비스, 1분기 영업익 36% 증가' 이런 뉴스 또한 불필요한 뉴스다. 왜냐하면, 실적은 주가와 관계없다. 그 이유는 첫째, 실적은 과거를 반영하고, 주가는 미래를 반영하기 때문이다. 실적이란 매출, 영업이익, 순이익이며 분기, 반기, 연간 집계해 1~2개월 후 발표한다. 1분기 실적은 1월 초에서 3월 말까지 결과를 집계해 4월 중순쯤 발표한다. 따라서 실적이 발표되는 4월 중순에는 실적과 관련된 모든 내용은 주가에 이미 반영되어 있다. 둘째, 주가가 실적 때문에 오르고 내렸다고 헷갈리게 하기 때문이다. 주가가 오른 것은 실적이 좋아졌고, 떨어진 것은 실적이 나빠졌기 때문이라는 말은 너무나 논리적이다. 맞는 것 같은 틀린 말을 자꾸 듣다 보면 믿게 되고 헷갈리게 된다. 그래서 이런 뉴스를 보면 안 된다. 의식적으로 피해야 한다.

다음 뉴스가 그 사례다. 2021년 4월 23일, 현대위아는 1분기 실적을 발표했다. 매출은 전년 동기 대비 13% 늘고, 영업이익은 67.6% 감소했다. 영업이익 감소 원인은 '통상임금 환입금' 때문이라고 한다. 이날 현대위아의 주가는 전일 대비 3.55% 떨어졌다.

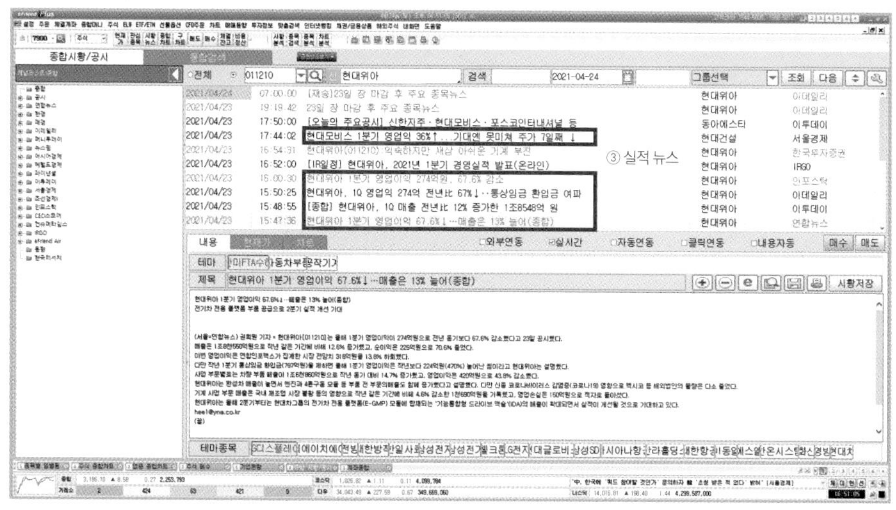

자료 1-19. 현대위아 실적 뉴스 화면

이 뉴스를 보면 '통상임금 환입금' 때문에 영업이익이 줄었고, 그것 때문에 주가가 떨어졌다고 생각하게 된다. 뉴스를 좀 더 자세히 보자. 영업이익을 떨어뜨린 '통상임금 환입금'이 뭘까? 구글링을 해보니 복잡하다. 알 필요가 있을까? 그것 때문에 주가가 떨어졌을까? 아니다. 그날 거래량은 39만 주로 다른 날과 큰 차이 없었다. 기자가 그날 실적 발표와 주가 하락을 '통상임금 환입금'

으로 연결했을 뿐이다. 그런데 이 기사를 보고 통상임금이 무엇인지 공부하고 어떻게 영업이익에 반영되는지 공부한다면, 하루 이상 꼬박 조사해야 한다.

하지만 좀 더 단순하게 생각해보자. '통상임금 환입금'이 뭔지는 모르겠지만, 실제로 돈이 더 나갔다기보다는 '어디까지가 임금인가?' 그 범위를 조정한 것이다. 노사 간 유불리가 약간씩 있겠지만 큰 변화는 아니다. 반면 매출은 13%나 늘었다. 1분기 장사를 잘했다. 그러면 2분기도 장사가 잘될까? 이 기사로는 알 수 없다.

현대모비스 기사는 더 재미있다. 1분기 영업이익이 전년 동기 대비 36% 증가했다. 그런데 기대엔 못 미쳐서 주가가 7일째 떨어지고 있다고 한다. 누가 얼마나 대단한 기대를 했는지 모르겠다. '기대에 못 미쳐'라는 말은 실적이 좋아졌으면 주가가 올랐어야 하는데, 생각과 다르게 떨어져서 붙인 '아무 말 대잔치'일 뿐이다. 나 또한 이런 기사를 읽고 '주가의 기대치'를 찾아 헤맨 적이 있다. 그것이 아무 의미 없었다는 것을 깨달았을 때 얼마나 화가 났는지 모른다. 실적 관련 뉴스로 알 수 있는 것은 없다. 의미 있다고 생각하고 읽으면 많은 시간을 낭비하게 된다. 그러니 실적 관련 뉴스를 읽지 마라.

실적 뉴스가 중요한 경우가 있다. 코스피 시장에서는 자본금이 50% 이상 잠식되면 관리종목으로 지정된다. 코스닥 시장에서는 더 엄격하다. ① 최근 년도 매출액 30억 원 미만, ② 사업손실 3년 이상, ③ 최근 4년간 영업 손실이 발생하면 관리종목이 된다. 이런 회사들은 실적 발표가 주가에 큰 영향을 미친다. 회사와 투자자가 두려워하는 '관리종목 지정' 또는 '상장 폐지'가 되느냐, 마느냐가 실적에 달렸다. 이런 종목을 샀다면 실적 뉴스를 꼭 봐야 한다.

:: 결론

불필요한 뉴스는 보지 마라. 불필요한 뉴스는 당신의 시간을 낭비하게 하고 올바른 판단을 방해한다. 그런 뉴스는 이런 뉴스다. ① 주가가 오르고 내렸다는 뉴스, ② 이동평균선이 정배열 됐다, 역배열 됐다는 기술적 분석 뉴스, ③ 매출과 이익이 늘었다, 줄었다는 실적 뉴스다. 이런 뉴스를 보는 것은 길에 떨어진 쓰레기를 주워 우리 집 쓰레기봉투에 버리는 것보다 더 나쁘다. 길거리 쓰레기를 주우면 내 시간과 돈이 낭비되어도 거리는 깨끗해진다. 하지만, 불필요한 뉴스는 자꾸 보면 내 돈과 시간이 낭비될 뿐만 아니라, 불필요한 뉴스가 더 늘어나게 만든다. 그러면 뉴스에는 어떻게 대응해야 하는지 알아보자.

뉴스 대응법

뉴스에 대응하지 마라

뉴스에 대응하지 마라. 그 뉴스가 호재든, 악재든 불필요한 뉴스든 상관없다. 주식 시장에서 우리가 할 수 있는 움직임은 세 가지다. 매수, 매도, 두 낫씽(Do nothing, 아무것도 안 하는 것). 그렇다고 뉴스를 보지 말라는 것은 아니다. 세상이 어떻게 돌아가는지 알고 투자 전략을 세우는 근거로 활용한다. 하지만 뉴스만 근거로 해서는 '두 낫씽'을 하는 것이다.

호재에 사지 마라

가장 중요한 것은 호재에 사면 안 된다. '소문에 사서 뉴스에 팔아라'라는 증시 격언이 있다. 여기서 소문과 뉴스는 호재다. 호재에 대한 소문에 사서 뉴스가 되면 팔라는 뜻이다. 이 격언이 진리인 양 문자 그대로 받아들이면 안 된다. 특히 소문에 사라는 말은 틀렸다. 이 격언 때문에 얼마나 많은 사람이 은밀한 소문에 귀를 기울이며 시간을 낭비했던가. 이 격언의 진정한 뜻은 투자 시 정보의 시간 차이를 생각하라는 뜻이다. 확실한 정보가 있다면 그 정보가 전달되는 시간의 차이를 이용해서 투자하라는 것이지, 남보다 더 빠른 정보인 소문을 찾아 헤매라는 말은 아니다.

그래서 호재에 사면 절대 안 된다. 호재에는 만일 그 종목을 가지고 있다면 오히려 팔아야 한다. 가장 큰 이유는 이미 늦었기 때문이다. 뉴스가 됐다는 것은 이미 화제가 되어 모든 사람이 알게 됐다는 뜻이다. 그 뉴스를 보고 사도 오를지 모른다. 하지만 확실한 건 '늦었다'라는 것이다. 그래서 돈을 벌 수 있을지, 없을지 모른다. 그렇다면 사면 안 된다. 투자는 확실하게 돈을 벌 기회에 사도 실패할 때가 많다. 늦었거나 잘 모르겠으면 아무것도 안 하는 게 답이다. 그 예를 하나 들겠다.

2020년 6월 16일이었다. '삼성중공업(우)'가 보름 새 10배가 올랐다는 뉴스가 TV에 났다. 오른 이유는 유통 주식 수가 적기 때문이라고 했다. 회사 동료가 내게 말했다.

"저희 남편이 오늘 50만 원에 샀대요."
"100만 원 갈 것 같죠?"
"네."
동료는 희망차게 대답했다.

"남편에게 지금 당장 팔라고 하세요."
동료를 위해 이야기했다.

얼굴이 흙빛이 된 그녀는 남편에게 전화해 바로 팔았다. 삼성중공업(우)는 6월 18일에 투자 위험 종목으로 지정되어 거래 정지됐다가, 다음 날 잠깐 96만 원까지 갔지만, 곧바로 30만 원대로 곤두박질쳤다.

호재에 매수하면 절대 안 된다. 하수 인증이다. 그리고 호재를 알려주며 주식을 사라는 사람과는 주식 이야기를 삼가라. 사람은 주변 환경의 영향을 받게 된다. 그런 사람은 멀리하거나 서로 투자에 관한 이야기를 해서는 안 된다. 그러면 악재는 어떻게 대응해야 하나?

악재에 팔지 마라

다음으로 하지 말아야 할 것은 악재에 팔면 안 된다. 개별 종목에서 나쁜 뉴스는 자주 있는 일이 아니다. 작게는 실적 악화, 큰 계약 취소, 소송 등이 있고, 크게는 관리종목 편입, 상장 폐지 심사, 대주주나 대표이사 배임·횡령 같은 일이다. 대부분의 악재는 개별 종목의 문제가 아니라 외부적인 뉴스다. 작게는 원자재 가격

변동, 작은 사건 사고, 크게는 정권 교체, 세계 경제 악화 같은 일이다. 그 사건들로 인해 개별 종목 투자자들이 기대하는 일에 차질이 생긴다. 그것이 악재가 된다.

투자한 회사는 변한 게 없는데 회사 외부에서 충격이 왔을 경우에는 팔면 안 된다. 그것은 예측할 수 없다. 그런 것도 예측 못 하냐는 멍청한 사람들도 있다. 예측할 수 없는 일을 예측하고 대응하려는 노력은 비용이고, 시간 낭비다. 투자한 회사가 목표를 이루고자 하는 의지와 능력이 있다면 극복하고 해낼 것을 믿어라. 상장 회사는 대단한 회사다. 그 대단한 회사는 목표를 달성하기 위해 얼마나 많은 난관을 헤쳐왔겠는가? 결국은 해냈고 상장까지 됐다. 당신이 회사에 다닌다면 더 잘 알 것이다.

문제는 내가 투자한 회사가 그런 능력과 도덕성이 없다는 것이 밝혀졌을 때다. 관리종목 편입, 대주주나 대표이사 배임·횡령이 대표적이다. 이 경우에도 뉴스에 대응해 팔면 안 된다. 당신이 잘못된 판단을 한 것은 맞다. 당연히 그럴 수 있다. 회사는 항상 자신의 문제점을 투자자에게 숨긴다. 그것을 밝혀내기 위해 너무 노력할 필요는 없다. 그런다고 모두 밝혀낼 수 없기 때문이다. 오히려 돈을 벌어줄 주식을 찾는 것을 방해한다. 이런 경우 어떻게 했는지 두 가지 사례를 소개한다.

첫째, 2015년 고려신용정보다. 대주주 횡령으로 상장 폐지 실질심사를 받게 됐다는 뉴스를 봤다. 가격은 하한가로 떨어졌고 곧 거래 정지가 됐다. 큰 악재였지만 팔지 않았다. 왜냐하면, 회사는 변한 것이 없다고 판단했다. 상장 폐지되더라도 채권추심 시장 1

위일 것이고, 배당도 유지될 것이다. 금방 재기할 수 있으리라 봤다. 실제로 상장 폐지되지 않았고, 회사는 더 건전해져서 주가는 계속 올랐다.

둘째, 2020년 파미셀이다. 〈YTN 탐사보고서 기록〉에서 과거 줄기세포 치료제를 잘못 팔았던 사례를 고발했다. 당시 잘못 판매된 사례들이 있었던 것은 사실이지만, 회사 차원의 불법이 있었는지 검찰 조사 등으로 명확하게 해소되지는 않았다. 파미셀은 참 좋은 회사고 경쟁력은 그대로다. 하지만, 과거의 의혹이 명확하게 해소되지 않았다는 게 주가의 상승을 막을 것으로 판단하고 팔았다. 과거 청산이 제대로 안 되어 갑자기 툭 튀어나와 관계회복을 막는 한일관계와 비슷할 것으로 생각했다. 재미있는 것은 내가 팔고 나서 최대 실적으로 주가는 더 올랐다는 거다. 좋은 회사가 맞다. 잘못 없는 사람 없듯이 과거에 잘못 없는 회사가 있겠는가?

악재에 팔지 마라. 악재에 파는 것도 하수 인증이다. 악재를 만나면 앙드레 코스톨라니의 책《돈, 뜨겁게 사랑하고 차갑게 다루어라》에 나오는 내용이 기억난다. 그의 오랜 친구이자 증권 시장의 거물이었던 오이게네 바인렙이 한 이야기다.

어느 날 그의 비서가 흥분해서 그에게 말했다.
"주가가 급격하게 떨어지고 있습니다. 어떻게 할까요?"

그는 아무렇지도 않게 대답했다.
"주가가 떨어진다고? 그 정도로 내가 흥분할 것 같나? 나는 3년을 아우슈비츠에 있었어."

거짓 호재에도 주가는 오른다

뉴스에 대응하지 말아야 하는 이유는 사실 여부부터 확인해야 하기 때문이다. 100% 거짓 뉴스도 있지만, 거짓이 아니더라도 기자의 감정과 판단이 담겨 오해를 불러일으키기도 한다. 거짓 뉴스는 주로 호재다. 악재를 거짓으로 만들지 않는다. 나쁜 뉴스가 거짓으로 나면 회사는 민감하게 반응한다. 즉시 아니라고 반박하게 되고, 그 뉴스를 생산한 사람은 법적 책임을 지게 된다. 하지만 거짓 뉴스가 좋은 내용이라면 어떤 일이 일어날까? 사람들은 자기만 아는 내용이라 생각하고 슬그머니 산다. 회사도 민감하지 않다. 보통은 비슷한 좋은 일이 있는데, 그것이 자극적이거나 잘못 알려졌다고 생각한다. 피해자는 좋은 거짓 뉴스에 주식을 산 사람이다. 최근 사례를 하나 소개하겠다.

2020년 11월 16일 오후 3시 50분, '아이큐어, 모더나 코로나 백신 공급계약 체결' 뉴스가 떴다. 당시 화이자와 모더나가 코로나 백신을 누가 먼저 출시하는지 경쟁하던 시기였다(결국 화이자가 먼저 출시했다). 오후 4시 시간 외 거래 10분을 남겨놓은 상황. 네이버 종목토론실은 난리가 났다. 모더나의 움직임을 주시하고 있었던 나도 흥분해서 시간 외 거래로 '아이큐어'를 샀다.

그런데 누군가가 '아이큐어'에 전화를 걸어 확인해본 모양이다. 전화하는 사람들이 많아지고 경찰신고, 검찰 고발, 청와대 게시판에 기자의 실명까지 오르내렸다. 실시간으로 뉴스의 내용이 변했다. 결국 뉴스의 제목은 '미 제약사의 코로나19 백신 수입·공급 추진'으로 바뀌었다. 내용은 12월 8일 주주총회를 소집해서 사업 목적을 변경할 예정이었고, 그중 하나가 '백신 수입 및 공급업'이었다. 지금도 네이버 주식에서 '아이큐어'를 검색하면 그 뉴스와 아래 달린 험악한 댓글들을 확인할 수 있다. 그러면 주가는 어떻게 됐을까? 주주총회 하기 하루 전인 12월 7일까지 계속 올라 최고가를 찍었다. 그다음 날부터 급하게 내려왔다.

:: 결론

따라서, 뉴스를 보고 사거나 팔거나 하지 말아야 한다. '두 낫씽'이 답이다. 그렇다고 뉴스를 보지 말라는 것은 아니다. 뉴스는 매일 꼭 봐야 한다. 뉴스를 봤다면 그것이 사실인지 확인해야 한다. 사실이라면 그 사실을 바탕으로 돈을 벌 수 있는 투자 전략을 세운다. 그다음에 사거나 팔아라. 이것이 뉴스 분석의 전부다.

그러면 지금까지 익힌 것으로 돈을 벌 수 있는 '기본 투자 전략'을 소개하겠다.

기본 투자 전략

상한가 출렁매매

상한가 출렁매매란?

상한가 종목은 종일 상한가를 유지하고 있지 않다. 30%라는 높은 상승으로 수익을 실현하는 사람들 때문이다. 하지만 상한가의 힘은 강력하다. 잠시 후 다시 상한가로 간다. '상한가 출렁매매'는 이런 속성을 이용해 돈을 버는 것이다. 오전 자투리 시간에 상한가인 종목이 있는지 본다. 상한가보다 낮은 가격에 지정가 10단계 주문으로 매수 주문을 넣는다. 쳐다보지 않는다. '매수 주문이 체결됐습니다'라는 메시지를 받으면 얼른 상한가로 매도 주문을 넣는다. 쳐다보지 않는다. 얼마 지나지 않아 '매도 주문이 체결됐습니다'가 뜬다.

종목 전략

상한가 종목에서 볼 것은 딱 하나, 바로 '시가총액'이다. 종목은 시가총액 500~5,000억 원 사이가 좋다. 시가총액이 500억 원도 안 되면 주식을 가진 사람이 적어 거래가 안 된다. 그래서 사고팔 때 문제가 된다. 시가총액 5,000억 원을 넘으면 이미 가지고 있는 사람이 많다. 특히 기관도 갖고 있다. 기관은 보유 물량이 많고 조직적으로 운영하므로 예측과 대응이 어렵다. 기관이 가지고 있지 않은 종목은 물량이 분산되어 있고, 조직적이지 않아 대응하기 쉽다. 따라서 시가총액이 500억 원에서 5,000억 원 사이 종목에서 이 전략을 쓴다.

매수 전략, 매도 전략

상한가보다 10호가 낮은 가격부터 '지정가 10단계 주문'을 한다. 호가 한 개는 대략 0.1%, 10호가 낮은 가격은 약 1% 낮은 가격이다. 10호가부터 시작하는 이유는 살 때 수수료, 팔 때 수수료(각 0.13%, 증권사마다 다르니 확인 필요), 제세공과금(매도 시 0.23%)을 합치면 보통 0.5% 내외이기 때문이다. 10호가 낮은 가격부터 10단계 주문으로 체결되면, 상한가보다 1.5~1.6% 낮은 가격으로 체결된다. 매도 전략은 전량 상한가에 매도 주문을 넣고 기다린다. 매도 주문이 체결되면 수익률 1.5~1.6%에서 수수료와 세금 0.5%를 뺀 대략 1% 정도 수익을 얻을 수 있다.

'상한가 출렁매매' 매수 전략, 매도 전략에서 중요한 것은 매수 주문이 체결되는지, 매도 주문이 체결되는지 쳐다보지 않는 데 있다. '한 번쯤은 출렁거리겠지. 아님 말고' 같은 대범한 마음이 필요하다. 그런 만큼 적은 돈으로 해야 한다. 적어야 한다고 몇만 원으로 하면 안 된다. 왜냐하면 50만 원 이하 거래는 수수료가 약 0.5%까지 높아지는 증권사도 있기 때문이다. 수수료가 0.5%면 살 때 0.5%, 팔 때 0.5%, 매도 시 세금 0.23%로 1.2%가 넘는 비용이 발생해 수익이 거의 없어지기도 한다. HTS에서 수수료율을 꼭 확인하라. 1% 수익을 얻으려면 수수료는 0.15%보다 낮아야 한다.

리스크 및 대응 방법

주식 투자에서 리스크 대응 방법은 세 가지다. 존버 또는 손절 또는 물타기다. '존버'는 '존나 버틴다'라는 비속어의 준말이다. 가격이 내가 산 가격만큼 오를 때까지 버티는 것이다. '손절'은 '손절매'의 준말로 손해를 감수하고 주식을 매도하는 것이다. '물타기'는 가지고 있는 종목의 주가가 떨어질 때 계속 추가로 사서 평균 매수 가격을 낮추는 것이다.

'상한가 출렁매매'의 첫 번째 리스크는 떨어진 다음 오르지 않는 것이다. 그때는 '손절'해야 한다. 왜냐하면 종목을 보고 산 것이 아니어서 '존버'나 '물타기'를 하면 다시 오른다는 보장이 없다. 타이밍은 '오후 3시'이고 매도 방법은 '시장가 매도'다. 오후 3시 30분에 마감하는 주식 시장에서 3시까지 다시 오르지 않는다면 가능성은 없다. 스마트폰으로 오후 3시 알람을 맞춰 놓자. 매도 주문이 체결되지 않았다면 즉시 '시장가 매도'로 주문을 정정한다.

두 번째 리스크는 수수료다. 증권사 수수료에 따라 수익률 차이가 크고 심지어는 손해를 볼 수도 있다. 하지만 금액이 워낙 적으니 하면서 수수료보다 더 높은 수익률을 찾아가는 방법도 좋다. 내가 사용하는 '한국투자증권'은 50만 원 미만은 0.5%, 50만 원 이상은 0.13%+2,000원, 300만 원 이상은 0.13%+1,500원이다. 300만 원 이하면 1%가 3만 원이라 2,000원도 크다. 그래서 한 건 할 때마다 300만 원 이상으로 거래를 한다.

세 번째 리스크는 종목당 하루 한 번만 해야 한다는 것이다. 하루에 여러 번 출렁일 수도 있지만 위험하다. 두 번째 출렁일 때 다시 상한가로 가지 않을 확률이 높다. 여러 번 출렁인다는 것은 많은 사람이 상한가보다 낮은 가격에도 팔고자 한다는 뜻이다. '한 번 더 출렁이지 않을까?' 하는 욕심을 부리면 안 된다. 그 외 특별한 리스크는 없다. 매수가 되지 않는 것은 리스크가 아니다. 자꾸 하다 보면 감이 오고 실력이 늘어난다.

사례

참고로 자료 1-20은 2021년 5월 12일 장 마감 후 네이버 금융 화면이다. 네이버에서 금융-국내증시에 들어오면 상한가 종목을 볼 수 있다. 좌측 중간의 '상한가'를 클릭하거나 좌측 하단의 '4'를 클릭하면 상한가 종목을 볼 수 있다. 숫자가 '0'이라도 눌러보라. '4'는 코스피 상한가 종목 수다. '0'이라도 코스닥 상한가 종목이 있을 수도 있다.

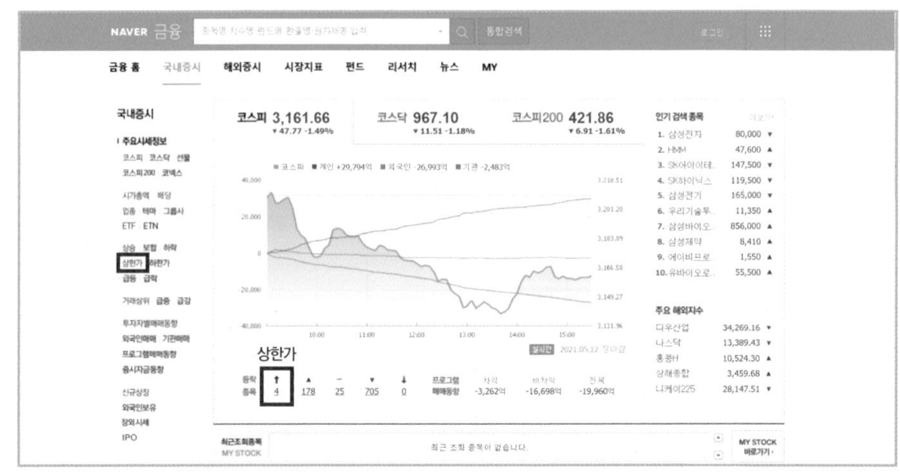

자료 1-20. 네이버 금융 국내 증시 화면(2021년 5월 12일)

'4'를 누르고 들어가면 다음 화면이 나온다. 거기서 다음과 같이 시가총액을 선택한다. 그러면 코스피 상한가는 대부분 '우'자가 들어간 주식이다. '우선주'라는 뜻이다. 그리고 시가총액은 216억

| 상한가

코스피

N	연속	누적	종목명	현재가	전일비	등락률	거래량	시가	고가	저가	시가총액
1	1	8	노루홀딩스우	116,500	↑ 26,600	+29.59%	72,815	90,100	116,500	86,600	216
2	1	3	동양우	15,100	↑ 3,450	+29.61%	104,201	14,100	15,100	14,100	93
3	1	4	동양2우B	29,250	↑ 6,750	+30.00%	57,151	27,900	29,250	27,900	90
4	1	4	동양3우B	73,100	↑ 16,800	+29.84%	10,018	73,100	73,100	73,100	66

코스닥

N	연속	누적	종목명	현재가	전일비	등락률	거래량	시가	고가	저가	시가총액
1	1	3	포스코엠텍	11,500	↑ 2,620	+29.50%	43,894,881	8,910	11,500	8,710	4,789
2	1	3	에이티넘인베스트	6,650	↑ 1,530	+29.88%	58,116,058	5,120	6,650	5,000	3,192
3	1	1	한탑	2,155	↑ 495	+29.82%	23,634,207	1,670	2,155	1,660	609

자료 1-21. 네이버 상한가 화면(2021년 5월 12일 오후 3시 30분)

원, 93억 원, 90억 원, 66억 원인 것을 볼 수 있다. 거래량이 적어서 상한가다. 볼 필요 없다.

하지만 코스닥 3종목이 있다. 시가총액 609억 원, 3,192억 원, 4,789억 원이다. 이 중 포스코엠텍과 에이티넘인베스트는 출렁이지 않았다. 오직 한탑만 출렁였다. 오전 9시~9시 30분 사이 한탑을 '상한가 출렁매매' 했다면 오후 3시쯤 1%의 수익을 챙길 수 있다.

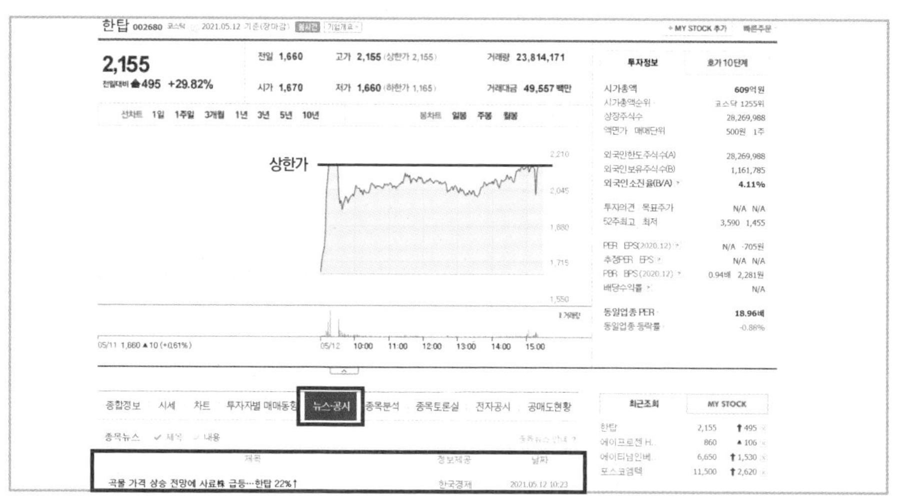

자료 1-22. 한탑 화면(2021년 5월 12일)

나는 이날 한탑을 들어가지 못했다. 10시쯤 상한가 화면에 들어갔는데, 그때는 '한탑'이 없고 다른 종목이 있었다. 그것은 '에이프로젠 H&G'다.

'에이프로젠 H&G'는 시가총액 1,751억 원이다. 상한가가 980원이므로 호가 단위는 1원이다. 970원부터 961원까지 '지정가 10단계 매수'를 걸었다. 10시 30분쯤 매수됐다. 평균 매수가는 965원이었다. 즉시 980원에 매도를 걸었다. 11시쯤 체결됐다. 간단하게 10,000주씩 거래했다. 150,000원 수익에 매수 수수료 13,755원(수수료 0.127%+1,500원), 매도 수수료 13,946원, 세금 22,540원 합계 50,241원의 비용이 나갔다. 30분 만에 약 10만 원을 벌었다.

자료 1-23. 네이버 상한가 화면(2021년 5월 12일 오전 10시)

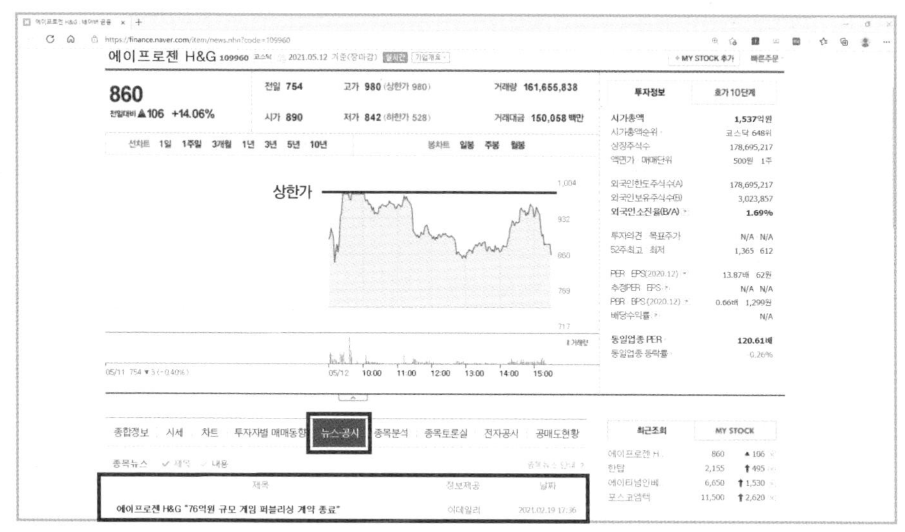

자료 1-24. 에이프로젠 H&G 화면(2021년 5월 12일)

:: 결론

이것이 '상한가 출렁매매'다. 내가 쓰는 가장 쉬운 투자 전략이다. 호재가 있느냐, 없느냐는 그다지 중요하지 않다. 지정가 10단계 매수, 매도와 시장가 매도만 할 줄 알면 된다.

종가매수 시가매도

종가매수 시가매도란?

어떤 종목이든지 많이 오른 날이 있다. 다음 날 한 번쯤 전날 종가보다 높이 올라간다. '종가매수 시가매도'는 그 패턴을 이용해서 돈을 버는 것이다. 오후 3시쯤 많이 오른 종목을 본다. 오르는 추세로 끝날 것 같은 종목을 골라 매수한다. 다음 날 시가가 전일 종가보다 높게 시작한다면 즉시 매도를 한다. 전일 종가보다 낮게 시작한다면 전일 종가보다 10호가 높은 가격부터 더 높은 호가순으로 '지정가 10단계 주문'을 한다. 쳐다보지 않는다. '매도 주문이 체결됐습니다'가 뜬다.

종목 전략

먼저 많이 오른 종목을 찾아야 한다. 찾는 방법은 '네이버 금융-국내증시-상승'에서 쉽게 찾을 수 있다. '우'로 끝나는 우선주와 ETF 등을 제외하고 상위 5개 정도만 봐도 된다.

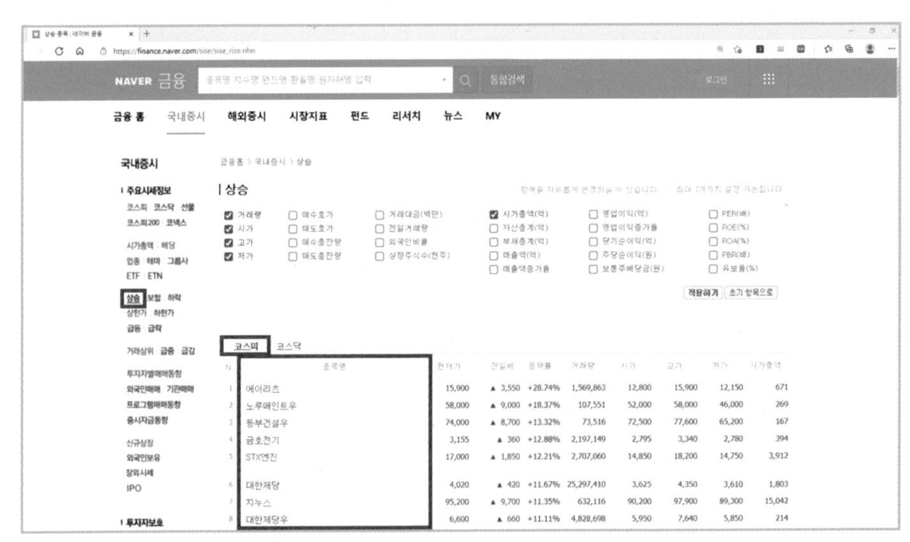

자료 1-25. 네이버 국내증시-상승-코스피 화면

각 종목으로 들어가면 하루 주가 움직임의 차트를 볼 수 있다. 네이버 차트로 올라가며 하루가 마무리되는 종목을 찾는다. 처음에 올랐다가 내려가거나, 오르락내리락하는 종목은 제외한다.

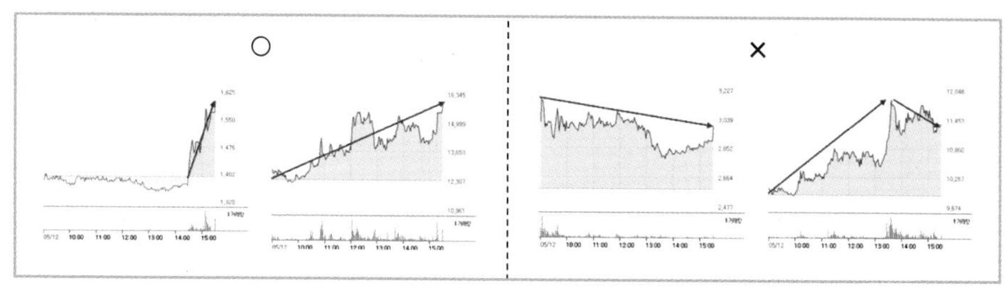

자료 1-26 네이버 차트 모양

매수하기 위해 증권 앱을 켜서 봉차트로 더 확실하게 알 수 있다. 다음과 같이 장대양봉이나 아랫꼬리양봉인 종목이다. 윗꼬리양봉이거나 양꼬리양봉인 종목은 제외한다.

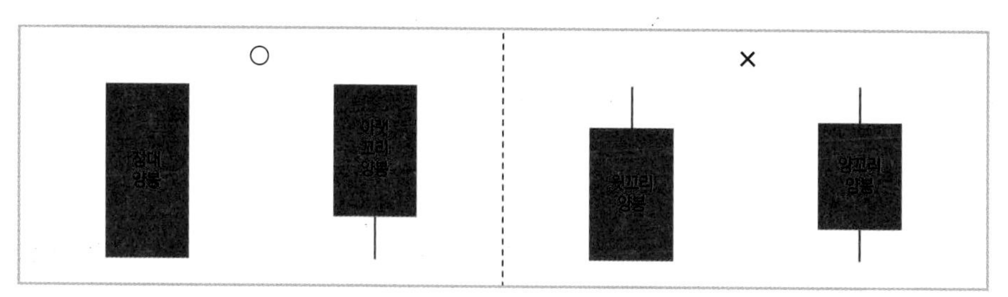

자료 1-27. 차트 모양

매수 전략, 매도 전략

매수는 '시장가 매수'를 한다. 이유는 시간이 없기 때문이다. 오후 3시부터 종목을 찾았으니 3시 10분쯤 됐다. 오후 3시 20분부터는 동시호가로 거래되다가 3시 30분 장이 마감된다. 이렇게 짧은 시간에 지정가 매수를 하게 되면 매수가 안 된다. 그래서 시장가 주문을 해야 한다.

매도는 조금 복잡하다. 먼저 어제 매수한 가격과 그보다 '10호가 높은 가격'을 계산한다. 다음 날 오전 9시 시가가 '10호가 높은 가격'보다 높다면 '시장가 매도'를 한다. 대부분 초기에 빠르게 오른다. 반대로 시가가 '10호가 높은 가격'보다 낮다면 '10호가 높은 가격'에서 시작해 '지정가 10단계 주문'을 한다. 매도 주문이 모두 체결되면 수익률 1.5~1.6%, 수수료와 세금 0.5%를 뺀 대략 1% 정도의 수익을 얻을 수 있다.

리스크 및 대응 방법

'종가매수 시가매도'에서 가장 큰 리스크는 '10호가 높은 가격'까지 오르지 않고 떨어지는 것이다. 그렇다면 '손절'해야 한다. 왜냐하면 종목을 보고 산 것이 아니기 때문에 '존버'나 '물타기'를 해도 다시 오른다는 보장이 없다. 타이밍은 '오후 3시'이고 매도 방법은 '시장가 매도'다. 오후 3시 30분에 마감하는 주식 시장에서 3시까지 다시 오르지 않는다면 가능성은 없다. 스마트폰으로 오후 3시 알람을 맞춰 놓자. 매도 주문이 체결되지 않았다면 즉시 '시장가 매도'로 주문을 정정한다.

사례

종목 전략의 화면은 2021년 5월 12일(수) 장 마감 후 '네이버 금융-국내증시-상승'의 코스피 화면이다. 이날 장대양봉 또는 아랫꼬리양봉으로 마감한 회사는 코스피에서 '에이리츠', 코스닥에서 '피에스엠씨', '인바디' 3종목이었다. 이들이 5월 13일에 어떻게 됐는지 살펴보자.

'에이리츠'는 5월 12일에 종가 15,900원으로 마감해 다음 날 시가 15,450원으로 시작했다. 그래서 미리 계산한 '10호가 높은 가격' 16,400원부터 16,850원까지 '지정가 10단계 주문'으로 매도 주문을 넣었다. 오전 11시 20분경, 가격이 18,400원까지 오르며 거래가 체결됐다.

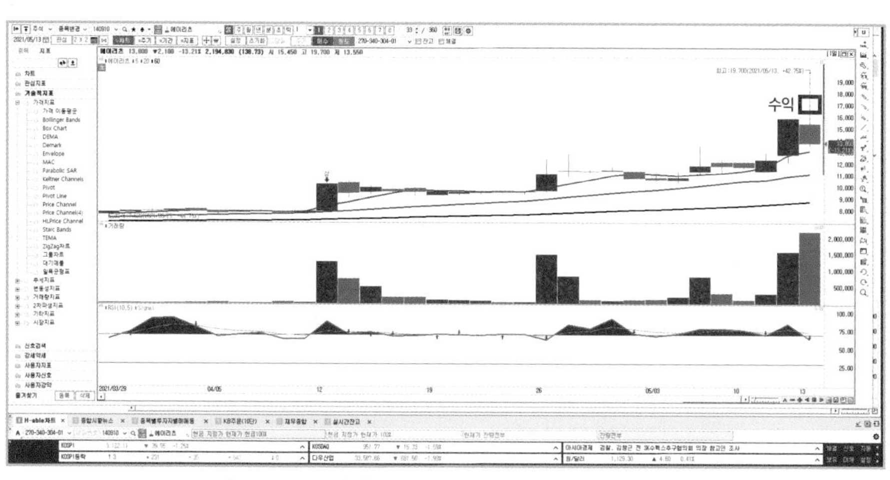

자료 1-28. 에이리츠 차트 화면(2021년 5월 13일)

'피에스엠씨'는 5월 12일에 종가 2,830원으로 마감해 다음 날 시가 2,810원으로 시작했다. 그래서 미리 계산한 '10호가 높은 가격' 2,880원부터 2,925원까지 '지정가 10단계 주문'으로 매도 주문을 넣었다. 9시 30분쯤 바로 거래가 체결됐다.

'인바디'도 5월 12일 종가 26,000원으로 마감해 다음 날 시가 24,950원으로 시작했다. 그래서 미리 계산한 '10호가 높은 가격'

26,500원부터 26,950원까지 '지정가 10단계 주문'으로 매도 주문을 넣었다. 오전 10시 26,600원까지 체결됐으나 그 위로는 체결되지 않았다. 그래서 오후 3시, 25,400원에 시장가 매도를 해 약간 손해를 봤다. 5월 13일은 코스피는 1.25%, 코스닥은 1.59% 빠지는 전반적인 하락장이라 오르기 힘겨운 날이었다.

:: 결론

이것이 '종가매수 시가매도'다. 내가 계속 쓰는 투자 전략이다. 지정가 10단계 매수, 매도와 시장가 매수, 매도를 할 줄 알아야 한다. '상한가 출렁매매'보다 어려운 점은 그래프와 봉차트를 볼 줄 알아야 한다는 것이다.

시간 외 이삭줍기

시간 외 이삭줍기란?

주식 투자에는 시간 외 거래를 할 수 있는 시간이 있다. 8시 30분~40분, 10분간 '장전 시간 외 종가', 3시 40분~4시, 20분간 '장후 시간 외 종가', 오후 4시~6시 2시간 '시간 외 단일가'다. 사람들이 잘 모르고 관심도 없다. 그 무지와 무관심으로 돈을 번다. 하지만 벌어봐야 소액이다. 그래서 '이삭줍기'다.

오후 이삭줍기는 오후 5시 시간 외 거래에서 5% 이상 오른 종목들을 보면서 시작한다. 왜 올랐는지 보고 호재가 있는 종목을 산다. 다음 날 시가가 내가 산 가격보다 높게 시작하면 즉시 매도한다. 시가가 내가 산 가격보다 낮다면 내가 산 가격보다 10호가 높은 가격부터 더 높은 호가순으로 '지정가 10단계 주문'을 한다. 쳐다보지 않는다. '매도 주문이 체결됐습니다'가 뜬다.

오전 이삭줍기는 아침 뉴스에서 시작한다. 아침 뉴스에 어떤 회사에 좋은 일이 있다고 나오거나 관련된 호재가 떴다. 그런데 8시 30분에 시간 외 매물로 나온다. 얼른 사서 9시에 장이 시작하면 즉시 시장가로 매도한다. 오전 이삭줍기는 앞의 '02 기본기, 주식 매매 방법'에 방법과 사례를 소개했다. 여기서는 '오후 이삭줍기'만 소개하겠다.

종목 전략

오후 5시 MTS 또는 HTS에서 '시간 외 등락율 순위'에서 상승률로 정렬해서 본다(네이버 증권에는 이 화면이 없다). 다음 화면은 2021년 5월 12일 시간 외 상승률 화면이다.

⊙전체 ○코스피 ○코스닥 | ○상한가 ⊙상승률 ○보합 ○하한가 ○하락률 | 가격 0 ~ 0 거래량 전체조회 | 연속조회 | 조회

시 간: 장마감 상승률: 966(종목) 시간외 거래량: 35,230(천주) 거래금액: 2,737,815(백만원)

5% 이상 오른 종목

				시간외 단일가						정규시장	
	시간외현재가	대비	등락률(%)	매도호가	매도잔량	매수호가	매수잔량	시간외거래량	거래비(%)	정규장종가	정규장거래량
태양금속	1,760 ⬆	160	10.00	0	0	1,760	840,731	781,996	35.87	1,600	218
태양금속우	3,805 ⬆	345	9.97	0	0	3,805	168,837	88,960	99.99	3,460	0
세화아이엠씨	747 ▲	67	9.85	747	378,596	746	3,015	1,038,923	99.99	680	100
삼성중공우	329,000 ▲	29,000	9.67	329,000	614	328,000	48	619	61.90	300,000	0
미래에셋 원자재 선물	11,990 ▲	990	9.00	11,980	81	9,900	322	5	500.00	11,000	0
하이골드3호	1,835 ▲	150	8.90	1,835	7,599	0	0	2	200.00	1,685	0
이베스트이안스팩1호	2,305 ▲	175	8.22	2,295	27,629	2,030	13,791	2	200.00	2,130	0
엔시트론	1,025 ▲	61	6.33	1,025	34,383	966	16,642	2,170	21.70	964	0
녹십자홀딩스2우	106,000 ▲	6,300	6.32	106,500	3,113	106,000	988	1,771	17.71	99,700	0
교보9호스팩	2,275 ▲	120	5.57	2,265	29,576	0	0	1	100.00	2,155	0
소프트센우	44,850 ⬆	2,350	5.53	0	0	44,850	4,016	4,535	45.35	42,500	0
에스티팜	125,000 ▲	6,400	5.40	125,000	2,324	124,900	1,361	61,282	55.20	118,600	1,110
삼성제약	8,860 ▲	450	5.35	8,860	56,119	8,850	13,557	460,792	17.10	8,410	2,694
백금T&A	4,005 ▲	200	5.26	4,005	29,936	4,000	62,616	739,221	77.89	3,805	949
세동	2,090 ▲	90	4.50	2,095	3,768	1,980	8,548	203	20.30	2,000	0
한국비엔씨	8,200 ▲	350	4.46	8,200	6,697	8,160	5,877	117,042	99.99	7,850	0
KB오토시스	9,760 ▲	410	4.39	9,750	3,832	9,350	1,524	1	100.00	9,350	0
에이팩트	6,940 ▲	290	4.36	6,960	5,639	6,650	688	163	16.30	6,650	0
한국선재	5,630 ▲	230	4.26	5,630	158,519	5,620	8,888	500,854	22.66	5,400	221
큐로컴	1,310 ▲	50	3.97	1,310	151,969	1,295	19,340	29,356	99.99	1,260	0

자료 1-29. 시간 외 상승률 화면(2021년 5월 12일)

우선주, 선물, ETF, 스팩, 골드 이런 건 빼고 생각하라. 알 필요 없다. 가장 많이 오른 '태양금속'을 선택한다. 혹 태양금속이 시간 외 상한가이기 때문에 매수가 안 된다면, 그 밑에 '세화아이엠씨'를 산다. 그 이하는 볼 필요 없다.

매수 전략, 매도 전략

매수 전략은 시간 외 거래로 산다. 10분 단위 단일가 매매밖에 매수가 안 되니 오후 5시라서 살 기회는 5~6번뿐이다. 최대한 산다. 물론 단타이기 때문에 1,000만 원 이상은 사지 않는다. 그리고 시간 외 거래는 거래가 잘 이루어지지 않는다.

매도 전략은 다음 날 아침 '시가 매도'한다. 어제 매수한 가격보다 '10호가 높은 가격'을 계산한다. 오전 9시 시가가 '10호가 높은 가격'보다 높다면 '시장가 매도'를 한다. 반대로 시가가 '10호가 높은 가격'보다 낮다면 미리 계산한 '10호가 높은 가격'에서 시작해 '지정가 10단계 주문'을 한다. 매도 주문이 모두 체결되면 수익률 1.5~1.6%, 수수료와 세금 0.5%를 뺀 대략 1% 정도의 수익을 얻을 수 있다.

리스크 및 대응 방법

'시간 외 이삭줍기'의 리스크는 다음 날 '10호가 높은 가격'+지정가 매도 가격까지 오르지 않고 떨어지는 것이다. '손절'해야 한다. 왜냐하면 종목을 보고 산 것이 아니기 때문에 '존버'나 '물타기'를 하면 다시 오른다는 보장이 없다. 타이밍은 '오후 3시'이고 매도 방법은 '시장가 매도'다. 오후 3시 30분에 마감하는 주식 시장에서 3시까지 다시 오르지 않는다면 가능성은 없다. 스마트폰으로 오후 3시 알람을 맞춰 놓자. 매도 주문이 체결되지 않았다면 즉시 '시장가 매도'로 주문을 정정한다.

사례

2021년 5월 12일, '태양금속'을 사지 못해 '세화아이엠씨'를 747원에 10,000주를 샀다. 다음 날 시가는 778원이었다.

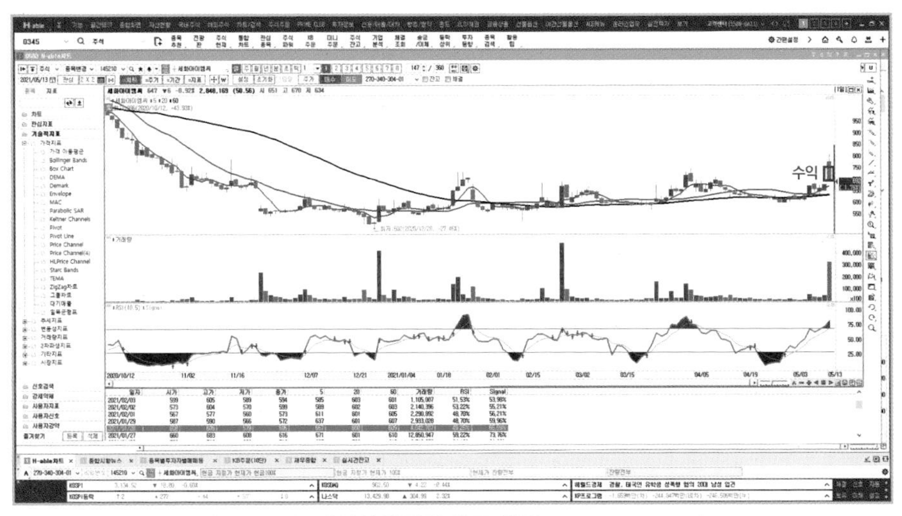

자료 1-30. 세화아이엠씨 차트 화면(2021년 5월 13일)

시가가 미리 계산한 '10호가 높은 가격'인 757원보다 높았기 때문에 바로 '지정가 10단계 주문'으로 788원까지 걸었다. 주문은 5분도 안 걸려 곧바로 체결됐다. 평균 783원에 팔아 하룻밤에 주당 36원을 벌었다. 하지만 이날 오전 810원까지 올랐던 '세화아이엠씨'는 오후 692원까지 떨어졌다. 단타는 이렇게 무섭다. 미리 어떻게 할지 정하고 계획대로 하지 않으면 순식간에 이익에서 손해로 변한다.

:: 결론

이것이 '시간 외 이삭줍기'다. 거래량이 적어서 그렇지 생각보다 짭짤하다. 시간 외 단일가매수와 지정가 10단계 매도를 할 줄 알아야 한다. '시간 외 이삭줍기'를 하려면 뉴스를 보는 감각과 관련주를 검색해서 선택할 줄 알아야 한다. 어쩌면 앞에 두 투자 방법보다 돈 벌기는 더 쉽다. 다만, '시간 외 거래'는 생각보다 체결이 잘 안 되고 익숙해지는 데 시간이 걸린다.

PART **02**

내 집 마련 주식 투자

재무 분석

재무 분석하는 법

재무 분석 목적은 투자하지 말아야 할 종목을 거르는 것이다

재무 분석을 어떻게 하는지 알려면 먼저 재무 분석 목적이 명확해야 한다. 재무 분석을 하는 가장 큰 이유는 '투자하지 말아야 할 종목을 거르기 위한 것'이다. 많은 사람이 재무 분석을 통해 투자할 종목을 찾고자 한다. 나도 한때 그랬다. 하지만 재무 분석으로는 투자할 종목을 찾을 수 없다. 그 이유는 재무는 과거이기 때문이다. 과거는 미래를 예측하는 데 중요한 정보다. 하지만 분명한 것은 미래는 과거와 다르다. 옛날에 좋았다고 미래도 좋다는 보장이 없다. 재무 분석에 빠지면 자꾸 과거 자료를 보면서 좋았던 옛날이 반복될 것이라는 생각을 하게 된다. 그렇게 투자를 망친다. 그렇게 되지 않도록 처음부터 '투자하지 말아야 할 종목을 거르기만 하겠다'라고 마음잡고 봐야 한다. 그러면 재무제표 보는 방법을 살펴보자.

먼저 재무제표로 돈의 흐름을 읽어라

재무 분석은 재무제표를 보는 데서 시작한다. 재무제표를 본다는 것은 돈의 흐름을 읽는 것이다. 참 쉽다. 재무제표의 기본은 '손익계산서'와 '재무상태표'다. 손익계산서에서 얼마를 벌었는지가 매출이다. 거기서 비용과 세금을 뺀 금액이 순이익이다. 그 순이익이 재무상태표의 자기 돈, 즉 자본이 된다(자본 항목의 '이익잉여금'에 합산된다). 자료 2-1과 같다.

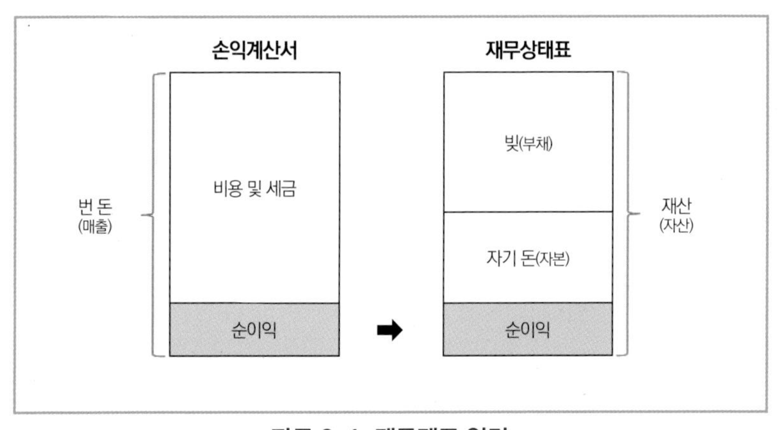

자료 2-1. 재무제표 읽기

먼저 자신에 대한 재무제표를 먼저 만들어보자. 2021년 4월 29일, 하나금융경영연구소에서 〈대한민국 40대가 사는 법〉이라는 리포트를 발간했다. 평균 총자산 4.1억 원, 순자산 3.3억 원(빚 0.8억 원), 세후소득 월 468만 원, 소비지출 월 343만 원, 저축/투자

월 125만 원(연 1,500만 원)이다. 돈의 흐름이 보이는가? 40대는 월 468만 원(연 5,616만 원)을 벌어 월 343만 원(연 4,116만 원)을 써서 월 125만 원(연 1,500만 원)을 저축했다. 그렇게 해서 지금까지 만든 자기 돈(자본)이 3.3억 원이다. 빚 0.8억 원을 더해 전 재산 4.1억 원을 가지고 있다. 기업도 이런 식으로 본다.

'골프존'을 예를 들어보겠다. 여러분도 잘 아는 스크린 골프 회사다. 2020년에 골프존은 2,985억 원을 벌었다(매출). 비용과 세금을 다 내고 남은 돈이 374억 원이다(순이익). 2019년 12월 31일에는 자기 돈이 2,000억 원이었는데 순이익 374억 원과 기타거래 9억 원이 늘었다. 배당금 128억 원을 주고 남은 자기 돈은 2,255억 원이다(자본). 거기에 빚 1,417억 원이 더해져 총재산이 3,672억 원이다. 이것이 2020년 골프존 돈의 흐름이다.

현금흐름표로 투자하지 말아야 할 회사를 걸러내라

'손익계산서'와 '재무상태표'만 보고 투자하지 말아야 할 회사를 걸러낸다면 순이익이 마이너스(-)인 회사다. 직장이나 사업이 있는데 투자한 회사만 들여다보고 있을 수는 없다. 적자인 회사는 언제 망할지 모른다. 굳이 투자할 이유가 없다. 그러면 흑자인데도 투자하지 말아야 할 회사는 어떻게 거를까? '현금흐름표'로 걸러낸다. 현금흐름은 해당 기간 동안 들어온 현금과 나간 현금을 기록한 것이다. 회사에 돈이 들어왔으면 플러스(+), 돈이 나갔으면 마이너스(-)다.

현금 흐름은 크게 세 가지가 있다.

- **영업 활동 현금흐름** : 이익이 났으면 플러스(+) 손해봤으면 마이너스(-)
- **투자 활동 현금흐름** : 투자했던 금융상품을 팔았으면 플러스(+), 실제 투자했으면 마이너스(-)
- **재무활동 현금흐름** : 돈을 빌렸으면 플러스(+), 갚았으면 마이너스(-)

이런 식으로 기록된다. 그러면 여기서 어떤 종목을 걸러야 할까? 이해가 되지 않는 현금흐름을 보이면 걸러야 한다. 먼저 합리적이고 이해가 되는 사례를 들겠다. 다시 '골프존'을 보자. 골프존 2020년 순이익은 374억 원이고, 영업 현금흐름은 874억 원이다. 500억 원이 더 많다. 현금흐름이 더 많은 것은 문제없다. 투자 현금흐름은 -526억 원이다. 투자했기 때문이다. 재무 현금흐름은 -252억 원이다. 빚을 갚고 배당금을 지급했기 때문이다.

그러면 이해가 안 가는 현금흐름 사례를 소개하겠다. 2014년 분식회계로 파산한 '모뉴엘'이라는 PC, 소형가전 회사다. 순이익은 2011년~2013년까지 3년간 240억 원, 358억 원, 599억 원이었다. 그런데 영업 현금흐름은 128억 원, 143억 원, 15억 원이다. 이상하지 않은가? 순이익보다 영업 현금흐름이 절반이다. 특별한 경우를 제외하고 영업 현금흐름은 순이익보다 많다. 자신의 통장만 봐도 알 수 있다. 아니나 다를까. 이 회사는 분식회계로 은행에서 사기대출을 받았다. 이렇게 순이익과 영업 현금흐름을 비교만 해도 거를 수 있다. 이 외에도 '이상하다' 또는 '이해가 안 된다'라는 느낌이 들면 투자 안 하면 된다. 다음 글에서 자세히 설명하겠다.

골프존

구분	2018년	2019년	2020년
순이익	204억 원	162억 원	374억 원
영업 현금흐름	328억 원	395억 원	874억 원
영업 현금흐름-순이익	+124억 원	+233억 원	+500억 원

모뉴엘

구분	2011년	2012년	2013년
순이익	240억 원	358억 원	599억 원
영업 현금흐름	128억 원	143억 원	15억 원
영업 현금흐름-순이익	-112억 원	-215억 원	-584억 원

자료 2-2. 현금흐름표 읽기

적정 주가를 계산하라

이제 돈의 흐름을 읽었다면 적정 주가를 구해봐야 한다. 재무제표는 숫자이니 계산은 한번 해봐야 하지 않겠는가? 그래야 가치가 올랐는지, 떨어졌는지 확인해볼 수 있다. 중요한 것은 재미 삼아 해봐야 한다는 것이다. 어떻게 구해도 맞는다고 할 수도, 틀린다고 할 수도 없다. 하지만 구해보면 나름 시사하는 바가 있다. 적정 주가를 구하는 법은 별도로 자세히 설명하겠다.

재무 비율을 쓱 봐라

증권사 HTS를 보면 안정성 비율, 성장성 비율, 수익성 비율, 활동성 비율 등을 이미 구해 놨다. 그것을 쓱 한번 훑어 본다. 자세히 볼 필요는 없다. 한때 이 숫자들을 신봉했었다. HTS에서 계산된 숫자를 믿지 못해 재무제표를 보고 직접 계산하기도 했었다. 지나고 보니 필요 없다. 왜냐하면, 증권사 HTS에서 계산된 숫자가 맞다. 그리고 재무 비율에서 그다지 얻을 것이 없었다. 이 또한 별도로 자세히 설명하겠다.

이 세 가지 활동을 분기 1번씩만 한다

재무제표는 3개월에 한 번씩 DART에서 확인할 수 있다. 분기나 반기보고서는 45일 이내, 연간 사업보고서는 90일 이내 제출한다. 그 무렵 찍어둔 종목들이나 가지고 있는 종목들의 재무제표를 보고 ① 돈의 흐름이 자연스러운지 확인하고, ② 적정 주가를 구해보며, ③ 재무 비율을 쓱 하고 살펴본다. 분기에 한 번씩만 보면 된다.

:: 결론

재무 분석을 하는 이유는 '투자하지 말아야 할 종목을 거르기 위한 것'이다. 분기에 한 번씩 돈의 흐름을 보고, 적정 주가를 구해보며, 재무 비율을 살펴보는 것만 하면 된다. 재무 분석으로 투자할 종목을 찾으려고 하면 안 된다. 재무 분석은 재미있다. 그 안에 모든 것이 있는 것 같다. 볼수록 빠져들고 많은 시간을 소비하게 된다. 하지만 그곳에 새로운 미래는 없다. 재무와 시간을 보내면 보낼수록 직접 구한 적정 주가가 맞는다는 확신, 과거가 반복될 것이라는 느낌이 든다. 그 느낌은 오히려 돈 버는 투자 결정을 방해한다. 재무 분석은 하되, 적당히 하자.

다음은 현금흐름표를 좀 더 자세히 살펴보도록 하겠다.

현금흐름표

현금흐름표를 보는 목적

현금흐름표를 보는 목적은 그 기업의 현 상황을 알고, 분식[12] 가능성이 있는 종목을 거르기 위해서다. 손익계산서와 재무상태표로는 기업의 현 상황을 알 수 있다. 손익계산서에서 의미 있는 것은 '흑자냐? 적자냐?'다. 재무상태표에서 의미 있는 것은 '빚이 얼마냐?'다. 현금흐름표는 영업 현금흐름, 투자 현금흐름, 재무 현금흐름이 플러스냐, 마이너스냐에 따라 기업의 여덟 가지 상황을 알려준다. 손익계산서와 재무상태표는 분식 여부를 알 수 없다. 하지만 현금흐름표를 보면 분식이 의심되는 종목을 찾을 수 있다.

현금흐름 유형별 기업 상황

현금흐름표에서 가장 중요한 것은 '영업활동 현금흐름(이하 영업 현금흐름)'이다. 영업 현금흐름은 '영업활동으로 벌어들인 순현금'을 의미한다. 재고나 매출채권(돈 받기로 한 약속/계약, 어음 같은 것)은 현금이 아니다. 영업 현금흐름은 ① 배당금을 지급할 수 있고, ② 회사가 계속될 수 있으며, ③ 투자는 할 수 있는지, ④ 순이익이 정상인지 알 수 있는 핵심이다. 그러면 여덟 가지 유형을 살펴보자.

12) 분식 : 분식회계의 준말. 기업이 재무제표를 일부러 잘못 작성해 투자자를 속이는 것

영업 현금흐름 플러스(+)

기업상황	영업 현금흐름	투자 현금흐름	재무 현금흐름
#1 현금기업	(+)	(+)	(+)
#2 우량기업	(+)	(-)	(-)
#3 구조 조정	(+)	(+)	(-)
#4 성장기업	(+)	(-)	(+)

영업 현금흐름 마이너스(-)

기업상황	영업 현금흐름	투자 현금흐름	재무 현금흐름
#5 버티는 중	(-)	(+)	(+)
#6 신생기업	(-)	(-)	(+)
#7 사면초가	(-)	(+)	(-)
#8 이판사판	(-)	(-)	(-)

자료 2-3. 현금흐름 유형

영업 현금흐름이 플러스인 경우다.

#1 현금기업 : 이 기업은 지금 현금을 모으고 있다. 영업으로 돈을 벌고(영업 현금+), 가지고 있는 자산을 팔고(투자 현금+), 대출을 받거나 주식 시장에서 자금을 조달하고 있다(재무 현금+). 왜 현금을 모으고 있을까? 대부분 대규모 투자를 준비하는 상황이다. 어디에 어떻게 투자하는지 주의 깊게 살펴봐야 한다.

#2 우량기업 : 이 기업은 우량기업 또는 성숙기업이다. 영업으로 돈을 벌고(영업 현금+), 그 돈으로 투자하고(투자 현금-), 대출을 갚거나 배당을 지급(재무 현금-)한다. 전형적인 좋은 회사다. 이런 회사는 현재 사업의 경쟁력이 얼마나 잘 유지되고 있는지 살

펴야 한다.

#3 구조 조정 : 이 기업은 지금 구조 조정 중이다. 영업으로 번 돈으로(영업 현금+) 가지고 있는 자산을 팔아서(투자 현금+) 빚을 갚고 있다(재무 현금-). 이런 회사는 가지고 있는 자산을 팔아도 기업의 경쟁력이 유지될 수 있는지 잘 살펴야 한다.

#4 성장기업 : 영업으로 번 돈(영업 현금+)과 대출을 받거나 주식으로 자금을 조달해서(재무 현금+) 투자하고 있다(투자 현금-). 성장하고 있는 기업이다. 얼마나 잘 성장하는지 어디까지 성장할 수 있을지 살펴야 한다.

영업 현금흐름이 마이너스인 경우다.

#5 버티는 중 : 영업에서 손해를 보고 있고(영업 현금-), 그래서 가진 자산을 팔고(투자 현금+), 대출을 받거나 주식으로 자금을 조달해(재무 현금+) 버티는 중이다. 현재 사업이 잘 안 되지만 곧 좋아질 예정이라면 괜찮다. 아이스크림 기업이 겨울을 나는 것이라면 괜찮다. 여름이 오면 괜찮아질 테니까. 그런데 그런 사업이 아니라면 위험한 상황이다.

#6 신생기업 : 영업으로 아직 돈이 벌리지 않는데도(영업 현금-), 대출을 받거나 주식으로 자금을 조달해서(재무 현금+), 계속 투자한다(투자 현금-). 지금 이 회사는 죽음의 계곡을 건너고 있다. 이 시기를 잘 넘겨 영업 현금을 플러스로 만들 수 있다면 좋은 회사가 될 것이다.

#7 사면초가 : 대출을 갚아야 하는데(재무 현금-), 영업으로 손해를 보고 있다(영업 현금-). 그래서 가지고 있는 자산을 팔아서 갚

고 있다(투자 현금+). 이 회사는 어려운 상황에 빠졌다. 자산을 팔아 빚을 갚고도 영업 경쟁력을 회복할 수 있어야 하는데 말처럼 쉽지 않다.

#8 이판사판 : 대출을 갚아야 하는데(재무 현금-), 영업으로 손해를 보고 있다(영업 현금-). 이 상황에서 가지고 있는 자산을 팔아 대출을 갚지 않고, 추가로 투자를 한다(투자 현금-). 즉, 이 투자가 성공하지 못하면 죽는다. 이판사판이다. 매우 보기 드문 경우다. 2010년 필름회사 코닥의 현금흐름이 이랬다. 결과는 더 설명하지 않겠다.

가치 투자, 장기 투자를 하려면 : 영업 현금 플러스(+) 필수

가치 투자, 장기 투자를 하려면 영업 현금흐름 플러스는 필수다. 현금흐름 유형별로만 봐도 확실히 알 수 있다. 영업 현금흐름이 플러스면 현금기업, 우량기업, 구조 조정, 성장기업이다. 마이너스면 버티는 중, 신생기업, 사면초가, 이판사판이다. 또 영업 현금흐름이 플러스면 위기가 와도 극복할 수 있다. 대출이나 투자자 모집이 쉽기 때문이다. 반면 영업 현금흐름이 마이너스일 때 위기가 오면 극복하기 어렵다. 누가 대출을 해주고 투자하겠는가?

가치 투자, 장기 투자를 하려면 : 분식회계가 아니어야 함

가치 투자, 장기 투자를 하려면 분식회계가 아니어야 한다. '손익계산서', '재무상태표', '현금흐름표'가 거짓인 것이 들키면 '상장폐지'될 수 있다. 내가 산 주식이 상장 폐지가 된다고 '0원'이 되는 것은 아니다. 다만 더 이상 거래소에서는 거래가 되지 않고 장외에서만 거래된다. 당연히 팔기도 어렵고 가격은 크게 떨어진다. 현금흐름표는 분식회계의 가능성을 가장 잘 알려준다.

일단 영업 현금흐름이 마이너스이고, 재무 현금흐름이 플러스인 경우 분식 회계 가능성이 높다. 즉 '#5 버티는 중'이거나 '#6 신생기업'이 분식회계 유혹을 가장 많이 받는다. 이것은 금융감독원 보도자료 '최근 상장 폐지기업의 주요 특징 및 유의사항(2012. 7. 26)'과 '회계분식기업의 특징 및 투자자 유의사항(2012. 10. 26)'에도 나와 있다. 이 자료에서는 회계분식으로 제재 조치를 받은 상장법인 86개사와 상장 폐지 기업의 주요 특징을 소개했다. 다음 6개로 정리된다.

① 취약한 재무구조, 손실발생 : 회계분식기업의 82.6%가 당기순손실, 40.7%가 자본잠식
② 영업 현금흐름 마이너스, 투자 현금흐름 마이너스 & 재무 현금흐름 플러스가 80% 이상
③ 경영권 변동이 잦고, 이로 인한 횡령 등 내부통제 미흡
④ 목적사업 수시 변경 : 고유 수익모델 기반이 미흡한 상태에서 신규사업 추진
⑤ 타 법인 출자 및 손실처리 : 상장 폐지 47사 중 23사가 자기자본 61%를 타 법인에 출자
⑥ 공급계약 공시가 빈번하고 추후 정정 공시 경향

마지막으로 '수정된 Jones모형'에 따르면, 영업 현금흐름과 당기순이익의 차이가 클수록 분식 회계 가능성이 크다고 한다. 물론 위 ①~⑥에 해당하거나, 영업 현금흐름과 당기순이익 차이가 크

다고 반드시 분식회계는 아니다. 하지만 일반적이지 않은 것은 사실이다. 그런 회사를 알고 이해할 필요 있을까? 앞의 여섯 가지와 영업 현금흐름과 당기순이익 차이가 크다는 것에 해당하면 거르면 된다. 그들 말고도 좋은 회사는 많다.

:: 결론

현금흐름표는 기업의 현재 상황을 가장 잘 알려주는 재무제표다. 그리고 분식 가능성까지도 알려준다. 가치 투자, 장기 투자를 할 때 가장 주의 깊게 살펴봐야 한다. 첫째, 영업 현금흐름이 플러스다. 둘째, 영업 현금흐름이 순이익보다 크다. 셋째, 현금흐름별 유형을 살펴보고 기업의 상황을 이해한다. 이 작업을 분기 한 번씩만 하라. 다음엔 적정 주가를 구하는 방법을 살펴보도록 하겠다.

적정 주가 구하기

적정 주가 구하기

결론부터 말하면 적정 주가는 없다. 적정 주가는 본인이 임의로 정하는 것이다. 적정 주가가 진짜 존재한다면 그보다 싸면 사고 비싸면 팔면 된다. 가치 투자, 장기 투자를 하는 사람들은 누구나 한 번쯤은 고민했을 것이다. 나 또한 이것을 알기 위해 많은 공부를 했고 이 공부가 기반이 되어 공대 출신임에도 재무실에서 3

년 넘게 근무하고, 카드사와 은행에서 근무할 수 있었다. 다시 한 번 말하지만, 적정 주가는 없다. 하지만 자기만의 적정 주가를 스스로 구할 수 있어야 한다. 방법을 알면 왜 그래야 하는지도 자연스럽게 알게 된다.

순자산=장부 가격=북밸류=book value 기준

순자산, 장부 가격, 북밸류, book value 이 네 가지는 모두 같은 뜻이다. 순자산은 총자산에서 총부채를 뺀, 재무제표의 자본총계다. 즉, 순자산은 내 재산에서 빚을 뺀 '순수한 내 돈'이다. 이것을 주식 수로 나누면 주당 순자산(BPS=Book value Per Share)이다. 현재 주가와 주당 순자산 가격을 비교하면 싼지, 비싼지 알 수 있다. 대한민국 40대 평균 총자산 4.1억 원에서 부채 0.8억 원을 빼면 순자산은 3.3억 원이다. 그리고 주식을 1만 주 발행했다고 치자. 그러면 주당 순자산은 3.3만 원이다. '주가가 4만 원이면 비싸다. 3만 원이면 싸다' 이런 식으로 판단한다.

'골프존'의 예를 들겠다. 순자산=자본총계 2,316억 원이다. 발행 주식의 총수는 6,275,415주다. 그러면 주당 순자산은 36,905원이다. 2021년 6월 7일, 골프존 주가는 107,100원이다. 주당 순자산보다 2.89배 비싸다. 이렇게 측정한다. 그리고 이 2.89가 바로 PBR(Price to Book Ratio)이다. 골프존 주가가 36,905원이라면 주당 순자산과 주가가 같다. 그러면 PBR은 1.0이다. 주당 순자산은 주가/PBR로 간단히 계산할 수 있다. PBR을 재무제표를 찾아 직접 구하지 말자. 네이버 증권과 증권사 HTS/MTS에 다 있다.

순이익 기준

적정 주가를 순이익 기준으로 구할 수도 있다. 순이익이 자기 돈(자본)이 되고, 그렇게 재산(자산)이 늘어나는 것이 가장 바람직하기 때문이다. 대한민국 40대는 연 1,500만 원의 순이익이 생긴다. 이것을 주식 수로 나누면 주당 순이익(EPS=Earning Per Share)이다. 1만 주 발행했다고 치면 EPS는 1,500원이다. 현재 주가가 15,000원이라면 10년 뒤 현재 주가만큼 번다. 이것이 PER(Price Earnign Ratio)이다. 주가가 30,000원이면 PER 20이다. 이 값도 굳이 직접 구하지 말자. 이 또한 네이버 증권과 증권사 HTS/MTS에 다 있다.

'골프존'의 예를 들겠다. 2021년 1분기 순이익은 217억 원, 2021년 연간 예상 순이익은 868억 원이다(보통 217 곱하기 4를 한다). 주당 순이익은 연간 기준 13,831원이다. 2021년 6월 7일에 주가가 107,100원이니 7.74년이면 현재 주가만큼 번다. 이 7.74가 PER이다. 1 나누기 PER을 하면 주당 순이익률이다. 골프존 주당 순이익률은 1/7.74 = 12.9%다.

순자산당 순이익 비율=ROE

순이익을 순자산으로 나누면 순자산으로 얼마나 돈을 벌었는지 알 수 있다. 내가 산 주식은 그 회사의 자본이다. 따라서 그 자본을 얼마나 잘 활용하는지가 투자 수익률이다. 이것이 ROE(Return On Equity)다. 대한민국 40대를 예로 들면, 순이익 1,500만 원 나누기 순자산 3.3억 원에 100을 곱하면 ROE는 4.5%다. 순자산 3.3억이 ROE 4.5%를 곱한 만큼 자본이 늘어난다는 뜻이다.

다시 '골프존'의 예를 들어보자. 골프존 2021년 예상 순이익

868억 원×100을 순자산 2,316억 원으로 나누면 ROE는 37.4%다. 2021년 순자산은 37.4% 늘어난다는 뜻이다. ROE는 순자산 대비 이익이므로 주가 저평가 여부는 판단할 수 없다. 다만 얼마나 성장할 수 있을지 판단할 수 있다. 이 분석을 통해 골프존은 참 좋은 회사라는 것을 알았다.

금리와 비교, 경쟁사와 비교

PER, PBR, ROE가 홀로 있으면 싸다, 비싸다를 판단할 수 없다. 그래서 먼저 금리와 비교한다. 2000년대 은행 금리가 5%일 때는 주당 순이익율이 10%를 넘어야 싸다고 할 수 있었다. 즉, PER이 10보다 작아야 했다. 주식 투자라는 위험을 감수하기 때문에 2배 정도 더 높은 이익률이 필요했다. 2020년대 은행금리는 1%다. 그러다 보니 PER 20~30이 높다고 하기 어렵다. 주당 순자산은 예나 지금이나 100%(PBR 1), 즉 장부 가격보다 싸다, 비싸다가 판단 기준이다. ROE는 10% 이상이면 좋다.

솔직히 금리와 주당순이익률 비교는 자의적이다. 싸다, 비싸다 판단하기 어렵다. 그래서 경쟁사와 비교를 한다. 우리가 잘 아는 식품 회사들을 비교해보자.

기업상황	CJ제일제당	오뚜기	농심	대상
주가(2021. 6. 07)	471,500원	544,000원	303,500원	28,600원
PER(2021년 추정)	9.10	19.70	12.29	7.50
PBR(2021년 추정)	1.16	1.42	0.85	0.87
ROE(2021년 추정)	13.50%	7.93%	7.50%	12.02%

자료 2-4. 적정 주가 비교

앞의 4개 회사들을 순수하게 주가와 재무제표로만 판단해보자. PER 기준으로 '대상'이 가장 저평가됐다. PBR 기준 '농심'이 가장 저평가됐다. ROE 기준 'CJ제일제당'이 가장 저평가됐다.

순이익이 없을 때

상식적으로 가치 투자, 장기 투자를 한다면 순이익이 없는 회사는 투자하면 안 된다. 그러나 적자이지만 새로운 접근으로 시장을 장악하는 회사가 있다. 쿠팡, 마켓컬리 같은 회사다. 또는 적자이지만 다른 회사로 인수되면 흑자가 되는 회사가 있다. 적자였던 금호렌터카가 KT로 인수되어 흑자로 전환됐다. 이후 롯데가 사서 롯데렌터카가 된 경우다. 이런 경우 자주 쓰는 방법이 EV/EBITDA(이브이 에빗다)다. "이 회사 이익으로 몇 년이면 투자 원금을 회수할 수 있지?"에 대한 답이다. EV/EBITDA=8이라면 "8년이면 회수한다"라는 뜻이다.

EV(이브이)는 Enterprise Value의 줄인 말이다. 회사의 가치다. 발행된 주식 수에 주가를 곱하면 회사의 가격이다. 여기에 빚을 더하고, 가지고 있는 현금성 자산을 뺀다. 회사를 100% 사고 빚도 다 갚는 데 드는 돈이 EV다. EBITDA(에빗다)는 Earnings Before Interest, Taxes, Depreciation and Amortization이다. 간단하게 생각하자. 이자와 세금을 내지 않고 감가상각도 하지 않은 상태의 이익이다. 영업활동으로 벌어들인 현금이다. 이 현금으로 몇 년이면 빚을 모두 갚고 회사를 전부 살 수 있느냐? 그것이 EV/EBITDA(이브이 에빗다)다. 회사를 인수하려는 사람 입장에서는 궁금한 정보다.

이 외에도 순이익 없이 기업의 가치나 적정 주가를 구하는 방법은 많다. 하지만 다 알 필요 없다. 지금까지 소개한 정도만 알아도 충분하다. 왜냐하면, 적정 주가의 한계 때문이다.

적정 주가의 한계

주가는 적정 주가보다 크게 오르기도, 떨어지기도 한다. PER이 100을 넘는데 주가는 계속 오른다. 현재 순이익으로 현재 주가만큼 벌려면 100년이 넘게 걸리는데도 말이다. PBR이 0.5인데 주가는 계속 떨어진다. 현재 주가가 장부 가격의 반값인데도 말이다. ROE가 50%인데 주가는 계속 떨어진다. 내년이면 순자산이 1.5배가 될 텐데. 왜 그럴까? 혹시 장부를 조작한 건 아닐까? 나만 모르는 좋은 일이나 나쁜 일이 벌어지고 있기 때문일까? 그럴 수도 있지만 대부분 아니다.

오랫동안 재무를 연구하고 깨달았다. 장부(재무제표)로 적정 주가를 구할 수 없다. 가치와 가격은 사람들의 마음속에 있다. 그 회사 대주주, 기관 투자자, 개인 투자자들의 마음을 읽어야 한다. 세상 이치다. 시험을 잘 보려면 출제자의 마음을 읽어야 한다. 회사에서 승진하려면 상사의 마음을 읽어야 한다. 투자로 돈을 벌려면 결국 대주주와 다른 투자자들의 마음을 읽어야 한다. 그들 마음속 가격이 적정 주가다. 그러면 적정 주가는 불필요한 것인가? 재무제표, 순자산, 순이익, ROE, EV/EBITDA 등은 필요 없는가? 필요하지만 절대적이지 않다.

:: 결론

재무 분석에 대한 내 입장은 명확하다. 투자하지 말아야 할 종목을 거르기 위한 것이다. 가치 투자, 장기 투자를 하려면 첫째, 순이익이 없는 회사에 투자하지 마라. 둘째, PER이 50을 넘고, PBR이 3이 넘고, ROE가 10%보다 낮으면 투자하지 마라. 그런 회사는 가치 투자, 장기 투자 대상은 아니다. 다르게 접근해야 한다. 그리고 PER, PBR, ROE 등을 재무제표 보고 직접 구하지 마라. 네이버 증권, 증권사 HTS/MTS에 잘 정리되어 있다. 셋째, 적정 주가를 제시하는 글은 읽지 마라. 시간 낭비일 뿐 아니라 당신의 판단에 악영향을 미친다. 오히려 대주주, 기관 투자자, 개인 투자자의 마음을 읽으려고 노력하라. 그러면 재무제표로 구할 수 있는 성장성, 수익성 같은 재무 비율은 어떻게 활용하면 되나?

재무 비율 활용법

안정성, 성장성, 수익성, 활동성을 빠르게 확인할 수 있다

재무 비율이란 안정성, 성장성, 수익성, 활동성에 대한 비율들을 재무제표를 활용해 구한 것이다. 이 비율들은 볼 필요가 있는지, 무슨 뜻인지, 마지막으로 어떻게 활용하는지, 이 세 가지를 설명하고자 한다. 일단 이 비율들은 꼭 봐야 한다.

안정성

"혹시 망하지 않을까?"에 대한 질문에 "아니, 이 회사는 망하지 않아"라고 답변하는 재무 비율이다. 안정성을 설명하는 가장 중요한 재무 비율은 '유동 비율'이다. 유동 비율이란 유동 자산 나누기 유동 부채다. '유동'은 '1년'을 뜻한다. 유동 자산은 1년 내 현금화할 수 있는 자산이다. 유동 부채는 1년 내 갚아야 하는 빚이다. 유동 비율 뜻은 1년 내 갚아야 할 돈보다 1년 내 현금으로 만들 수 있는 자산이 얼마나 있느냐를 나타낸다. 이것이 왜 중요할까?

내가 사회 초년생 시절, 과장님 부인이 백화점에 옷가게를 열었다. 상장사 브랜드였다. 옷도 좋았고, 계속 이익을 내던 기업이다. 그런데 갑자기 부도가 났다. 흑자 기업이었지만 빚을 갚지 못했다. 빚을 갚을 만큼 현금이 없었던 것이다. 부도난 회사 옷을 누가 사겠는가? 떨이로 팔아야 했고 손해를 많이 보셨다. 살펴보니 그 회사는 유동 비율이 100%를 간신히 넘기고 있었다. 하지만 재고도 유동 자산이다. 상식적으로 옷은 재고가 되면 제값을 받을 수 없다. 과장님 부인은 그런 위험한 회사 옷가게를 내신 거다.

그래서 당좌 비율도 봐야 한다. 당좌 자산 나누기 유동 부채다. '당좌 자산'이란 유동 자산 중 '판매'라는 과정을 거치지 않고, 1년 이내 현금으로 만들 수 있다는 뜻이다. 현금, 현금성 자산, 단기 금융상품, 매출채권 등을 말한다. 이익도 나고 성장하는데 망하는 것을 '흑자도산'이라고 한다. 이런 일이 종종 발생한다. 이 위험을 피하려면 습관적으로 유동 비율, 당좌 비율을 봐야 한다.

요즘은 과거만큼 유동 비율이 중요하지 않다. 금리도 낮다. 회사채 발행이나 유상 증자도 쉽다. 사업만 잘된다면 무엇이 걱정인가? 하지만 1997년 IMF, 2008년 리먼브라더스 같은 금융 위기가 오면 어떨까? 미래는 아무도 모른다. 제대로 된 경영진이라면 만일의 사태에 대비가 되어 있다. 안정성은 이런 사태를 대비하지 않는 '오늘만 사는 정신 나간 경영진'을 걸러내기 위해서 꼭 확인해야 한다.

안정성을 보는 방법은 ① 유동 비율 200% 이상, ② 당좌 비율 100% 이상, 이 두 가지를 보라. 1년 내 갚아야 할 빚보다 1년 내 현금으로 만들 수 있는 자산이 2배는 있어야 한다. 재고처럼 팔지 않아도 되는 당좌 자산은 최소한 유동 부채만큼은 있어야 한다.

성장성

성장성은 "회사가 성장하고 있어?"라는 질문에 답변하는 재무 비율이다. 성장성을 설명하는 가장 중요한 재무 비율은 '매출액증가율'이다. 전년보다 얼마나 매출이 늘었는지 보여준다. 많은 투자자가 그 회사 매출이 얼마나 늘었는지 보고 있다. 그래서 많은 회사는 투자자에게 성장한 것처럼 보여주고 싶어 한다. 그런데 매출 성장은 생각보다 쉽다. 예를 들어 1만 원짜리를 5,000원에 팔면 더 많이 팔린다. 상식적으로 매출이 절반으로 줄어든다. 하지만, 재무제표에 매출 1만 원, 마케팅비 5,000원으로 적으면? 이익은 나빠지지만 매출은 늘어난다.

그래서 성장성은 이익을 함께 봐야 한다. 바로 '영업이익증가율'이다. 매출이 증가하고 이익도 증가했다면 정상이다. 매출이 증가했는데 이익이 줄었다면 앞과 같은 꼼수를 썼을 수도 있다. 이런 식으로 파고들다 보면 끝이 없다. 따라서 회사가 얼마나 어떻게 켰는지 정확하게 알 필요는 없다.

성장성은 이렇게 보자. 첫째 '매출액증가율'을 보라. 전년보다 몇 % 늘었는지. 둘째 '영업이익증가율'을 보라. 플러스인가? 그러면 성장했다. 마이너스인가? 뭔가 문제가 있다. 매출은 늘고 영업이익이 줄었는데도 불구하고, 꼭 투자하고 싶다면 왜 그랬는지 조사해보라. 성장성은 이 정도만 보면 된다.

수익성

수익성은 "돈 잘 벌고 있어?"에 답변하는 재무 비율이다. 수익성을 설명하는 가장 중요한 재무 비율은 '영업이익률'이다. 영업이익은 영업활동을 통해 남은 이익이다. 즉 그 회사 본연의 사업으로 번 돈이다. 사업, 즉 물건이나 서비스를 만들고 마케팅해 팔고 남은 돈이다. 영업이익률이 높다는 것은 그 회사 사업이 좋은 사업이거나 사업을 잘한다는 뜻이다.

영업이익률이 마이너스라면 볼 것도 없다. 그 회사는 투자하지 마라. 문제는 영업이익률은 플러스인데 순이익률이 마이너스인 경우다. 순이익은 사업 외 이자 수익, 배당 수익, 투자 수익이다. 왜 마이너스가 났는지 살펴봐야 한다. 수익성은 여기까지만 보면 된다.

활동성

활동성은 "영업이 활발하게 이루어지고 있어?"에 답변하는 재무 비율이다. 활동성을 설명하는 가장 중요한 재무 비율은 '총자산회전율'이다. 매출액을 총자산으로 나누어 계산한다. 총자산이 1년 동안 몇 번 회전했는가를 나타낸다. 제조업 기준으로 총자산회전율은 1이면 적당하다고 한다. 총자산회전율 1은 매출 100억 원을 올리기 위해 총자산이 100억 원이라는 뜻이다.

어떤 업종이든지 총자산회전율이 1을 넘거나 1과 비슷하면 정상이다. 그런데 총자산회전율이 0.5에 가깝거나 0.5보다 낮다면 투자하지 마라.

장점, 단점 및 한계

재무 비율의 장점은 위험을 쉽게 점검할 수 있다는 것이다. 안정성은 유동 비율 200%, 당좌 비율 100%가 넘는지 본다. 성장성은 매출증가율과 영업이익증가율을 함께 보고, 수익성은 영업이익률과 순이익률을 함께 본다. 두 항목이 함께 증가하지 않았다면 이상한 것이다. 활동성은 총자산회전율이 1보다 작아 0.5나 그 이하까지 간다면 이상한 것이다.

하지만 한계도 명확하다. 유동 비율이 200%, 당좌 비율이 100% 넘어도 망하려면 순식간에 망한다. 작년에 성장했다고 올해도 성장한다는 보장은 없다. 수익성은 시간이 지날수록 경쟁이 심해져 점점 안 좋아질 수밖에 없다. 활동성은 사실 안 봐도 된다. 열심히 점검한다고 위험이 다 걸러지는 것도 아니다. 앞으로 오를 주식을 사는 데도 큰 도움이 되지 않는다.

:: 결론

재무 비율을 봐야 하는 이유도 재무 분석과 마찬가지다. 투자하지 말아야 할 종목을 거르기 위한 것이다. 재무 비율을 보기 귀찮을 때 나는 과장님 부인 옷가게를 생각한다. 옷도 좋고 이익이 나는 상장사였다. 그런데 돌아오는 빚을 갚지 못해서 망했다. 그리고 큰 손해를 봤다. 유동 비율과 당좌 비율만 확인했다면 피할 수 있는 위험이다. 그런 일이 나에게 벌어지지 않는다는 법이 없다. 귀찮고 의미 없다고 생각되더라도 꼭 보라. 네이버 증권 또는 증권사 HTS/MTS '기업정보-재무 비율 또는 투자 지표'에서 확인할 수 있다. 과거에는 재무제표를 보고 직접 구해봤어야 하는 항목이다. 지금은 손쉽게 확인할 수 있어 얼마나 고마운지 모른다. 이것으로 재무 분석을 마무리하고 미래 예측에 대해 공부해보도록 하자.

02 미래 예측

미래 예측은 재무 분석보다 훨씬 중요하다. 당연하다. 우리가 알고 싶은 것은 '미래에 어떤 종목이 오를까?'다. 그러려면 시장을 다니며 세상의 흐름을 봐야지, 회사 장부를 쳐다본다고 알 수 있겠는가? 미래 예측은 세상의 흐름을 읽고 오를 종목을 발굴하는 방법이다. 시대변화, 돈의 흐름, 국내 정치와 경제, 그에 따른 주도 종목의 변화를 읽으려면 어떻게 해야 하는가?

미래 예측 방법

자기만 보이는 미래가 있다. 그것을 믿어라

사람은 모두 다르다. 자기만 보이는 미래가 있다. 그것을 믿어

라. 물론 불안하다. '과연 내 생각이 맞을까?' 이런 생각이 든다. 그래서 남에게 물어본다. 당신이 물어본 그 사람은 알까? 웃긴 건 남들이 틀렸다고 할 때 더 잘 맞더라. 세상엔 당신만 보이는 무언가가 있다. 남에게 물어보지 마라. 틀리는 것을 걱정하지 마라. 틀려도 내 마음대로 해본 것 아닌가? 다시 시작하면 된다. 남의 말 듣고 투자를 안 했는데 오르면 너무 억울하다. 미래는 아무도 모른다. 자신을 믿어라. 관련해 내 사례를 소개하겠다.

자신의 전공이나 하는 일에서 미래를 보라

자신의 전공이나 하는 일에서 미래를 보라. 사람들은 자기 자신이 얼마나 대단한 사람인지 모른다. 주변에 비슷한 사람이 많아 자신이 알고 있는 것이 대단하지 않다고 생각한다. 하지만 당신 주변에서 모두 알고 있는 그 대단치 않은 지식은 펀드 매니저는 절대 알 수 없는 대단한 것들이다. 내게는 스마트폰 시대가 그랬다.

공대를 다니며 컴퓨터 프로그래밍을 했다. 2002년 포스데이타(현 포스코ICT)를 다니며 앞으로 어떻게 먹고살까 고민하던 중이었다. '서버냐 데이터베이스냐, JAVA냐 C#이냐, 차라리 IT컨설팅을 할까?' 이런 고민을 하며 길을 가던 중 휴대폰 가게에서 삼성 MITS-M300을 봤다.

이 폰을 보는 순간 새로운 미래가 보였다. 지금 사람들이 쓰고 있는 컴퓨터와 노트북은 구닥다리가 될 것이다. 모든 사람이 저 폰을 컴퓨터처럼 쓰는 미래가 머릿속에 펼쳐졌다. 그러자 구닥다리가 될

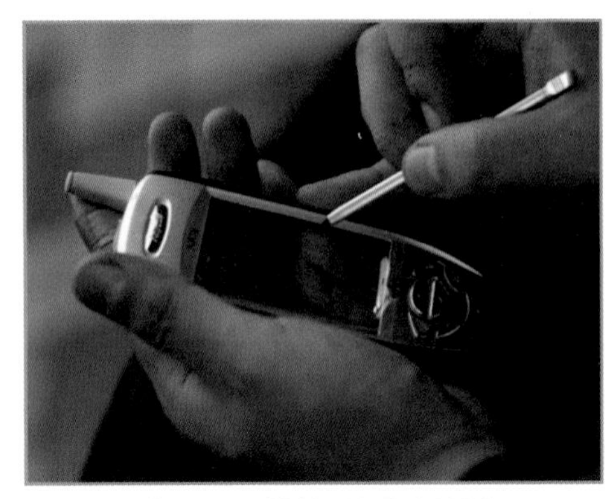

자료 2-5. 삼성 MITS-M300

컴퓨터에서 미래를 찾고 있는 내 자신이 한심하게 느껴졌다. 당시 '유무선 통합'이라는 테마였다.

이것은 그때 IT 하는 사람들이라면 모두 아는 것이었다. 우리끼리 모이면 "이 미래를 누가 열까? 통신사? 단말제조사?" 이런 토론을 했다. 우리는 젊었고 치열했다. 앞으로 어떻게 먹고살 건지에 대한 고민이었기 때문이다. 나는 여윳돈 절반은 지금은 KTF, 나머지 절반은 삼성전자에 투자했다. 그리고 KT로 이직했다. KTF가 열 것 같지만 결정권은 모기업인 KT에 있을 것이라고 예상했다. 생각했던 미래는 왔다. 2009년에 KT가 KTF를 합병하고 아이폰을 들여오면서 스마트폰 시대가 본격적으로 열린 것이다. 덕분에 KT에서 2배, 삼성전자에서 3배의 투자 수익을 올렸다.

이렇듯 자신의 전공 분야 또는 하는 일에서 미래를 보라. 스마트폰 시대가 올 거라는 것은 2000년대 초반에 IT 하는 사람이라면 누구나 알고 있었고, 그 시대에 어떻게 먹고살지를 고민하고 있었다. 자신의 전공이나 하는 일에서는 당신이 최고 전문가다. 거기서 투자 기회를 찾아라. 가장 확실하다.

자신의 취미에서 미래를 보라

당신의 취미는 무엇인가? 당신 취미에 대해 주변에 당신만큼 아는 사람이 없다. 동호회를 가거나 인터넷 카페에 가입하고 취미 관련 유튜브를 계속 본다. 그렇게 몇 년이 지나면 그 분야에서 엄청난 지식과 내공을 갖게 된다. 결국 미래도 보인다. 펀드 매니저들이 절대 따라올 수 없다. 내게는 모바일 게임이 그랬다.

나는 피처폰 시절부터 모바일 게임을 했다. 퇴근길 지하철에서 '컴투스 프로야구'를 하며 하루의 피로를 풀었다. 그러다가 2009년 아이폰 수입과 함께 우리나라도 스마트폰 시대가 열렸다.

그런데 아이폰에서 게임을 할 수 없었다. 당시 '게임산업 진흥에 관한 법률'에 '국내 시장에 유통되는 모든 게임들은 게임물등급위원회(게등위)의 등급 분류 심의를 사전에 통과해야 한다(사전심의)'라고 되어 있었다. 그래서 사전심의를 받지 않은 앱스토어 게임은 모두 불법이었다. 이 규정 때문에 애플과 안드로이드는 한국 앱스토어에서 게임 카테고리를 없앴다.

게임 마니아였던 나는 이해도, 용납도 할 수 없었다. 그래서 미국 계정을 만들어 미국 앱스토어에서 게임을 받아서 했다. 완전 신세계였다. 당시 컴투스는 미

자료 2-6. 컴투스 프로야구 피처폰 화면
출처 : 이승희 기자, "컴투스 프로야구 2009, '시즌 개막 초읽기'", 〈베타뉴스〉, 2009년 3월 26일자.

국 앱스토어에 '나인이닝스(9 Innings)'라는 MLB 야구 게임으로 큰 인기를 끌었다. 타이밍에 맞춰 화면을 터치해 안타를 치면 진동이 '찌릿' 하고 왔다. 그런 느낌은 처음이었다. 지금은 흔하지만 그때는 감동이었다.

게임회사와 수많은 게이머가 반발했다. 우리나라 게임을 왜 외국 앱스토어에서 받아야 하는가? 그러자 전병헌 국회의원은 게임법 개정(안)을 내서 게등위 폐지를 주장하며 인기를 얻었다. 그때 깨달았다. '우리나라도 곧 게임 카테고리가 생기겠구나. 그러면 상장사 중 누가 가장 큰 이익일까?' 답은 컴투스와 게임빌이었다.

당시 KT와 삼성전자를 판 돈으로 컴투스와 게임빌을 샀다. 결국 게등위는 폐지됐고 2011년 11월 2일, 앱스토어에 게임 카테고리가 생겼다. 더는 미국 계정을 쓸 필요가 없어졌다. 야구 외에도 앵그리버드 같은 외국 게임도 유행했다. 컴투스와 게임빌 투자는 대박이었다. 2배쯤 올랐을 때 팔았다. 당시는 겁이 많아 2배가 오르면 너무 많이 올랐다고 생각했다. 결과적으로 10배 넘게 올랐는데 좀 아쉽다.

이렇듯 자신의 취미에서 미래를 보라. 게임하는 아기 아빠를 아내가 보기에 얼마나 한심했을까? 하지만 덕분에 대박이 터졌다. 아내는 지금도 내가 게임하는 것을 막지 않는다. 나도 아이들이 게임하는 것을 막지 않는다. 물론 부모 입장에서 게임만 하는 자녀를 보면 한심하고 힘들다. 참아야 한다. 그것이 미래를 어떻게 바꿀지 아무도 모르기 때문이다.

지금 보이는 미래

옛날이야기는 그만하고 현재를 보자. 미래가 보이는가? 뻔한 미래가 몇 가지 보인다. 첫째, 바이오 시대다. 통계청에 따르면 내 또래 1970년대생들은 매년 80~100만 명이 태어났고, 지금도 또래별로 70~90만 명이 살아 있다. 1980년대생들은 매년 60~80만 명이 태어났다. 1990년대생들은 60만 명이다. 하지만 2001년생은 50만 명, 2002년생은 40만 명으로 급격히 줄어들더니 2017년에는 30만 명으로 줄었다. 급기야 2020년에는 27만 명만 태어났다. 2021년 만 80세인 1941년생도 28만 명 넘게 살아계신다. 고령화, 바이오 시대다.

40대인 나도 많은 약을 먹는다. 고혈압, 고지혈증, 프로페시아(대머리약), 각종 영양제 등. 50대는 어떨까? 그리고 모두가 두려워하는 암과 치매, 이 모든 것들을 정복하기 위해 많은 바이오 회사들이 노력하고 있다. 본인이 먹고 있는 약, 같은 병을 앓고 있는 사람들끼리 커뮤니티도 있고 정보도 있다. 거기 미래가 있다.

둘째, AI시대다. 내가 필요한 것, 좋아하는 것을 알아서 찾아준다. 그리고 만족스럽다. 필요한 것, 좋아하는 것을 더 쉽게 찾으려면? 기계가 내 말을 알아들어야 한다. 지금 가장 많은 말이 모이는 곳은 검색엔진과 SNS다. 결국 이들이 승리할 텐데 아마존 같은 회사들과 다른 대기업들이 어떻게 대응할지가 흥미롭다.

셋째, 전기차 시대다. 자동차가 점점 스마트폰 주변기기가 되어 간다. 지금도 스마트폰으로 자동차를 통제한다. 문을 열고 시동을 걸고 히터를 켠다. 자동차가 스마트워치나 블루투스 이어폰이 된 것 같다. 자율주행까지 되면 자동차는 운전하는 공간이 아니라 호텔 객실 같은 곳이 될 것이다. 유행에 뒤처지기 싫어하는 우리나라 사람들은 더더욱 변화를 빨리 받아들일지도 모르겠다. 물론 고령화로 변화가 어려울지도 모른다. 그러나 요즘 60~70대 어른들도 스마트폰을 잘 쓴다. 유선전화, 컴퓨터, 인터넷, 무선전화, 스마트폰 모두 겪었다. 금방 적응할 것이다.

:: 결론

전공, 직업, 취미 덕분에 자기만 보이는 미래가 있다. 거기서 기회를 찾아라. 당신의 전공, 직업, 취미에 대해 잘 모르는 분께(어머니가 최고 적임자다) 물어봤을 때 헛소리라고 하면 그것은 최고의 기회다. 그 미래는 당신과 몇몇 소수에게만 보인다. 모두에게 보일 때쯤이면 최고의 수익을 누리고 있을 것이다.

그러면 그 미래를 주도할 기업은 어떻게 찾을 수 있을까?

미래주도주 찾기

그 미래에 예상되는 제품 또는 서비스를 잘 만드는 회사다

당신만 보이는 미래가 있는가? 그 미래에 예상되는 제품이나 서비스가 있는가? 지금 그 제품이나 서비스를 가장 잘하는 회사를 찾아라. 그 회사가 미래를 주도한다. 좋은 제품, 좋은 서비스를 만드는 것은 정말 어렵다. 좋은 제품 또는 서비스를 만든 회사는 대단한 회사다. 다른 회사가 쉽게 해낼 수 없다. 왜 그럴까?

좋은 제품 또는 서비스가 어려운 이유 - 돈과 인재 확보 어려움

좋은 제품 또는 서비스를 만들려면 충분한 돈과 최고의 인재가 필요하다. 제품이라면 성능, 디자인, 품질 등 모두 좋아야 한다. 서비스라면 빈틈없고 철저하면서도 사람에게 기쁨을 주어야 한다. 이 모든 것을 해낼 능력 있는 인재들이 필요하다. 그리고 그들의 몸값은 비싸다. 100억 원이 필요한데 50억 원뿐이라면 시작부터 꼬였다. A급 인재 대신 B급 인재가 모였다면 B급 제품, B급 서비스가 나온다.

충분한 자금 확보가 왜 어려울까? 일단 재무 부서가 깎는다. 재무 부서 임직원은 대개 숫자에 밝다. 그래서 아끼고 깎는다. 그것이 그들의 존재 의미다. 사업 부서는 재무 부서를 설득하지 못해 진도가 늦어지면 초조하다. 정해진 시간 안에 성과를 내야 하기 때문이다. 그래서 충분한 자금이 확보되지 않아도 시작하는 잘못을 저지르게 된다.

좋은 인재를 데려오는 것도 힘들다. 회사의 좋은 인재들은 부서에서 놔주지 않는다. 일 잘하는 직원은 어디서나 일을 잘한다. 부서는 최선을 다해 인재가 가는 것을 막는다. 그리고 가장 문제 있는 직원을 적당히 포장해서 보낸다. 외부 스카웃도 어렵다. 우리나라는 이직 시장이 활발하지 않아 더 어렵다. 부적응자가 오는지, 인재가 오는지 구분하기 쉽지 않다. 운 좋게 좋은 인재를 데려와도 재무 부서와 기존 인사 제도가 적절한 보상과 권한 부여를 막는다.

예산과 인재 확보 때문에 이미 많은 시간이 낭비됐다. 시간이 부족하지만 정해진 시간에 결과를 내야 한다. B급 인재들이 모자란 시간과 예산으로 제품 또는 서비스를 만든다. 기적은 없다. 당연히 그저 그런 제품 또는 서비스가 나온다. 그것을 본 경영진, 중간관리자, 직원들은 어떨까? 돈, 사람, 시간은 이미 투입됐다. 서비스를 출시하지 않으면 책임이 따른다. 돈, 사람, 시간을 썼기 때문이다. 그저 그런 제품과 서비스는 그렇게 요행을 바라며 시장에 나온다.

좋은 제품 또는 서비스가 어려운 이유 - 존재감을 드러내고 싶은 인간의 욕구

직원이 일했다. 상사가 점검한다. 완벽해도 상사는 쓸데없이 트집을 잡고 한마디 한다. 이런 상사가 많다. 왜 그럴까? 자기 존재감을 나타내고 싶은 욕구 때문이다. 상사에게 "당신이 틀렸습니다"라고 말할 수 있는 직원은 별로 없다. 아무 말 없이 직원의 모든 것을 받아주면 자신의 존재 의미가 없어진다는 상사의 초조함도 이해가 된다. 하지만 많은 경우 이것이 제품 또는 서비스를 망친다.

우리는 길을 가다가 못생긴 자동차를 많이 본다. 도대체 무슨 생각으로 저런 자동차를 출시했을까? 자동차 회사 직원에게 들은 이야기다. 디자이너가 차를 디자인했다. 한 고위 임원이 한마디 한다.

"다 좋은데 트렁크 쪽을 벤츠처럼 바꾸면 어때?"

디자이너는 그 임원에게 "안 됩니다"라고 말하지 못한다. 임원 한 명의 권력욕 때문에 회사는 못생긴 차를 생산하고 광고한다.

이런 일을 마주칠 때마다 고사성어 '지록위마(指鹿爲馬)'가 생각난다. 진시황제 시절에 간신 조고(趙高)가 사슴을 말이라고 했을 때 잘못됨을 지적하던 사람을 숙청했다는 고사다. 상사의 잘못을 지적할 수 있는 직원은 용감하고 훌륭한 직원이다. 하지만 그 직원들 대부분은 끝이 안 좋다.

좋은 제품 또는 서비스가 어려운 이유 – 명확하지 않은 책임, 권한, 보상

책임이 주어졌다면, 그에 따른 적절한 권한이 주어져야 한다. 제품이나 서비스 개발은 힘들고 위험하다. 그 어려움과 위험을 극복한 보상 또한 명확해야 한다. 그런데 대부분의 회사가 그렇지 못하다. 유명 금융 앱 회사 채용공고가 떴다. 그 회사를 다니는 후배에게 거기 어떠냐고 물었다.

"형, 여기는 책임은 확실해. 팀장은 목표 달성을 못 하면 확실히 잘려. 그런데 권한이 없어. 원하는 사람을 채용 못 하고 돈도 필요한 만큼 못 써."

한때 플레이스토어 1위 금융 앱이었던 그 회사는 지금 100위권 밖이다. 구체적으로 물으니 창업자가 고용한 팀장들에게 책임과 권한을 잘 분배하지 못한다고 했다. 아마 기업에서 일해 본 적 없어서 그런 것 같다고 한다. 하지만 직장 생활을 해봤어도 마찬가지였을 것이다. 직장 생활 중 책임과 권한 분배를 잘하는 사람을 보기 힘들다. 보상은 더욱 어렵다. 직장에서 할 수 있는 보상은 승진이다. '전원 1계급 특진' 이런 것은 영화에서만 있다. 승진 대상자 티오(TO) 1개를 더 가져오면 대단한 거다. 그나마도 힘 있는 부서에 뺏긴다. 보상이 이렇게 어렵다.

좋은 제품 또는 서비스를 하는 기업 : 오너가 똑똑하다

기업들 사정은 대부분 비슷하다. 앞에 설명한 어려움은 대기업에도, 소기업에도 있다. 한국 기업뿐 아니라 글로벌 기업도 똑같은 문제들이 있다. 인간 본성의 문제이기 때문이다. 그 어려움을 극복하고 잘되는 기업은 두 가지 유형뿐이다. 첫째, 매우 똑똑한 오너다. 좋은 제품 또는 서비스를 본인이 잘 알고, 충분한 돈과 최고의 인재를 구한다. 본인이 책임지고 충분한 시간을 들여 좋은 제품 또는 서비스를 개발한다. 둘째, 사람을 잘 쓰는 오너다. 좋은 제품 또는 서비스를 할 수 있는 훌륭한 인재를 구한다. 그리고 그에게 전권을 맡기고 충분한 지원을 한다. 이런 회사는 사실 호재/악재, 재무 분석이 아무 의미 없다. 왜 그런지 모두가 알 만한 사례를 예로 들겠다.

SM엔터테인먼트의 소녀시대

매우 똑똑한 오너이자 대표 사례로 SM엔터테인먼트 이수만을 들 수 있다. 2007년, 이수만은 이승철 노래 제목에서 그룹명을 따서 걸그룹 '소녀시대'를 데뷔시켰다. 일본 '모닝구 무스메'라는 사람 많은 걸그룹 체계를 본뜬 무려 9명이었다. 처음엔 대수롭지 않게 생각했지만, 2009년 1월에 〈Gee〉라는 노래가 나오면서 달라졌다. 저음부터 고음까지 모든 음역대에서 귀를 즐겁게 했다. 적절한 화음, 효과음, 추임새. 게다가 멤버 외모, 옷, 춤, 모든 것이 노래와 어찌 그리 잘 어울리던지. 그야말로 완벽했다. '세계 시장에서도 통할 음악이다'라는 확신이 들었다. 나도 소싯적 '음악을 할까?' 고민했을 만큼 음악을 사랑하고 나름 조예가 있다.

2009년 3월쯤 SM엔터테인먼트 주가를 봤다. 2008년 말보다 벌써 2배 이상 올라 있었다. 하지만 당시 나를 가로막았던 두 가지 편견 때문에 사지 못했다. 첫째, '2배 오르면 이미 많이 오른 것이다', 둘째, '엔터주는 사면 안 된다'라는 생각 때문이었다. 당시 엔터주는 대부분 적자였고, 작전 세력들의 놀이터라는 인식이 강했다. 게다가 당시 재무실에서 일하던 중이어서 그런 편견이 강했을 때다. '〈Gee〉 같은 곡을 또 만들 수 있겠어? 이제 쭉 내려갈 거야' 재무실 직원답게 리스크 중심으로 사고했다.

하지만 〈Gee〉를 만든 SM엔터테인먼트 소속 아티스트들은 대단했다. 〈소원을 말해봐〉, 〈Oh!〉 같은 명곡들을 쏟아냈고 국내를 넘어 일본마저 석권했다. 주가는 훨훨 날았다. 2009년 3월 1,800원일 때 사서 2012년 〈The Boys〉로 미국에 진출했을 때 팔았다면 최소 30배 이상 벌었을 것이다. 지금도 가끔 유튜브로 〈Gee〉를 듣는다. 지금 들어도 아름답고 대단한 곡이다. 하지만 편견 때문에 투자 기회를 놓쳐 배가 아프

자료 2-7. 소녀시대 〈Gee〉
출처 : SM엔터테인먼트

다. 좋은 제품이나 서비스 앞에서는 분석은 아무 의미 없다. 빨리 사야 한다.

:: 결론

당신이 보는 미래, 그 중심에 있는 제품 또는 서비스, 그것을 지금 가장 잘하는 회사. 그 회사가 미래를 주도한다. 제품 또는 서비스를 잘하는 것은 정말 어려운 일이다. 충분한 돈, 뛰어난 인재보다 더 중요한 것은 그것을 잘 활용할 수 있는 '리더'다. 오너가 바로 그런 사람이라면 최고다. 그렇게 미래를 주도할 기업을 찾아라. 이 외에도 당신이 보는 미래에 가장 큰 영향을 미치는 것은 무엇인가? 바로 정치를 빼놓을 수 없다. 정치를 잘 알아야 한다.

그러면 정치가 투자에 어떻게 영향을 미치고 왜 잘 알아야 하는지 알아보자.

주식 투자와 정치

주식 투자를 하려면 정치를 잘 알아야 한다

당신만 보이는 그 미래는 정치가 이룬다. 따라서 주식 투자자라면 정치를 잘 알아야 한다. "난 정치는 잘 몰라" 하는 분은 "난 돈 벌기 싫어"라고 이야기하는 것과 같다. 정치의 목적은 정권을 잡는 것이다. 유권자는 자신의 이익을 대변하는 곳에 투표한다. 정치인은 더 많은 이익을 대변하기 위해 노력한다. 그래야 정권을 잡을 수 있다. 그러면 정치가 왜 중요한지, 어떤 식으로 기업 활동에 영향을 미치는지 알아보자. 그것을 알면 어떻게 투자해야 하는지를 저절로 알 수 있다.

정치인의 공약은 기업을 통해 이루어진다

정치인은 사람들이 원하는 것을 모아 공약을 한다. 공약이 자신에게 이롭다고 생각한 사람들은 정치인에게 투표한다. 그렇게 정치인이 투표에서 이겨 당선되면 공약을 실행해야 한다. 그래야 다시 뽑힐 수 있다. 따라서 공약이 실행되면 손해를 보는 주체를 설득한다. 대부분 기업이다. 기업 입장에서는 거부할 수 없다. 다수의 국민은 몇몇 기업이 손해를 보더라도 실행됐으면 한다. 하지만 기업 스스로 나서서 '손해 보겠다'라는 결정을 할 수 없다. 그것은 배임이고 범죄다.

이럴 때 정치인은 기업의 대표 또는 대주주를 만난다. 해당 기업은 그 정치인이 누구이며, 만나고자 하는 이유를 분석한다. 정치인 측에서 직접 요구하기도 하지만 공약이기 때문에 사실상 모두 알고 있다. 기업은 정치인이 공약을 이행하면 어떤 걸림돌이 있는지 설명한다. 그리고 비용과 피해를 최소화하기 위해 이것저것 요구한다. 만났다면 실무 협의를 통해 모종의 결론이 난 것이다. 협의한 내용을 부서가 실행하도록 하고 제대로 이루어지는지 모니터링한다. 그것이 각 기업 비서실, 전략기획실 또는 대관부서[13]가 하는 일이다.

---

13) 대관부서 : 정부부처(행정부, 국회 등)를 상대하는 부서

예를 들어보겠다. 17대 대선 당시 이명박 후보자 공약 중 하나는 인터넷 전화 활성화였다. 국민의 통신비를 아끼기 위해서다. 유선 전화 시장을 가진 통신 3사는 큰 피해가 예상되는 공약이었다. 그런데 이명박 대통령이 당선됐다. 통신 3사는 인터넷 전화 활성화에 걸림돌이 되는 규제 개선과 그로 인해 입는 피해 규모, 피해를 최소화하기 위한 요구사항 등을 각각 만들고 정부와 협의했다. 이명박 대통령이 선임한 최시중 방송통신위원장과 통신 3사 대표와 만났다. 협의는 잘 이루어졌다. 이후 협의가 잘 이행되는지 방송통신위원회에 주기적으로 보고한다.

이런 식으로 정치인의 공약은 이루어진다. 정치인의 공약이 당신이 보는 그 미래일 수도, 그 미래의 중요한 계기일 수도 있다. 주의 깊게 봐야 한다. 그러면 누구의 공약을 어떻게 봐야 하나? 선거는 크게 대통령 선거(대선), 국회의원 선거(총선), 지방선거가 있다. 여기서 가장 중요한 것은 대선이다. 봐야 할 정책 자료는 대통령직 인수위원회(인수위) 자료 중 국정과제다.

대선 후 봐야 할 것 : 인수위 국정과제, 누가 장관이 되느냐

대선에서 이기는 것이 정치인의 최종 목표다. 대선은 매우 중요하다. 대선이 끝나면 인수위가 구성된다. 그리고 약 60일 동안 대통령 임기 5년간 할 일을 국정과제로 만들어 발표한다. 그리고 해산한다. 인수위가 해산할 때쯤이면 서점에는 '국정과제 해설서'와 '대통령의 사람들' 같은 책을 판다. 이 책을 사라. 물론 국정과제와 인수위 사람들의 정보는 인터넷에서 지금도 확인할 수 있다. 하지만 매번 찾아보며 필기를 할 수 없고, 정리가 되어 있지 않다.

그러니 책을 사라. 5년간 매우 유용하다.[14)]

'문재인의 사람들', '박근혜의 사람들' 이런 책이 왜 중요할까? 대통령도 사람이다. 혼자 모든 것을 할 수는 없다. 그 책에 나온 사람들이 대통령 임기 5년 동안 청와대도 가고, 장관도 하면서 국정과제를 실행한다. 또한, 이 사람이 어디서 태어나서 어느 학교를 나왔는지, 어디서 일했고 어떤 논문을 썼는지, 누구와 친한지, 평이 어떤지도 나와 있다. 덕분에 어떤 식으로 일할지도 예상할 수 있다.

국회 상임위원회를 보라

당신만 보이는 미래 또는 그 미래를 이루는 데 핵심적인 요소가 새로운 대통령 국정과제에 있는가? 그리고 그것을 해낼 사람이 장관이 됐다. 그다음은? 국회 상임위원회를 봐야 한다. 국정과제는 크고 어려운 일이라서 대부분 법을 바꿔야 한다. 그 개정(안)을 낼 수 있는 곳은 정부와 국회다. 그리고 그 개정(안)을 상임위원회(상임위)가 통과시키면 국회 법사위, 본회의, 대통령 재가가 있는데 이 부분은 거의 형식적이다. 따라서 법 개정의 핵심은 상임위다. 그 미래가 오려면 어떤 법이 어떻게 바뀌어야 하는지, 정부부서와 상임위가 어디인지 알아야 한다.

예를 들어보겠다. 나는 2011년 말 '고려신용정보'라는 채권추심업체에 투자했다. 고려신용정보 사업보고서에는 지금도 이런 말이 있다. '향후 국내 채권추심업은 미국 및 일본의 사례와 같이 조세채

---

14) 문재인 대통령은 인수위가 없었다. 현행법은 대통령 당선 직후 취임 전까지 인수위를 설치하도록 되어 있다. 하지만 박근혜 대통령 탄핵으로 문 대통령은 당선인 신분을 거치지 않고 당선 즉시 임기를 시작했다. 그래서 '국정자문위원회'가 국정과제를 수립했다. 하지만 문 대통령 이후에는 인수위가 국정과제를 만들 것이다.

권에 대한 민간 위탁이 관계 법령 개정을 통해 시행될 경우 한 단계 성장할 수 있을 것으로 예측합니다'라고 되어 있다. 쉽게 이야기하면 '미국, 일본처럼 체납된 세금을 고려신용정보 같은 민간기업이 추심할 수 있도록 법이 바뀐다면 더 성장할 수 있다'라는 뜻이다.

어떤 법이 바뀌면 되는지 찾아봤다. '국가채권관리법'이다. 이 법을 관리하는 국회 상임위가 어디인지 찾아봤다. '기획재정위원회'다. 당시 이한구 의원이 "체납된 세금 민간위탁 범위를 점진적으로 확대해야 한다"라고 주장하고 있었다. 또 한 번의 대선이 있었고, 박근혜가 대통령으로 당선됐다. 안타깝게도 박근혜 대통령 인수위 과제에는 조세채권 민간위탁은 없었다. 하지만 이한구 의원은 친박 의원으로 분류되어 그 이후에도 계속 잘나갔으며, 계속 기획재정위원회에 있었다. 그래서 기대했으나 '조세채권 민간위탁'은 2021년까지도 이루어지지 않았다. 이런 식으로 국회 상임위원회를 본다.

마지막으로 경험상 지방선거는 주로 부동산에 영향을 미치는데, 건설주 외에는 큰 영향을 미치지 않는다. 지방의 개발 이슈와 연결된 종목에는 영향이 있을 것이다. 하지만 인터넷을 통해 얻어지는 공식적인 자료와 데이터로 지역 사정까지 알기 어렵다. 따라서 지방선거는 큰 영향이 없다.

:: 결론

돈을 버는 데 정치를 왜 잘 알아야 하는지 이해했는가? 대선이 끝나면 '인수위 추진과제'와 '대통령의 사람들'을 꼭 책으로 사서 보라. 거기서 본인이 생각하는 미래와 연결되는 것을 찾아라. 법

개정이 필요하다면 정부부서와 국회 상임위를 확인하고 어떻게 추진되고 있는지 모니터링하라.

이 과정을 통해 사실 돈보다 더 큰 것을 얻는다. 세상이 어떻게 돌아가는지 보인다. 정치 뉴스 하나하나가 재미있다. 그와 함께 돈도 보인다. 나 같은 공대 출신 프로그래머도 주식 투자를 하며 재무와 정치를 알게 됐다. 덕분에 기업 핵심부서인 전략기획실, 재무실에서 일할 기회를 얻었고, 금융 회사까지 다닐 수 있었다. 이 모든 과정을 거치면서 돈을 벌려면 정치를 잘 알아야 한다는 것을 깨달았다.

그러면 국제 정세는 어떤 영향을 미칠까? 어디까지 알아야 하는 것일까? 다음 글에서 설명하겠다.

국제 정세

국제 정세는 가볍게 보는 일기예보다

국제 정세는 가볍게 보는 일기예보다. 몇몇 지표와 뉴스를 보고 오늘 주식 시장에 무슨 일이 있을지 가볍게 예상하는 정도만 보면 된다. 지금 봐야 할 지표는 S&P 500지수와 항셍지수다. 그리고 봐야 할 뉴스는 미국과 중국의 경제 상황 관련 뉴스다. 그것을 보고 오늘 오르겠구나, 내리겠구나를 가볍게 예상하고, 실제로 주식을 사고팔 계획이라면 참고하면 된다. 어느 날 S&P 500지수와 항생지수가 맞지 않는다는 느낌이 오면 구글링으로 연구자료 등을 찾는다. 설득력 있는 자료를 찾아, 봐야 할 지표와 뉴스를 바꾼다. 그러면 세상의 흐름 속에서 우리나라와 관련 기업들이 어떻게 대응하는지 알 수 있다.

국제 정세는 국내 주식 시장에 얼마나 영향을 미칠까?

사실 국제 정세는 국내 주식 시장에 얼마나 영향을 미치는지에 대한 개인적인 '감'이 있다. 20년 넘게 주식 투자하는 동안 국내 주식 시장은 미국의 영향을 가장 많이 받았다. 미국이 오르면 한국도 오르고, 미국이 내리면 한국도 내렸다. '미국이 재채기하면 한국은 감기 걸린다'라는 말도 있었다. 언젠가부터 미국의 영향이 줄고 중국의 영향을 많이 받았다. 그러다 2016년 사드 사태 이후 중국의 영향이 많이 줄었고, 코로나19와 미·중 무역분쟁으로 더 줄었다. 미국의 영향은 아직 예전만큼 커지지는 않았다. 오랫동안 주식 투자를 하던 사람들은 다들 비슷하게 느끼고 있을 것이다.

이 감을 설명하거나 반박해줄 자료가 있는지 구글링했다. '국내외 요인의 국내 주식 시장에 대한 영향도 분석 〈2020. 10. 14. 자본시장연구원 장근혁, 노산하〉'라는 자료를 찾았다. 2001년 1월부터 2020년 5월까지 미국, 중국, 한국의 실물경제와 블룸버그 주가지수 월별자료로 S&P500 지수, 항셍지수, KOSPI지수를 분석한 보고서다. 이 보고서의 결론은 다음과 같다.

2001년에서 2020년 현재까지 미국 주식 시장은 한국 주식 시장 변동의 주요 요인이다. 하지만 2012년부터 미국의 영향력은 감소하고, 중국의 영향력이 크게 증가했다. 세계 경제와 우리나라 대외 교역량에서 중국의 비중 커진 것이 반영됐다고 추정했다. 2020년 코로나19가 한국 주식 시장 하락에 영향을 주었다. 미국 주식 시장 안정과 중국의 빠른 회복 덕분에 한국도 빠르게 회복됐다. 앞으로 국내 주식 시장의 가장 큰 위험 요인은 미·중 무역분쟁, 중국 성장세 둔화, 코로나19 경기 위축이 될 것이라고 한다.

연구 결과와 '감'이 비슷하다. 하지만 이 연구 결과는 그 비중을 계산해주었다. 다음 자료 2-8을 보면, 'KOSPI 고유요인'[15]은 2011년 이전에는 40%가 넘었으나 2020년에는 25% 수준으로 줄었다. 그 자리를 대신한 것이 항셍지수와 중국 실물경제다. S&P 500지수는 과거 30%를 넘었으나 현재 20%를 약간 넘는다. 미국 실물경제는 과거 20%대였으나 지금은 미미하다. 결론적으로 가장 중요한 순서는 중국 실물경제(약 25%), S&P 500지수(25%), KOSPI 고유요인(25%), 항셍지수(20%)다.

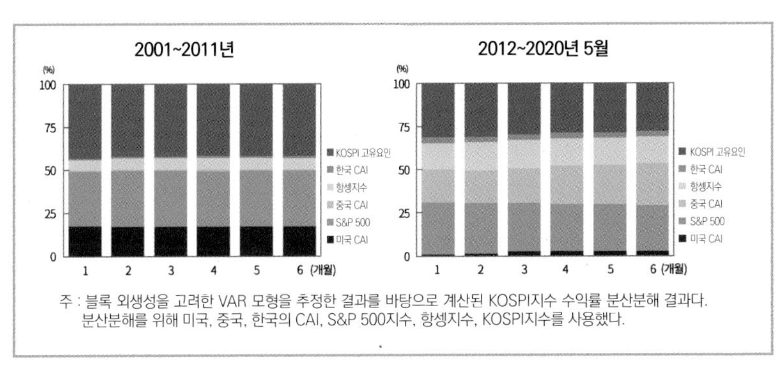

주 : 블록 외생성을 고려한 VAR 모형을 추정한 결과를 바탕으로 계산된 KOSPI지수 수익률 분산분해 결과다. 분산분해를 위해 미국, 중국, 한국의 CAI, S&P 500지수, 항셍지수, KOSPI지수를 사용했다.

자료 2-8. 코스피지수 수익률에 대한 국내외 실물경제 및 주식 시장의 기여도
출처 : 블룸버그(Bloomberg), 자본시장연구원

15) KOSPI 고유요인 : 미국·중국·한국의 실물요인과 S&P 500지수 및 항셍지수 요인을 제외하고, KOSPI지수 수익률에 영향을 주는 요인을 의미한다.

앞의 연구 결과를 반영해 나는 2020년 후반기부터 S&P 500지수, 항생지수, 중국 실물경제, 한국 실물경제를 각각 25%씩 보고 장을 예측하고 있다. 이 연구 결과를 보기 전에는 나스닥과 코스피를 연계했다. 왜냐하면, 우리나라 주식 시장의 30% 정도를 차지하는 삼성전자가 나스닥에 상장된 기술주와 비슷하게 움직였기 때문이다. 그리고 나머지 주식들은 홍콩 항생지수와 상해종합과 연계해서 봤다. 우리나라가 중국과 교역량이 많고 영향도 많이 받기 때문이었다. 이것이 구글링으로 봐야 할 지표와 뉴스를 바꾼 사례다.

국제 정세는 솔직히 잘 몰라도 된다

국제 정세는 솔직히 잘 몰라도 된다. 그 이유는 '국제 정세'는 미래를 예측하는 데 도움이 되지 않기 때문이다. 하지만 사람들은 미래를 예측하는 데 도움이 될 것으로 생각해서 국제 정세에 관심을 둔다. 우리나라는 수출 위주의 개방경제다. 대외 상황에 민감하다. 그래서 국제 정세를 알아야 하고, 공부하면 알 수 있다고 생각했다. 하지만 아무리 공부해도 알 수 없었고 오히려 헷갈렸다.

'국제 정세를 꼭 알아야 하나?' 주식 투자를 하며 오랜 기간 고민했다. 국제 정세를 알려면 많은 시간과 노력이 필요하다. 잘 모르는 외국 상황을 실시간으로 알아야 한다. 우리나라와 주요 기업과 어떻게 연결되어 영향을 주고받는지도 알아야 한다. 하지만 그럴 필요가 있을까? 그럴 필요가 없다. 오히려 헷갈리게 한다. 사례로 살펴보고자 한다.

2021년 6월 17일(목)~19일(토) 오전 8시, 네이버 금융 주요 뉴스다. 오전 8시 네이버 금융 홈 메인에 있는 뉴스다.

2021년 6월 17일	2021년 6월 18일	2021년 6월 19일
주요뉴스 · 더보기	주요뉴스 · 더보기	주요뉴스 · 더보기
[Asia마감] 美 금리인상 신호에도…충격 덜했다	[굿모닝 증시] 다우지수는 하락, 나스닥은 상승…혼…	"내년말 금리인상" 한마디에 증시 '비명'…은행주↓…
[마켓뷰] 코스피, 3260선 내려와…코스닥 2개월 만…	[외환브리핑]美 조기 긴축 신호에 강달러..환율, 11…	[유럽증시] 미국 금리인상 우려에 약 2% 하락
[유럽개장]장 초반 하락세..英 0.57%↓	[원자재시황] 美 조기 긴축 예고에 출렁…금 4.7%↓…	[유럽개장]장 초반 하락세…英 0.44%↓
[시황종합]'美조기긴축' 코스피 3260선 밀려…코스…	FOMC 여파 이틀째…이제 시선은 2분기 실적 시즌…	[마켓뷰] 코스피 소폭 상승… 기술주 vs 반도체주 …
[마감시황]코스닥, 약 2개월만에 천스닥…코스피, …	빨라진 '금리인상'에 中 원자재 개입까지…다우 이…	[Asia마감] 달러 약세에 日 약보합…닛케이 0.19%↓
[외환마감]환율, 한달만 1130원대 안착.."예상보다 …	[유럽증시] 美 조기 금리인상 가능성에 혼조 마감	[시황종합] 코스피 3260선 강보합…카카오 시총 3…

자료 2-9. 네이버 금융 메인뉴스 변화 사례

6월 15일~16일, 미국 연방공개시장위원회(FOMC)는 기준금리 인상 시점을 예상보다 1년 이상 앞당겨진 2023년으로 제시했다. 17일~19일 뉴스들은 그 소식에 대한 미국·유럽 주식 시장의 반응이다. 17일에는 미국 다우·나스닥이 조금씩 하락했다. 뉴스에 충격이 덜했다고 한다. 18일에는 다우가 약간 하락하고 나스닥은 조금 올랐다. 뉴스에서 '이제 시선은 2분기 실적 시즌'이라며 금리 인상 시점 영향을 벗어나는 듯했다. 19일에는 다우·나스닥 모두 많이 떨어졌다. 그랬더니 '내년 말 금리 인상 한마디에 증시 비명'이라는 기사가 뜬다. 내가 보기에는 주가가 오르내린 것에 FOMC 금리 인상 시점 이야기를 갖다 붙였다. 여러분 생각은 어떤가?

게다가 '내년 말 금리인상 한마디에 증시 비명' 문구 다음에 '은행주↓'라는 구절도 보인다. 은행은 돈을 거래하는 곳이다. 금리는 돈의 가격이다. 금리 상승=돈의 가격 상승이다. 거래하는 물건값이 오르면 회사는 매출과 이익이 늘어나고 주가는 오른다. 따라서 금리가 오르면 은행은 좋다. 그런데 왜 은행주가 하락했다고 할까? '금리가 올라서 이미 대출을 받은 사람이 못 갚아 부실이 늘어날 수 있기 때문'일까? 물론 맞는 말이다. 그렇다면 금리가 내려갈 때 은행주가 올랐어야 한다. 하지만 금리가 내려갈 때 은행주도 하락했다. 그것은 은행주 주가가 내려간 것에 금리를 가져다 붙인 것 그 이상도, 그 이하도 아니라는 뜻이다.

앞의 사례는 국제 정세가 큰 의미 없고, 오히려 투자자를 헷갈리게 한다는 것을 증명한다. 기사가 아니라 숫자를 봐도 마찬가지다. '다우·나스닥·S&P 500지수가 ×.×% 올랐다', '미국 금리가 ×.×% 올랐다' 같은 기사를 보면 이런 질문을 한다. "그래서 뭐 어쩌라고?" 내가 가진 주식이 오른다는 건가? 내린다는 건가? 주식을 사라는 건가? 팔라는 건가? 아무것도 알려주지 않는다.

국제 정세에 많은 시간을 빼앗기지 마라

그러니 국제 정세에 많은 시간을 빼앗기지 마라. 결과적으로 아무것도 알 수 없다. 나도 지금까지 여기 쏟은 시간과 돈이 너무 아깝다. 국제 정세, 솔직히 복잡하고 난해하지만 재미있다. 관련된 수많은 책과 정보가 있다. 월가가 어떻게 움직이는지 알기 위해 월가를 움직이는 메커니즘, 금융 역사, 심지어 유대인 자본까지 공부했다. 돈이 음지에서 몇몇 사람들의 이해관계로 움직이는 것 같다. 사실일까? 모른다.

하지만 그 책과 지식은 투자에 전혀 도움이 되지 않았다. 심지어는 국제 정세와 세계 경제에 대한 이해가 깊어지지도 않았다. 어떻게 움직일지 예상할 수 있을까? 그렇지 않다. 매일 부대끼며 사는 가족이나 직장 상사 또는 동료도 내일 어떻게 반응할지 예상하기 어렵다. 하물며 어떻게 금융계의 뛰어난 사람들의 움직임을 예상할 수 있을까? 한마디로 시간 낭비다.

:: 결론

국제 정세는 가볍게 보는 일기예보 그 이상의 의미를 부여하지 마라. 2021년 현재, S&P 500지수와 항셍지수, 한국과 중국 경제 상황 관련 뉴스를 25%씩 반영해 오늘을 가볍게 예상하라. 어느 날 우리가 보는 지표가 맞지 않는다는 느낌이 오면, 구글링으로 설득력 있는 연구자료를 찾아보라. 그리고 지금 보고 있는 지표와 뉴스를 바꾸자. 그 정도만 알면 세상의 흐름, 그 속에서 우리나라와 기업들의 대응을 충분히 알 수 있다. 그 이상은 시간은 낭비다.

그러면 국제 정세 말고 금리, 환율, 유가, 원자재 가격은 어떻게 봐야 할까? 이것도 시간 낭비인지 확인해보자.

금리, 환율, 유가, 원자재

금리, 환율, 유가, 원자재 가격, 이 정도만 알면 된다

금리, 환율, 유가, 원자재 가격이 주식 시장에 영향력이 큰 것은 사실이다. 그러면 꼭 알아야 하나? 어디까지 알면 되나? 각각 하나만 제대로 알기도 어렵다. 그런데 이 모든 것들이 모두 연관되어 있다. 이에 대해 '이 정도만 알면 된다'라는 수준을 제시하고자 한다. 물론 내 의견에 동의하지 않을 수도 있다. 혹시 직업이 금리, 환율, 유가 및 원자재 등과 연관이 있다면 전문성을 살려라. 그런 것과 상관없는 평범한 투자자라면 내 의견을 따르기 바란다.

금리, 이 정도만 알면 된다

금리, 결론부터 이야기하자면 향후 10년간 크게 오르지 않을 것이다. 올라도 큰 영향이 없을 만큼 '찔끔' 오를 것이다. 하지만 또 모른다. 그러니 금리에 대한 내 의견이 맞나, 틀리나 틈틈이 확인하라. 맞는다고 생각하면 그것으로 끝이다. 틀린다고 생각되면 왜 그런지 생각해보라. 그러면 나는 왜 향후 10년간 금리가 크게 오르지 않을 것으로 생각할까?

1990년대 일본이 금리를 올렸다가 지금까지도 제대로 회복하지 못하고 있기 때문이다. 일본 중앙은행은 1985년에 플라자 합의

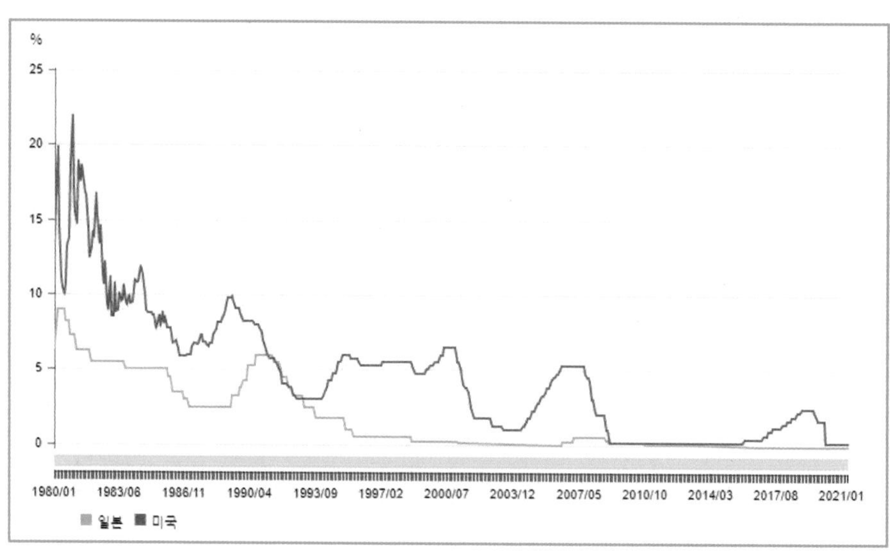

자료 2-10. 미국, 일본 금리 변화
출처 : 한국은행 경제통계시스템

로 엔화 가치가 올라가 경기가 침체되자 경기 부양을 위해 1985년 12월에 5%였던 금리를 1987년 2월에 2.5%까지 내렸다. 그러자 부동산과 주식 가격이 크게 오르는 '거품경제 시대'가 됐다. 그 때문에 일본 정부는 1989년 5월부터 금리를 올리기 시작해 1990년 8월에 6%까지 올렸다. 그러자 주가와 부동산이 폭락하면서 '잃어버린 20년'이라는 장기 불황이 시작됐다.

20년이라는 긴 세월 동안 일본은 불황을 극복하기 위해 많이 노력했으나 실패했다. 결국, 2012년 12월에 자민당 아베 신조(安倍晋三) 총재가 '아베 노믹스'를 실행했다. '국가가 동원할 수 있는 모든 수단을 동원해 물가 상승률 3%를 달성하겠다'라는 것이었다. 일본 중앙은행은 이에 맞춰 금리를 크게 낮추고 돈을 풀었다. 그렇게 해서 일본은 2016년에 경제가 2.2% 성장하는 등 나름 회복된 모습을 보이고 있었다. 2020년 코로나가 오기 전까지는 말이다.

미국은 2007년 '서브프라임 모기지 사태'라는 금융 위기가 생기자 과감하게 금리를 낮추고 돈을 풀어 해결했다. 대공황과 일본의 장기 불황을 깊이 연구했던 벤 버냉키(Ben Bernanke) 연준 의장 덕분이다. 그는 금융 위기가 오면 금리를 올리는 것이 아니라 빠르고 과감하게 돈을 풀어야 극복해야 한다고 주장했다. 한번 불황이 오면 쉽게 극복되지 않기 때문이다. 위기가 어느 정도 극복되자 미국은 2016년부터 야금야금 금리를 올렸다. 하지만 2020년 코로나19 위기가 닥쳐서 다시 금리를 크게 낮췄다. 일본은 불황 극복을 위해 1996년부터 꾸꾸하게 초저금리를 유지하고 있다. 하지만 일본 경제는 아직도 활력을 되찾지 못하고 있다.

그래서 나는 '향후 10년간 금리는 크게 오르지 않을 것이며, 올라도 큰 영향이 없을 만큼 찔끔 오를 것이다'라고 생각한다. 서브프라임 금융 위기가 제대로 극복되지 않은 상황에서 코로나19라는 더 큰 위기가 왔다. 향후 10년간 금리를 올릴 수 있을까? 그런데 왜 미국과 한국 중앙은행장은 계속 금리를 올릴지도 모른다며 엄포를 놓을까? 아마 기업이나 사람들이 함부로 대출을 받아 버블이 발생해 불가피하게 금리를 올려야 할까 봐 겁주는 것 아닐까? 지난 20년간 중앙은행장들은 금리를 올리지 않고 엄포만 놨다. 금리 뉴스를 볼 때마다 이 생각이 맞는지, 틀리는지 생각해보는 정도만 알면 된다.

환율, 잘 관리되고 있다. 정부를 믿어라

환율에서 봐야 할 것은 정부다. 환율과 연결되어 있는 '금리, 국가 GDP, 교역량 등의 정보는 투명하게 공개되어 있는가?', '현재 정부가 신뢰할 만한가?' 이것을 봐야 한다. 정부가 정직하고 경제를 잘 운용한다면 환율은 걱정할 필요 없다. 환율은 잘 관리되고 있다. 정부를 믿어라. 왜 그럴까?

환율의 기본 메커니즘은 다음과 같다. 예를 들어 원-달러 환율이 1,100원에서 1,200원으로 원화 가치가 떨어졌다고 가정하자. 수출은 늘고 수입은 줄어든다. 국민은 비싸서 여행 가기 어렵고, 외국인은 싸서 여행을 많이 온다. 저평가된 한국 주식을 외국인이 산다. 그래서 경제가 좋아지고 주가는 오른다. 그러면 다시 원화 가치가 올라 1,100원이 된다. 그러면 수출은 줄고 수입이 늘어난다. 국민들은 여행을 가고 외국인은 오지 않는다. 외국인들은 고평가된 한국 주식을 판다. 그래서 경제가 나빠지고 주가는 떨어진다.

그렇다면 '지금의 환율은 적정한 것일까?' 하는 의문이 든다. 이런 의문을 가지는 이유는 사실 IMF 트라우마 때문이다. 1997년 원-달러 환율은 800원~900원이었다. 그런데 어느 날 갑자기 IMF가 터지고 원-달러 환율은 1,900원이 넘어갔다. 많은 기업과 개인이 환율 때문에 큰 피해를 봤다. 그리고 정권이 바뀌었다. 당시 정부는 우리나라의 부실을 알면서도 국민을 속이고 다음 정부로 미루려고 했던 것일까? 아니면 예상할 수 없었던 재난일까? 당시는 정보가 투명하게 공개되어 있지 않았다. 그래서 알고 싶어도 알 수 없었다.

하지만 지금은 모든 정보가 투명하게 공개되어 있다. 그리고 정부에 대한 욕을 많이 하지만, 나는 우리나라 정부가 정말 유능하다고 생각한다. 게다가 한국은 미국 재무부가 지정한 '환율 관찰 대상국'이다. '환율 조작국'이 되면 미국의 제재를 받는다. 제재를 받지 않는 선에서 국가가 잘 통제하고 있다는 뜻이다. 따라서 환율을 알기 위해 고군분투할 필요가 있는지 생각해볼 문제다. 그러니 '믿을 만한 정부인가?', '정보가 투명하게 공개되는가?', 이 두 가지를 항상 살펴라.

유가 및 원자재 가격

유가 및 원자재 가격의 변동은 몰라도 된다. 물론 가지고 있는 주식이 유가 및 원자재 가격과 연관이 크다면 잘 알아야 한다. 하지만 경제나 주식 시장 전체에 끼치는 영향은 크게 줄었다.

과거 유가의 영향력은 굉장했다. 유가에 가장 큰 영향을 받는 것은 배, 비행기, 자동차 등이다. 유가가 오르면 수출/수입 원가 중 하나인 운송비가 늘어난다. 게다가 석유화학제품의 원가도 오른다. 이것은 경제가 잘되어서 오른 물가가 아니다. 그래서 물가는 오르는데 경기는 침체되는 스태그플레이션이 발생한다. 스태그플레이션이 오면 해결하기 어렵다. 물가가 올랐다고 금리를 올리면 경기는 더 침체된다. 경기가 침체됐다고 금리를 내리면 물가는 더 오른다. 딜레마다.

하지만 당분간 유가로 인한 스태그플레이션 가능성은 매우 적다. 기술혁신 덕분이다. 먼저 세일가스 혁명으로 석유를 중동의 바닷속이 아닌 땅에서도 캔다. 전기차의 개발로 기름 없이도 다닐 수 있다. 태양광이나 풍력 등 대체에너지도 점점 활성화되고 있다. 덕분에 2000년대처럼 BRICS(브라질, 러시아, 인도, 중국, 남아공)의 성장으로 수요는 크게 늘었는데, 이라크 전쟁으로 공급이 제한되어 가격이 오르는 일은 없을 것 같다.

그 외 금, 구리, 희토류 같은 광물이나 심지어 콩, 옥수수 같은 식량 가격도 경제와 주식 시장에 영향을 미친다. 하지만 제한적이다. 관련 주식을 가지고 있지 않다면 몰라도 된다. 다만, 유가는 과거에 큰 영향을 미쳤다. 그리고 대체에너지들은 아직 활성화되지 않았다. 자원 부국에서 전쟁의 기운이 있는지는 항상 관심을 두자. 혹시 모를 스태그플레이션 가능성과 이에 대응하는 세계 각국이 어떻게 대응하는지 살펴라.

:: 결론

주식 시장에 영향력이 큰 금리, 환율, 유가 및 원자재 가격을 얼마나 알아야 하는지 정리한다. 금리는 웬만해서 크게 오르지 않을 것이다. 환율은 정부가 믿을 만한지, 정보가 투명하게 공개되어 있는지 본다. 유가 및 원자재 가격은 과거만큼 큰 영향 없다. 혹시 자원 부국에서 전쟁의 기운이 있는지, 각국은 어떻게 대응하는지, 세일가스, 전기차, 대체에너지 기술혁신 상황은 어떤지 살펴본다. 이 정도만 알면 된다. 깊이 있고 재미있는 내용이라서 알고 싶어 공부한다면 말리지 않겠다. 하지만, 더 많이 안다고 주식 투자를 더 잘하는 것은 아니다. 딱 이 정도만 알면 된다.

내 집 마련 방법

주식 투자 목적이 무엇인가? 주식 투자 자체가 목적인 사람은 없다. 돈이 필요하므로 주식 투자를 한다. 돈이 얼마가 필요한가? 이것이 명확하지 않으면 돈을 벌 수 없다. 잠깐 벌어도 끝까지 벌 순 없다. 목표가 명확해야 목표 달성을 위한 전략을 짤 수 있다. 목표가 '내 집 마련'인가? 그 방법으로 주식 투자를 선택했는가? 그렇다면 참 잘했다. 칭찬하고 싶다. 왜 좋은 선택인지 설명하고, 구체적인 방법들을 소개하고 비교하겠다.

내 집 마련 방법 비교 : 청약·저축·부동산 투자

돈 없는 사람이 집을 사는 방법 중 주식 투자가 가장 좋다

학창 시절, 사회 초년생 시절에는 '내 집 마련의 꿈'에 대한 반감이 많았다. '내 집 마련이 어떻게 꿈이 될 수 있나? 더 큰 꿈을 꿔야지'라고 생각하던 시절이 있었다. 하지만 결혼하고 애 낳고 살아 보니 내 집 마련은 꿈이 맞았다. '기적 같은 행운'이 없다면 내 집 마련은 불가능에 가깝다. 가장 쉬운 방법은 부모님이나 장인·장모님이 주시면 된다. 그런데 부모님과 장인·장모님의 사정이 안 되거나, 사정이 되지만 본인 힘으로 하려면 '기적 같은 행운'이 필요하다. 그리고 그 기적을 만드는 가장 좋은 방법은 주식 투자다. 왜 그런지 '내 집 마련하는 다른 방법들'과 비교해보자.

내 집 마련 방법 1 청약

내 집 마련의 정석은 청약이다. 청약은 저축으로 집을 마련하는 것을 장려하는 제도다. 청약은 가점제와 추첨제가 있다. 가점제는 점수를 매겨서 점수가 높은 사람에게 집을 준다. 점수의 기준은 ① 무주택 기간(최대 32점), ② 부양가족 수(최대 35점), ③ 청약저축 가입 기간(최대 17점), 최대 84점 중 본인이 몇 점이냐에 따라 높은 점수순으로 선정한다. 공공(LH나 SH 등)에서 짓는 85m^2 이하는 모두 가점제다.

어른들은 이것이 재테크의 시작이라고 하셨다. 고등학교를 졸업하면 일단 청약통장부터 만들라는 말을 들었을 것이다. 청약 가입 기간 만점(17점)을 빨리 받기 위해서다. 이후 집 없이 결혼해서 아이를 낳고 살다 보면 무주택 기간과 부양가족 수가 늘며 점수가 올라간다. 나이가 들수록 당첨 확률은 올라간다. 이 제도를 보는 순간 '나는 절대 청약으로 집을 마련하지 않겠다'라고 생각했다. 아직도 청약으로 내 집 마련을 하겠다는 사람들이 이해가 안 된다. 불확실성이 너무 크기 때문이다.

첫째, 가입 기간 가점은 무조건 만점을 받아야 한다. 어렸을 때 가입하면 최소 35세(미성년 가입 시 2년만 인정됨), 20세에 가입하면 37세에 만점이 가능하다. 돈이 없거나 잘 몰라서 25세에 가입했다고 치자. 40세가 넘어야 가점제 당첨 가능권이다. 물론 그때까지 무주택이고, 평균 정도의 부양가족은 있어야 한다. 40세까지 청약을 기다리며 전세를 살라고? 너무 잔인하지 않은가?

둘째, 원하는 곳에 분양이 있어야 한다. 어디에 살기 원하는가? 사람마다 살아온 환경이 다르니 개인차가 있다. 누군가는 대중교통이나 직장과의 거리가 중요하다. 누군가는 교통이 불편해도 넓고 쾌적한 집이 가장 중요하다. 누군가는 자녀 교육환경이 중요하다. 나는 반포에서 자랐다. 그래서 '천당 밑에 분당'이라고 불리던 분당에 사는 데도 불편하게 느껴졌다. 그러면 강남권에서 분양받아야 한다. 강남권은 경쟁률이 높다. 무주택 기간은 더 늘어날 수밖에 없다. 게다가 무주택 기간은 만 30세부터 센다. 최대 15년까지다. 45세는 되어야 강남권을 분양받을 수 있다.

셋째, 돈이 있어야 한다. 청약통장에 넣은 돈은 찾을 수 없다. 물론 예금담보 대출을 하면 된다. 하지만 오랜 시간이 지나서야 예금담보 대출이라는 게 있고, 그게 별거 아니라는 것을 알았다. 청약통장 속에 묶여 있는 돈은 한 푼이 아쉬운 젊은 시절 큰돈이다. 게다가 강남권이면 분양가격이 2000년대 후반에 10억 원, 2018년 이후에는 20억 원이 넘었다. 계약금 10%만 해도 2억 원이 넘는다. 닥치면 어떻게든 마련되는 돈인가? 만일 돈을 마련하지 못하면 어떻게 하나? 평생을 기다린 청약이 당첨됐으나 돈 때문에 못 들어가는 것이다.

실제 청약을 시도하는 사람들은 돈이 많다. 집을 살 돈이 없는 게 아니라 새 집에서 살고 싶은 것이다. 그래서 무주택 상태를 유지하며 원하는 곳에 공고가 뜨면 청약을 한다. 이해가 된다. 가끔 젊어서 청약통장을 안 만든 것이 후회될 때도 있다. 나는 가점이 워낙 낮아 추첨만 넣는다. 추첨제는 일반 건설사가 짓고 무작위로 추첨한다.

그러니 청약으로 내 집 마련하지 마라. 그 오랜 시간을 기다리며, 그 어려운 조건을 유지할 수 있다면 뭐든지 할 수 있다. 그렇더라도 청약통장은 있는 게 좋다. 돈이 생기면 새 집을 싸게 살 수 있다. 인생 모르는 것 아닌가?

내 집 마련 방법 2 저축

저축으로 집을 살 생각은 처음부터 하지 마라. 당신이 돈을 모으는 속도보다 집값이 오르는 속도가 훨씬 빠르다. 연봉이 높아도 마찬가지다. 저축 목적이 내 집 마련이라면 그 사람은 역사부터 공부해야 한다. 역사가 증명한다. 불가능하다. 저축의 목적은 시드머니[16] 마련이다. 어떤 투자든 시드머니는 꼭 필요하다. 저축은 시드머니 마련을 위해 짧고 강렬하게 해야 한다. 목표 금액이 크고 시간이 길어지면 그사이 돈 필요한 일이 꼭 생긴다. 그래서 투자를 시작하지 못 한다.

내 집 마련 방법 3 집으로 돈 벌기

많은 사람이 부동산 투자로 집을 마련하고자 한다. 집에 대해서

16) 시드머니 : 초기 투자비

는 누구나 잘 알고 있다. 게다가 본인이 살거나 살아봤던 동네는 그 누구보다도 잘 안다. 나도 부동산 불패 시대를 살았다. 집이 있으면 돈 벌었고, 없으면 돈을 못 버는 시대였다. 부모님도 귀가 닳도록 집을 사라고 이야기하셨다. 내 이야기만은 아닐 것이다. 결국, 우리 대부분은 부동산 전문가다. 그래서 부동산 투자로 집을 마련하려 한다. 그래서 어렵다.

먼저 집으로 돈을 버는 것을 살펴보자. 원하는 동네, 원하는 집은 보통 상급지 아파트다. 강남 4구(강남, 서초, 송파, 강동구), 마용성(마포, 용산, 성북구) 등 치안과 함께 학군·학원 등 자녀를 키우기 좋고, 교통과 생활환경이 좋은 곳을 상급지라고 한다. 아파트는 단독주택, 다가구주택, 빌라보다 현금화가 쉽고, 삶의 질이 높아 더 비싸게 거래된다. 하지만 아파트를 살 돈이 없어서 지금은 싸지만 곧 개발되어 가격이 오를 곳, 즉 '개발예상지역'에 집을 사게 된다. 아니면 전세를 살며 '개발예상지역'에 전세 끼고 집을 사놓는다. 갭 투자다.

이 투자의 결정적인 문제점은 상급지가 먼저 오른다는 것이다. 상급지가 먼저 오르고 '개발예상지역'이 오르기 때문에 상급지로 갈 수 없다. 삶의 변화가 없는 것이다. 더 위험한 것은 상급지는 올라도 '개발예상지역'은 안 오르는 경우가 더 많다. '개발예상지역'에 살거나 갭 투자를 했다는 것은 삶의 터전을 희생했고, 긴 시간 투자한 것이다. 그런데 상급지보다 늦게 오르거나 심지어 오르지 않는다면? 심각한 피해다. 그래서 상급지보다 먼저 오르거나 반드시 오를 곳을 찾아야 한다. 정말 어렵다. 맞췄다면 복권 당첨에 버금가는 행운이다.

내 집 마련 방법 4 수익형 부동산(오피스텔, 상가, 지식산업센터 등)

수익형 부동산 투자로 내 집 마련을 하고자 하는 사람들도 있다. 결론부터 이야기하면 불가능하다. 첫째, 수익형 부동산은 가격이 급등하지 않는다. 수익형 부동산 가격은 월세에 비례한다. 월세가 높으면 비싸고 낮으면 싸다. 그런데 월세는 급하게 오르지 않는다. 좋은 지역이라 수요가 몰리면 차근차근 오르고 안 좋아도 쉽게 내려가지 않는다. 매매가격은 10~15년 동안 2배 내외로 올랐다. 그나마 좋은 물건들이다. 하지만 그사이 집값은 여러 배 오른다.

둘째, 월세 받는 것이 만만치 않다. 운 좋게 좋은 세입자를 만나 꼬박꼬박 잘 내면 행운이다. 월세를 잘 안 내는 세입자를 만나면 진짜 힘들다. 사람들은 월세를 받으면 그에 맞춰 적금을 들거나 지출을 늘린다. 그런데 월세가 규칙적으로 안 들어오면 그로 인한 마음고생, 시간과 금전적 손해를 감수해야 한다. 게다가 세입자의 요구사항도 많고 다 들어줄 수 없으니 밀당도 해야 한다. 그나마 세입자가 있으면 낫다. 세입자조차 없는 공실이 되면 돈이 안 들어오는 것은 둘째치고 관리비를 소유주가 내야 한다.

그래서 사람들은 기존 수익형 부동산을 사기보다 신축을 분양받는 모험을 한다. 싸게 사고 신축의 이점을 갖기 위해서다. 오피스텔, 상가, 지식산업센터 분양광고를 많이 봤을 것이다. 적은 실투자액, 높은 수익률을 약속한다. 하지만 기한 내에 지어지지 않는다. 분명 2년 내 지어질 것이라고 했는데, 이런저런 사정으로 3~4년이 넘어간다. 우여곡절 끝에 지어져도 세입자가 쉽게 들어오지 않는다. 힘들게 세입자를 구하다 보니 싸게 계약하거나 월세를 내지 않는 나쁜 세입자를 만나기 쉽다. 새로운 상권은 쉽게 형성되지 않는다. 기반 시설들이 자리 잡고 상권이 형성되는 데는 많은 시간이 걸린다.

실제 사례

내 사례를 소개하겠다. 나는 2004년에 결혼할 때 2억 원으로 시작했다. 당시 2억 원이면 상급지에 그럴듯한 아파트 전세를 얻을 수 있었다. 하지만 내 집 마련을 위해 1.5억 원으로 오피스텔 2개를 사고, 신혼집은 옥탑방에 꾸렸다. 신혼 집들이를 하던 중 교회 여자 후배 한 명이 뛰쳐나갔다. 알콩달콩 신혼집을 기대했던 것이다. 하지만 현실은 천장이 낮고 화장실 변기는 깨져 있던 옥탑방이었다. 순진한 대학생을 실망시키기에 충분했다.

오피스텔 수익률은 처음엔 좋았다. 8,000만 원에 사서 500/60에 세를 놓았다. 수익률 9%다. 하지만 소득세가 있는 줄 몰랐다. 15% 정도 나갔고, 세무사에 수수료도 내야 했다. 당시 전세로 계약하고 월세를 받기도 했다지만 나름 정의감으로 세금을 다 냈다. 수익률은 7% 정도였다. 그러던 어느 날 세입자 둘 다 월세를 안 내기 시작했다. 한 명은 사업이 어려워졌고, 한 명은 나쁜 세입자였다. 결국, 2년이 안 되어 모두 팔아버렸다. 최종 수익률은 당시 은행 예금 5%만도 못했기 때문이다.

이후 1억 원을 투자하면 2,000/110을 받을 수 있다는 상가가 있었다. 대학 시절에 자주 다니던 4호선 성신여대입구역이었다. 당시 성북구에는 극장이 없었다. 이 건물에 CGV가 들어온다고 했다. 성공을 확신했고 분양받았다. 그런데 분양받자마자 시행사가 망하며 공사가 늦어졌다. 시공사는 부도난 시행사를 인수했고, 기존 계약자들에게 재계약을 요구했다. 3% 정도 수익률만 보장하겠다는 것이다. 받아들일 수 없었고 소송을 걸어 우여곡절 끝에 승소했다. 2년 만에 원금과 법정이자 4%를 돌려받았다.

그사이 집값은 계속 올랐다. 1억 원으로 전세를 살며 1억 원으로 갭 투자를 해 송파와 분당에서 좋은 성과가 있었다. 하지만 내가 원하는 상급지인 강남을 가기는 역부족이었다. 다들 강남보다 늦게 올랐다. 그래서 개발예상지역 찍기를 시도했다. 제2 동탄신도시 예정지를 오산으로 찍고 갭 투자를 했다. 하지만 제2 동탄신도시는 기흥으로 선정됐고, 오산 아파트는 1년이 지나서야 겨우 팔았다.

:: 결론

청약, 저축, 부동산 투자로 '기적 같은 행운'이 얼마나 어려운지 이해가 됐는가? 그런데 왜 주변엔 부동산으로 돈 벌었다는 사람이 많을까? 그 이유는 부동산 투자에 성공한 사람들은 자랑하기 때문이다. 거짓 자랑도 많다. 게다가 부동산 불패 시절 돈 번 사람들도 아직 정정하시고 자랑도 많이 하신다. 그래서 주변에 부동산으로 돈 번 사람이 많게 느껴진다. 청약, 저축, 부동산 투자의 성공확률은 생각보다 낮다.

그러면 본격적으로 주식 투자가 왜 상대적으로 쉬운지 알아보자.

내 집 마련 방법 비교 : 영끌·주식 투자

주식 투자가 집을 사는 가장 좋은 방법이다

집을 사는 가장 좋은 방법이 주식 투자인 이유는 '기적 같은 행운' 확률이 높다. 실패할 확률도 낮다. 소액으로 시작할 수 있다. 실패하거나 행운이 오지 않더라도 금방 다시 시작할 수 있다. 즉 현재의 삶이 망가질 위험이 낮다. 먼저 이전 글에 이어 '영끌'로 집을 마련하는 것에 대해 살펴보고자 한다. 그리고 주식 투자가 집을 사는 가장 좋은 방법인 이유를 설명하겠다.

내 집 마련 방법 5 영끌 1편

'영끌'이라는 단어가 생겼다. '영혼까지 끌어모으다'를 줄인 말이다. 부동산에서는 '영끌 대출', 즉 받을 수 있는 모든 대출을 받아 집을 산다는 뜻이다. 신조어가 생기니 새로운 트렌드라고 생각하는 사람도 많지만 그렇지 않다. 2006년에도 부동산이 급등했다. 그때도 영끌이 많았다. 5억 원짜리 집을 3억 원 이상 대출받아 샀던 동료가 있었고, 전세 끼고 대출을 받아 집을 여러 채 샀던 선배가 있었다. 와이프 연봉은 없다고 생각한다며 와이프 연봉으로 원리금을 낼 수 있을 만큼 대출받아 집을 샀던 친구도 있었다. 결론부터 이야기하면 당시 그렇게 집을 샀던 주변 사람들 대부분이 좋은 결과를 얻지 못했다. 왜 그랬을까?

우선 미래는 생각대로 펼쳐지지 않는다. 당시 영끌한 많은 사람은 자신의 투자를 이야기했다. 잘난 체가 아니다. 그들은 이미 투자했다. 더 많은 사람이 자신을 따라서 사야지만 가격이 오른다. 그 아파트가 얼마나 좋은지 최대한 알려야 한다. 그 말을 들은 사람들은 조마조마했다. 옥탑방에 살던 나도 뒤처지는 느낌을 받았다. 집값은 계속 오르고 영영 집을 못 살지도 모른다는 생각이 들었다.

하지만 생각지도 못한 일이 일어났다. 2008년 미국 금융 위기다. 지금까지 금융 위기가 발생하면 금리를 올렸지만, 이때는 전 세계가 함께 금리를 크게 내렸다. 금융 위기에 금리를 내리는 대응은 전 세계적으로 한 번도 시도한 적이 없었다. 금리는 내렸지만 부동산 때문에 생긴 금융 위기였다. 집값은 더는 오르지 않았다. 위기가 극복되나 싶었지만 2010년 유럽 금융 위기가 왔다. 그리스가 부도 위기에 처한 것이다. 이 위기는 PIGS(포르투갈, 이탈리아, 그리스, 스페인) 위기로 번지며, 꽤 오랫동안 세계는 금융 위기 공포에 휩싸였다.

사람들이 집을 사지 않았다. 가지면 세금만 나가고 가격은 오르지 않는 집을 사는 건 바보였다. 그래서 전세 사는 사람이 늘며 전셋값만 올랐다. 급기야는 전셋값과 집값의 차이가 거의 사라졌다. 모두 집값이 떨어질 것으로 생각했다. 2014년 정부는 대출 규제 완화를 시작했다. '빚내서 집 사라' 정책이다. 그래도 안 올랐다. 친구들과 식사하면 이런 이야기를 들을 수 있었다.

"집값이 더 떨어질 것 같지 않아? 일본을 봐. 게다가 저출산·고령화 속도도 빨라."

그만큼 부동산은 절망적인 시기였다. 하지만 집값은 결국 올랐다. 2017년부터 오르기 시작하더니 2018년, 정부는 부동산 가격

안정을 위해 양도소득세와 종합부동산세를 강화하기까지 이르렀다. 하지만 가격이 많이 올라 양도소득세 부담이 커진 집주인들은 매물을 거뒀다. 그러자 공급이 부족해지며 더 올랐다. 지금도 그 과정에 있다. 지난 과거를 돌아보면 이렇게 될지 몰랐냐고 쉽게 이야기할 수 있다. 하지만 당시에는 한 치 앞도 예상할 수 없었다. 그때도 지금처럼 집을 사야 할지, 영끌한 집을 팔아야 할지 결정하기 힘들었다. 미래는 알 수 없다. 항상 예상치 못한 일이 생긴다. 그래서 영끌은 어렵다.

내 집 마련 방법 6 영끌 2편

대출은 고통스럽다. 영끌로 내 집 마련이 어려운 두 번째 이유다. 나도 수익형 부동산과 갭 투자를 시도하며 대출을 많이 받은 적이 있다. 연봉이 낮고 신용도도 낮았던 사회 초년생 시절, 내가 받을 수 있는 마이너스통장은 최대 2,500만 원이었다. 월급날까지 열흘이 남았는데 2,497만 원까지 썼다. 그 마지막 3만 원을 ATM에서 뽑을 때의 비장함을 기억한다. 그 3만 원 중 마지막 1만 원을 쓸 때는 쾌감까지 느껴졌다. 무서운 놀이기구를 탈 때의 짜릿함이다. 느껴보지 않은 사람들은 모른다.

맞벌이 부부가 한 사람 월급은 없는 것처럼 사는 것은 쉽지 않다. 직장 생활은 돈이 든다. 교통비만 드는 게 아니다. 일을 잘하기 위한 자기계발비가 든다. 뭐니 뭐니 해도 가장 큰 스트레스는 인간관계다. 좋은 평판을 얻어야 하고 원하는 정보나 자리를 얻으려면 네트워킹이 필요하다. 밥, 커피, 술값부터 경조사비도 든다. 또 인간관계 때문에 받은 스트레스를 풀어야 한다. 못 풀면 다음 날 업무에 지장이 있을 뿐 아니라 건강에도 안 좋다.

대출의 고통은 결국 공포를 일으킨다. 외벌이였던 나는 마이너스통장 2,500만 원에도 공포를 느꼈다. 이러다가 갑자기 아파서 회사에 다닐 수 없으면 어쩌지? 회사가 어려워지거나 내가 실수해서 갑자기 나가라고 하면 어떡하지? 깨어 있는 대부분 시간을 보내는 회사 생활이 힘들다. 하루하루 위험한 줄타기를 하는 것 같다. 회사 생활에서도 자꾸 안정적이고 안전한 선택만 하게 된다.

그런데 영끌로 월 200만 원 넘는 돈이 원리금으로 나간다면 어떨까? 부부 중 한 명이라도 무슨 일이 생기면, 그래서 원리금을 한 번이라도 제때 못 내면 신용도가 하락하고, 두어 번 더 못 내면 신용불량이 된다. 게다가 영끌로 산 부동산이 거래가 안 되고 가격이 떨어질 것 같으면 어떨까? 정말 힘들 것이다. 2008년 영끌 3억 원 대출로 5억 원짜리 집을 샀던 회사 동료 말이 기억난다.

"7억 원은 되어야 본전인데…."

대출의 고통이 이렇게 크다.

내 집 마련 방법 7 주식 투자

청약, 저축, 갭 투자, 수익형 부동산, 영끌로 집을 사는 것이 불가능은 아니다. 하지만 살펴본 결과 꼭 알아야 하는 것 세 가지가 있다. 첫째, '기적 같은 행운'이 필요하다는 것이다. 그 확률을 따져야 한다. 둘째, 고통과 위험이 있다. 어떤 고통과 위험이 있는지 알아야 한다. 셋째, 시간을 생각해야 한다. 철봉에 1분 이상 매달리기 힘들다. 고통과 위험도 견딜 수 있는 기간이 있다. 생각보다 힘들다. 견딜 방법도 생각해야 한다. 이 모든 것을 생각하면 주식 투자가 집을 사는 가장 좋은 방법이다.

첫 번째 이유는 '기적 같은 행운' 확률이 높다. 2021년 6월 30일 기준, 코스피와 코스닥 상장사는 3,098개다. 그런데 하루 상한가 가는 종목은 3개 이상 나온다. 주 5일, 52주를 고려하면 1년에 780개 이상이 1년에 한 번쯤 상한가가 된다는 뜻이다. 26%다. 상장사 4개 중 1개는 1년에 한 번쯤 상한가를 친다. 괜찮지 않은가?

두 번째 이유는 생각보다 위험하지 않다. 주식 투자에서 가장 위험한 것은 상장 폐지다. 상장 폐지가 되지 않는다면 언젠가 가격이 오를 것을 기대할 수 있다. 하지만 상장이 폐지되면 더는 주식 시장에서 거래되지 않는다. 거래가 완전히 불가능한 것은 아니다. 장외 시장에서 사겠다는 사람이 있으면 팔 수 있다. 배당을 계속 받을 수도 있다. 다만 거래가 쉽지 않으니 가격은 크게 떨어진다. 그러면 상장 폐지 확률은 얼마나 될까? 2020년 상장 폐지된 종목은 39종목이다. 1%다. 1년에 100개 중 1개가 상장 폐지된다. 청약이 당첨되지 않을 확률, 갭 투자 가격이 오르지 않을 확률, 더는 대출을 갚을 수 없어 손해 보고 파는 확률과 비교해보자. 괜찮지 않은가?

세 번째 이유는 소액으로 가능하다. 실패하거나 행운이 오지 않더라도 금방 다시 시작할 수 있다. 즉 현재의 삶이 망가질 위험이 낮다. 주식 투자 외 방법들은 시드머니가 최소 2억 원은 있어야 한다. 10년 뒤에는 더 큰돈이 필요할 것이다. 하지만 2억 원이라도 10년 안에 모으려면 월 167만 원을 저축해야 한다. 힘든 일이다. 그래서 실패하면 금방 다시 시작할 수 없다. 긴 시간의 노력이 실패하면 현재의 삶이 망가질 위험이 크다. 하지만 1년에 1,000만 원을 바짝 모아서 주식 투자로 불린다면 어떨까? 괜찮지 않은가?

먼저 주식 투자로 집을 산 회사 선배 사례를 소개하겠다.

실제 사례

회사에서 만난 그 형은 똑똑하고 인격적이며 좋은 사람이었다. 동기였지만 나이도 동기들보다 서너 살 많았다. 일도 잘하고 리더십도 있고 술도 좋아했다. 나는 돈 없고 나이는 많은데, 일 많이 하고 남자들이 따르고 술 좋아하는 남자를 어떤 여자가 좋아하겠냐며 놀리곤 했다. 나도 이직하고 그 형도 이직해서 자주 보지는 못했지만, 가끔 연말이면 동기 모임으로 만나곤 했다. 그 형도 곧 결혼하고 아이도 낳았다.

어느 날 형이 동기들 가족까지 모두 자기 집에 초대했다. 동기들은 깜짝 놀랐다. 넓지는 않았지만, 서울 3층짜리 단독주택이었다. 옥상에서 부부 동반으로 바비큐를 굽고 함께 와인을 마셨다. 아래층에서는 아이들이 뛰어놀았다. 어떻게 집을 샀는지 궁금했다.

"형, 돈 없었잖아요? 이 집 어떻게 산 거예요?"

형은 솔직하게 이야기해주었다.

"셀트리온에 투자했어."

깜짝 놀랐다. 어떻게 이른 시기에 셀트리온을 살 생각을 했는지 물었다. 지금이야 성공한 기업이지만, 나는 셀트리온은 사기꾼 기업이라고 생각했다. 바이오산업을 전혀 몰랐고, 셀트리온이 뜰 무렵 재무실에서 일했기 때문이다. 지금도 바이오기업 재무제표는 좋게 해석하기 힘들다. 하지만 형은 서정진 회장을 오래전부터 알았다고 한다. 서정진이라면 해낼 것이라고 믿고 투자한 것이다.

왜 주변에 주식 투자로 집을 샀다는 사람이 없을까? 그 이유는 이야기하지 않기 때문이다. 이야기하면 이득은 없는데 피해는 확실하다. 가장 큰 피해는 사람들이 귀찮게 한다. "종목을 추천해달라", "본인이 가진 주식을 분석해달라", "돈 빌려 달라" 등의 요청을 많이 받는다. 게다가 이미지도 안 좋다. 사람들은 주식 투자자를 마치 도박중독자 보듯 한다. 그래서 가만히 있어야 한다. 집을 살 형편이 안 되는데 집을 마련한 사람이 있다면 조용히 물어보라. 주식 투자로 집 산 사람 의외로 있다.

:: 결론

주식 투자는 집을 사는 좋은 방법이다. '기적 같은 행운' 확률이 높다. 고통과 공포가 적다. 소액으로 시작할 수 있고, 인내해야 할 시간도 짧다. 이 결론을 얻은 나는 2011년 겨울, 전 재산을 '고려신용정보'에 투자했다. 이듬해 어머니께 이 사실을 말씀드리니 엄청나게 걱정하셨다. 나는 이것이 '희망의 포트폴리오'라고 말씀드렸다.

"대출받아 집을 샀더니 희망이 없고 겁이 났어요. 아무 사고 없이 20년을 버텨야 현재의 삶이 유지돼요. 무슨 일이 생기면 무조건 지금보다 나빠지죠. 하지만 이제 희망이 있어요. 이 종목이 대박 나면 더 넓고 좋은 집으로 갈 수 있어요. 대박 안 나면 지금처럼 살면 돼요. 지금보다 나빠질 것을 겁내기보다는 좋아질 것을 기대하며 살고 싶어요. 그것이 바로 희망의 포트폴리오죠."

어머니는 지금도 이해 못 하신다. 당시 이것을 이해해준 아내에게 고마울 따름이다.

내 집 마련 주식 투자법 : 가치 투자

집을 살 수 있는 주식 투자법은 가치 투자다

집을 살 수 있는 주식 투자법은 '가치 투자'다. 집을 사기 위해서는 먼저 1~2억 원 정도의 시드머니가 있어야 한다. 그리고 그 시드머니를 최소 2배 이상 불려야 한다. 하지만 돈을 불리기 위해 많은 시간을 쓸 수 없다. 직장에 대부분의 시간을 쓰고 남은 여유 시간에 돈을 불려야 하기 때문이다. 그 정도 시간만 투입해서 돈을 불릴 수 있는 가장 좋은 방법은 '가치 투자'다. 시간도 적게 들고, 수수료도 작으며, 불어나는 시간도 짧다.

가치 투자란?

가치 투자란 '저평가된 우량한 종목을 제대로 평가받을 때까지 가지고 있는 투자 전략'으로 사실상 모든 투자의 정석이라고 할 수 있다. 워런 버핏도 이 전략으로 세계 최고 부자가 됐다. 유명 자산운용사 대표, 금융 회사 고위직분들도 이 방법으로 돈을 벌 수 있다고 한다. 그런데 주변에 가치 투자로 성공한 사람을 만나기가 어렵다. 주식 투자에 성공했다는 사람들은 오히려 듣보잡[17] 주식을 샀거나, 특이한 투자 전략 등으로 성공했다. 왜 이런 일이 일어나는지, 그렇다면 가치 투자는 어떻게 해야 하는지 설명하겠다.

가치 투자 3요소와 성공하기 어려운 이유

가치 투자 3요소는 저평가, 우량주, 기다림이다. 중요한 순서이기도 하니 차례대로 설명하겠다. 주변에서 가치 투자로 성공한 사람을 만나기 어려운 이유는 첫째, 저평가된 주식을 사지 않기 때문이다. 많은 사람이 가치 투자를 한다면서 잘 알려진 삼성전자, 네이버, 카카오 등을 산다. 이들은 우량주이지 저평가주는 아니다. 그 회사가 좋다는 것을 모르는 사람이 없는데 어떻게 저평가될 수 있을까? 더 재미있는 것은 "반도체 가격이 오를 것 같아 삼성전자를 샀다", "AI 시대 말과 글이 가장 많이 모이는 네이버, 카카오를 샀다"라고 말한다. 당신이 안다면 모두 알고 있다. 저평가되지 않은 것을 샀으니 성공하기 어렵다.

둘째, 잘못된 우량주를 사기 때문이다. 잘못된 우량주는 어지간해서는 망하지 않는 회사다. 그러면 좋은 거 아닌가? 하지만 망하지 않을 회사 경영진과 직원이 열심히 일할 이유가 있을까? 왜 많은 취준생이 공기업을 갈까? 직업 안정성과 워라밸[18] 때문이다.

---

17) 듣보잡 : 듣도 보도 못한 잡것의 줄임말
18) 워라밸 : Work and Life Balance의 준말. 정시퇴근, 낮은 업무강도로 일과 삶의 균형을 갖는다는 뜻

급여가 약간 적긴 해도 망할 리 없으니 열심히 일하지 않아도 된다. IMF 시절 현대증권 직원이 추천했던 한국전력은 당시 시가총액 1위였고, 지금도 좋은 회사다. 하지만 사지 않았던 이유는 망하지 않을 회사였기 때문이다.

셋째, 제값 또는 그 이상으로 가격이 오를 때('별의 순간'이라고 하자)까지 기다리지 못해서다. '별의 순간'에 팔아야 한다. 하지만 언제인지 아무도 모른다. 몇 년이 걸리기도 하고, 솔직히 온다는 보장도 없다. 그래서 제대로 기다리는 사람이 거의 없다. 일례로 2020년 3월, 코로나19가 왔을 때 삼성전자는 42,300원까지 떨어졌다. 2021년 여름 삼성전자는 8만 원을 넘겼다. 하지만 삼성전자로 돈 번 사람은 별로 없다. 겨우 1년 6개월을 기다리지 못하고 그 전에 팔았기 때문이다.

가치 투자로 성공하려면 세 가지를 기억하라. 저평가, 우량주, 기다림이다. 저평가란 그 회사가 좋은 회사라는 것을 사람들이 몰라야 한다. 그리고 제대로 우량해야 한다. '별의 순간'까지 기다려야 한다. 이 세 가지를 못 해서 주변에 가치 투자로 성공한 사람이 별로 없다. 그러면 어떻게 해야 이 세 가지를 해내서 가치 투자로 성공할 수 있을까?

저평가주를 고를 때 하지 말아야 할 세 가지

가치 투자에서 가장 중요한 것은 저평가된 종목을 고르는 것이다. 저평가 종목 유형은 성장주, 독점주, 턴어라운드주, 변화선도주가 있다. 이 부분은 짧게 설명할 수 없어 뒤에서 자세히 소개하겠다. 먼저 저평가주를 고를 때 하지 말아야 하는 실수를 설명하겠다.

첫 번째 실수는 '남 이야기를 듣는 것'이다. 뉴스를 보고 고르는 것, 누군가 추천해준 종목을 고르는 것, 남에게 물어보고 결정을 바꾸는 것이다. 방송, 기사, 유튜브로 취재하고 편집하고 뉴스에 나올 정도라면 이미 늦었다. 남이 추천하는 것도 마찬가지다. 왜 추천하겠나? 그 사람이 가지고 있기 때문이다. 스스로 골랐다면 남에게 묻지 마라. 당신을 사랑하는 사람일수록 당신의 선택이 틀렸다며 반대할 것이다. 미래는 아무도 몰라서 모두 위험해 보인다. 사랑하는 사람이 위험에 빠지는 것을 원하는 사람은 없다.

두 번째 실수는 주가 저평가를 숫자로 확인하고 싶어 한다. 재무제표, 과거와 현재 주가, 경쟁사 주가 등을 비교한다. 시간 낭비다. 절대 확인할 수 없다. '적정 주가 구하기'에서 소개했던 CJ제일제당, 오뚜기, 농심, 대상을 비교한 자료 2-4를 다시 살펴보자(123페이지 참조). 순이익 기준 '대상', 순자산 기준 '농심', ROE 기준 'CJ제일제당'이 저평가됐다. 여러분이라면 오랜 저축과 위험한 투자로 마련한 피 같은 내 시드머니 1~2억 원을 어디에 투자하겠는가? 저평가는 숫자로 나타나지 않는다.

세 번째 실수는 금리, 환율, 유가, 경기 같은 거시경제의 변화에서 저평가 종목을 찾는 것이다. 예를 들어 금리가 오르면 좋아질 기업, 원 달러 환율이 낮아지면 좋아질 기업, 유가가 오르면 좋아질 기업은 저평가 종목이 아니다. 게다가 거시경제는 기업보다 더 예상하기 어렵다. 이해관계가 복잡하며 전 세계 정부, 은행, 부자, 천재들이 움직인다. 절대 예측할 수 없다. 기업의 상품이나 서비스를 보는 게 훨씬 쉽다.

정리하자면 첫째, 남의 이야기를 듣지 마라. 특히 뉴스, 추천종목, 남에게 묻기를 하지 마라. 둘째, 저평가 여부를 숫자로 확인하려 하지 마라. 셋째, 금리, 환율, 유가, 경기 같은 거시경제의 변화에서 저평가를 찾지 마라. 절대 찾을 수 없다.

제대로 된 우량주란, 착하고 정직하고 능력 있는 최대 주주와 대표이사가 있는 회사다

우량주라고 하면 보통 순이익이 계속 플러스이고, 빚은 적으며, 그 적은 빚도 언제든 갚을 능력이 있는 회사를 뜻한다. 이런 회사는 갚아야 할 빚을 갚지 못해 부도가 날 위험이 거의 없다. 하지만 시대가 변했다. 상장 회사는 은행에서 돈을 빌려주지 않아도 주식 시장에서 쉽게 돈을 조달할 수 있다. 만일을 대비해서 과도하게 돈을 쌓아놓지 않아도 된다. 그래서 지금 가장 중요한 우량주의 기준은 '최대 주주와 대표이사가 착하고 정직하며 능력 있느냐?'다. 그들이 못되고, 정직하지 않으며, 무능해서 배임·횡령이나 분식회계를 하면 상장 폐지가 될 수 있다.

그러면 어떻게 하면 착하고 정직하며 능력 있는 최대 주주 또는 대표이사인지 알 수 있을까? 먼저 회사의 주도권을 가진 사람이 최대 주주인지, 대표이사인지부터 확인해야 한다. 대부분 최대 주주가 갖고 있다. 최대 주주가 대표이사라면 더 볼 필요 없다. 하지만 대표이사가 가진 경우가 있다. 최대 주주였던 아버지가 돌아가시고 경험이 부족한 2세, 3세가 최대 주주인 경우, 또는 국내 사정을 잘 모르는 어수룩한 외국계 펀드가 최대 주주인 경우다. 또는 스타 경영자인 대표이사에게 최대 주주가 전권을 위임한 경우도 있다. 어쨌거나 회사 주도권자가 누군지 제일 먼저 확인하라.

이제 회사 주도권자가 착하고 정직하며 능력 있는지 어떻게 알 수 있을까? DART, 인터넷 검색, KIND(한국거래소가 운영하는 공시 채널, kind.krx.co.kr)를 통해 알 수 있다. DART에서 그 회사 사업보고서 또는 반기나 분기보고서의 'Ⅱ. 사업의 내용'을 찬찬히 읽는다. 회사의 기회와 위기를 사실대로 정직하게 설명하는가? 아니면 장밋빛 전망으로 잘될 거라고 자랑하고 있는가? 그것만 봐도 회사 주도권자가 어떤 사람인지, 어떤 의도가 있는지 어렴풋이 알 수 있다.

그리고 그 주도권자 이름을 인터넷에서 검색해보라. 회사에서 낸 듯한 보도자료는 볼 필요 없다. 상장사 주도권자쯤 되는 사람이라면 어떻게 살아왔는지 지금까지 어떤 말을 했었는지 확인할 수 있다. 감추고 싶었던 과거가 있을 수도 있다. 마지막으로 KIND를 본다. KIND에서는 그 회사의 불성실공시법인 지정 여부와 누적벌점 등을 확인할 수 있다. 이 정도만 살펴도 착하고 정직하며 능력 있는 주도권자인지, 아닌지 어느 정도 알 수 있다. 이런 사람이 운영하는 회사가 우량주다. 이 사람과 반대되는 사람은 누굴까? 불확실한 미래를 과시하고 뽐내지만, 실적은 그저 그런 사람이다. 그런 사람이 운영하는 회사가 우량하지 않은 회사다.

기다리는 방법, 별의 순간이 온다는 믿음과 안 와도 괜찮다는 긍정

가치 투자는 시간을 계산하지 않는다. 저평가된 종목이 제값 이상을 받는 '별의 순간'을 하염없이 기다려야 한다. 시간은 맞출 수도 없거니와, 직업·직장이 있는 사람들은 그럴 시간이 없다. 시간은 저평가된 우량주 찾는 데 다 써도 모자라다. 언제 올지 모르고, 오지 않을지도 모르는 그 '별의 순간'을 기다리는 방법은 딱 하나다. 기다림을 즐겨라. 그리고 매일 되뇌인다. "별의 순간이 오지 않더라도 나는 지금 충분히 행복하다."

기다릴 때 최대의 적은 '별의 순간이 오지 않으면 어쩌나?'라는 초조함과 두려움이다. 초조하고 두려운 것은 당연하다. 내가 먹고 사는 데 쓰는 돈을 제외한 모든 여윳돈을 투자했다. 번지점프를 뛰어내리기 전 '나를 묶은 끈만 풀릴 것 같은' 그런 느낌이다. 이것을 극복하려면 그 순간이 반드시 온다는 믿음과 오지 않아도 괜찮다는 마음을 가져야 한다. 그렇지 않으면 기다릴 수 없다. '다른 종목이 내 종목보다 더 올랐다. 내 종목이 망하거나 상장 폐지될 것 같다' 같은 초조함과 두려움을 이겨내지 못하면 별의 순간은 절대 오지 않는다.

:: 결론

집을 살 수 있는 주식 투자법은 '가치 투자'다. 이 가치 투자를 성공하려면 저평가된 우량주를 사서 기다려야 한다. 저평가 종목을 고를 때 하지 말아야 할 것은 첫째 남의 말을 듣는 것, 둘째 가치를 숫자로 계산하는 것, 셋째 금리, 환율, 유가, 경기 변동에서 저평가를 찾는 것이다. 우량주란 최대 주주나 대표이사가 착하고 정직하며 능력 있는 회사다. 기다리는 방법은 '별의 순간'이 반드시 온다는 믿음과 오지 않아도 괜찮다는 긍정이다. 이제부터 가치 투자에서 가장 중요한 저평가 종목 찾는 법을 알아보자.

가치 투자 전략

성장주 투자

이제 가치 투자에서 가장 중요한 저평가 종목 찾는 법을 소개하겠다. 앞서 소개한 대로 가치 투자에서 저평가주는 성장주, 독점주, 턴어라운드주, 변화선도주다. 이 종목들을 어떻게 찾는지, 대략 언제 사서 언제 팔아야 하는지도 함께 소개하고자 한다.

성장주 투자란?

가치 투자 방법 중 성장주 투자란 '계속 성장하는 종목을 찾아 투자하는 것'이다. 여기서 성장 기준은 '시가총액'이다. 즉 회사의 가치가 계속 성장해야 한다. 많은 사람이 매출이나 이익이 성장하는 회사라고 생각한다. 틀렸다. 매출이나 이익이 성장해서 시가총액이 성장했을까? 반드시 그렇지는 않다. 주식 투자의 목적은 돈을 버는 것이다. 좋은 회사를 찾는 것이 아니다. 따라서 성장주 투자는 시가총액이 계속 오르는 회사에 투자하는 것이어야 한다.

종목 전략 : 네이버 금융–국내증시–시가총액–종목별 10년 차트 상승, 공시–사업의 내용

성장주를 찾는 것은 아주 쉽다. 성장 기준이 '시가총액'이기 때문이다. '네이버 금융–국내증시–시가총액'을 선택한다. 그러고 나서 종목명을 찍어 10년 차트를 보고 계속 오르고 있는 회사를 선택한다. 그 종목의 '공시–사업보고서–Ⅱ. 사업의 내용'에서 어떤 사업으로 계속 오르는지 본다. 그 사업이 앞으로도 잘될 것 같다면 그것이 성장주다.

예를 들어 2021년 7월 7일, 네이버 금융에서 시가총액을 선택했다. 성장 기준인 시가총액이 큰 것부터 봐야 한다. 가장 첫 번째 있는 것은 삼성전자다. 삼성전자는 대표적인 성장주다.

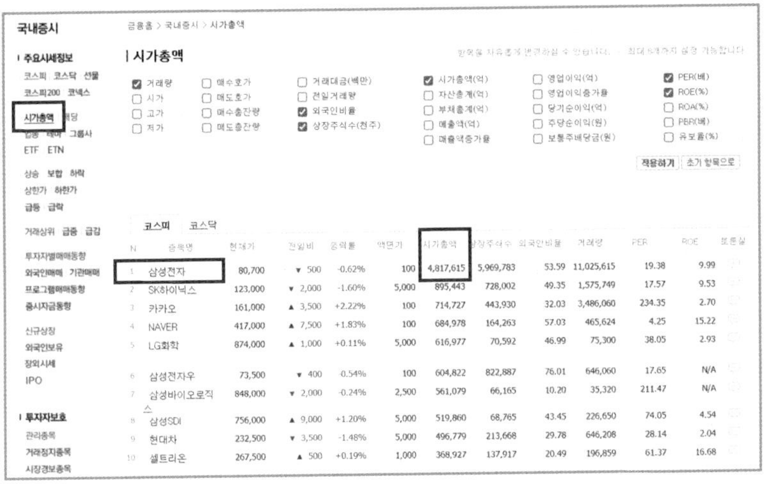

국내증시

금융홈 > 국내증시 > 시가총액

시가총액

코스피 코스닥

N	종목명	현재가	전일비	등락률	액면가	시가총액	상장주식수	외국인비율	거래량	PER	ROE
1	삼성전자	80,700	▼ 500	-0.62%	100	4,817,615	5,969,783	53.59	11,025,615	19.38	9.99
2	SK하이닉스	123,000	▼ 2,000	-1.60%	5,000	895,443	728,002	49.35	1,575,749	17.57	9.53
3	카카오	161,000	▲ 3,500	+2.22%	100	714,727	443,930	32.03	3,486,060	234.35	2.70
4	NAVER	417,000	▲ 7,500	+1.83%	100	684,978	164,263	57.03	465,624	4.25	15.22
5	LG화학	874,000	▲ 1,000	+0.11%	5,000	616,977	70,592	46.99	75,300	38.05	2.93
6	삼성전자우	73,500	▼ 400	-0.54%	100	604,822	822,887	76.01	646,060	17.65	N/A
7	삼성바이오로직스	848,000	▼ 2,000	-0.24%	2,500	561,079	66,165	10.20	35,320	211.47	N/A
8	삼성SDI	756,000	▲ 9,000	+1.20%	5,000	519,860	68,765	43.45	226,650	74.05	4.54
9	현대차	232,500	▼ 3,500	-1.48%	5,000	496,779	213,668	29.78	646,208	28.14	2.04
10	셀트리온	267,500	▲ 500	+0.19%	1,000	368,927	137,917	20.49	196,859	61.37	16.68

자료 2-11. 네이버 국내증시 시가총액 화면

'삼성전자'를 클릭하면 선차트가 나오는데 여기서 '10년'을 누른다. 10년간 주가가 다음과 같이 계속 올랐다면 '전자공시-사업보고서-Ⅱ. 사업의 내용'을 본다. 삼성전자 사업별 매출 비중은 가전 20%, 스마트폰 40%, 반도체 30%, 디스플레이 10%다. 이와 관련해 이렇게 예상할 수 있다. 가전과 스마트폰은 꾸준히 팔린다. 반도체와 디스플레이는 성장한다. 자동차도 반도체가 없어 못 만드는 세상이 됐기 때문이다. 디스플레이는 계속 성장한다. TV, 노트북, 스마트폰, 자동차, 심지어는 냉장고에도 디스플레이가 있다.

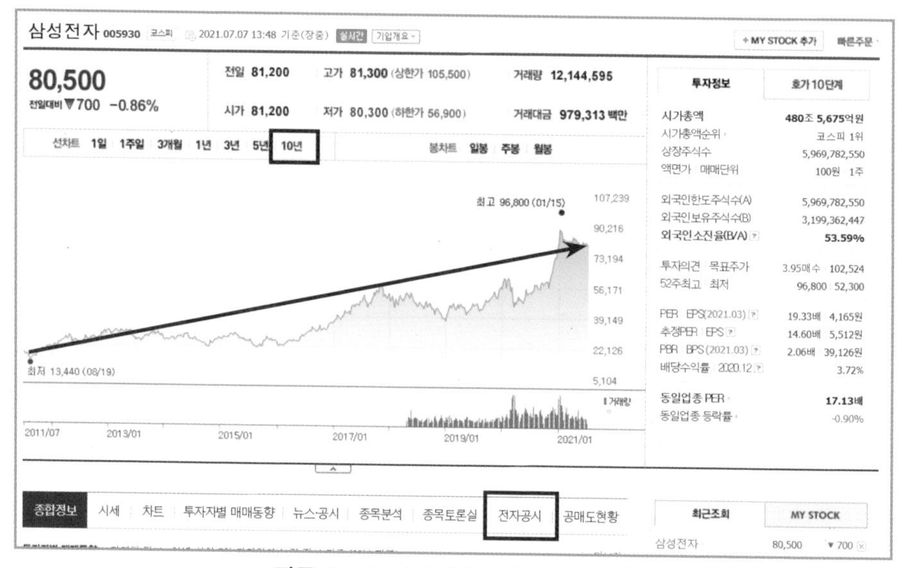

자료 2-12. 삼성전자 10년 차트 화면

'삼성전자'는 참 놀라운 회사다. 끊임없이 혁신하고 성장한다. 이게 얼마나 대단한지 회사에 다니고 장사를 해본 사람은 안다. 나도 삼성전자에서 일하는 친구가 몇 명 있다. 2010년 남유럽 경제위기가 발생했을 때였다. PIGS(포르투갈, 이탈리아, 그리스, 스페인)가 공공지출은 많은데, 세금이 잘 걷히지 않아 국가부도 위기를 맞았다. EU에는 IMF 같은 구제금융이 없었다. 국가부도 위기가 세계로 전파되며 불황이 왔다.

당시 삼성전자에 투자했던 나는 속이 탔다. 그래서 삼성전자 다니는 친구들에게 전화했다.

"지금 세계 경제가 어려우니 수출이 힘들겠네. 목표 달성 못 하겠다. 여러 사람 잘리겠구만. 넌 괜찮아?"

친구는 이렇게 대답했다.

"아니, 아마 해낼 거야. 언제나 그래 왔듯이."

깜짝 놀랐다. 당시 내가 다니던 회사는 목표를 달성한 적이 거의 없어서 더 놀랐다. 하지만 이내 고개가 끄덕여졌다. 그런 회사이기 때문에 '자료 2-12' 같은 차트가 나오는 것이었다. 2013년쯤 유럽 위기가 극복되자 삼성전자는 위기 때보다 2배 이상 올랐다.

시가총액이 끊임없이 오르는 회사가 성장주다. 그것은 주가가 끊임없이 오른다는 뜻이다. 시가총액이 높은 회사는 다 그런 것 같지만 살펴보라. 그렇지 않다. 따라서 시가총액이 계속 오르는 종목 공시에서 'Ⅱ. 사업의 내용'을 보라. 앞으로도 계속 오를 것 같다면 성장주다.

매수 전략

성장주는 아무 때나 사도 된다. 계속 오르기 때문에 돈 있을 때 사서 계속 가지고 있으면 돈을 벌 수 있다. 성장주 투자는 시드머니를 모아서 할 필요가 없다. 오히려 성장주 투자가 시드머니를 모으는 방법이다. 적금처럼 성장주를 계속 사다 보면 어느새 1~2억 원이 되어 있다. 월 100만 원씩 1.5%로 2년간 적금하면 2,432만 원이 된다. 유럽 금융 위기가 한창이던 2011년 1월부터 2012년 12월까지 삼성전자를 매월 초 100만 원씩 샀다면 3,215만 원이 된다. 세후 815만 원, 연이율 17%다. 적금과는 비교할 수 없다.

단, 살 때 주의할 점이 있다. 떨어지는 날 사라. 주가가 떨어지는 날 오전, 거래되는 가격보다 낮은 가격에 '지정가 10단계 주문'으로 매수 주문을 넣는다. 오후에 일부 또는 전부 체결될 것이다. 이런 식으로 사야 한다. 투자는 싸게 사서 비싸게 파는 것이다. 주식은 떨어지는 날 사야 싸게 살 수 있다. 물론 내일 더 떨어질 수도 있다. 하지만 장기적으로는 계속 오르는 성장주 아닌가? 전체적으로 주식 시장이 좋지 않거나 악재가 있다면 더욱 좋다. 그럴 때 최대한 싸게 사라. 걱정하지 마라. 당신이 고른 종목은 언제나 그랬듯이 그 어려움을 극복할 것이다.

매도 전략

성장주 투자의 최고 장점은 사고파는 타이밍을 크게 신경 쓸 필요가 없다는 것이다. 성장주 매도 전략은 돈 필요할 때 파는 것이다. 돈을 계속 모으기만 할 수는 없다. 쓸데가 있어서 모으는 것이다. 본인이나 가족 병원비처럼 꼭 필요한 때에는 팔아서 써야 한다. 그리고 여유 있을 때 다시 사서 모으면 된다. 또는 더 좋은 성장주가 있다면 판다. 주말에 서너 시간 정도 주식을 위해 시간을 내라. 그리고 두세 종목 정도 깊이 있게 보자. 봐야 할 것은 공시한 사업의 내용이고, 해야 할 일은 지금 가지고 있는 종목과 비교하는 것이다. 비교하다 보면 현재 보유한 종목을 더 깊이 이해하게 된다.

하지만 더 좋은 종목을 찾았다고 해서 갖고 있던 종목을 섣불리 팔면 안 된다. 그다음 달부터 새로 발굴한 종목을 산다. 사서 가지고 있어 보면 제대로 발굴했는지 알 수 있다. 기존에 갖고 있던 종목보다 더 많이 오를 것이다. 그렇게 결과가 확인되면 갖고 있던 종목을 서서히 판다. 주의할 점은 두 가지다. 첫째, 절대 손해 보고 팔면 안 된다. 둘째, 오르는 날 '지정가 10단계 주문'으로 팔아라. 주식은 오르는 날 팔아야 비싸게 판다. 내일 더 오를 수도 있지만, 미련 갖지 마라. 전체적으로 주식 시장이 좋거나 호재가 있다면 더욱 좋다. 그럴 때 최대한 비싸게 팔아라.

리스크 및 대응 방법

성장주 투자의 최대 리스크는 '마음'이다. 성급함, 욕심, 호기심이다. 성장주 투자의 최대 리스크는 사실 성장하지 않는 것, 즉 주가가 오르지 않는 것이다. 하지만 이것은 모든 주식 투자가 갖는 리스크다. 매주 두세 종목을 찾아 사업 내용을 비교하면 어느 정도 해소된다. 하지만 성급함, 욕심, 호기심 때문에 성장주 투자를 못 한다. 사실 성장주 투자뿐만 아니라 가치 투자를 못 한다.

성급함. 다른 종목들이 내가 고르고 고른 성장주보다 더 빠르게 오르는 것 같다. 욕심. 다른 종목들이 내 성장주보다 더 많이 오르는 것 같다. 호기심. 다른 종목이 내 성장주보다 새롭고 흥미롭다. 그래서 내 성장주를 팔고 더 빠르고 많이 오를 것 같은 새롭고 흥미로운 종목을 사게 된다. 주식 투자를 해본 사람들은 모두 느껴봤을 것이다. 이렇게 리스크가 발생한다. 이 리스크가 발생하면 두 가지 대응 방법이 있다. 하나는 '손절'이고 다른 하나는 존버다.

'손절이냐? 존버냐? 이것이 문제로다.' 주식 투자를 하면 늘 겪는 일이다. 대부분의 전문가는 '손절'도 기술이라며 '손절'하라고 한다. 나는 이 책을 읽는 분들께 말씀드리고 싶다. '존버'하라. 위험하다는 말에 동의한다. 하지만 나 역시 '존버'로 돈을 벌었다. 회사가 망하지 않으면 언젠가 다시 오른다. 그때까지 기다려야 한다. 망할 수도 있다. 하지만 회사는 쉽게 망하지 않는다. '손절'하면 "내가 팔면 오른다"는 게 무슨 뜻인지 알게 된다. '손절'과 '존버'에 대해서는 추후 자세히 설명하겠다.

하지만 '존버'는 매우 고통스럽다. 따라서 처음부터 존버할 일을 만들지 않는 것이 중요하다. 처음 고른 성장주를 계속 가지고 있자. 단, 이것을 대신할 만한 훨씬 더 좋은 성장주를 찾을 때까지 가지고 있어야 한다. 성장주뿐만 아니라 다른 가치 투자 대상인 독점주, 변화선도주도 따분하고 지루하다. 이 따분함과 지루함을 이겨내야 한다. 새로운 종목을 찾으면 이것이 성급함, 욕심, 호기심 때문인지 항상 마음을 점검하라. 그렇지 않으면 '존버'의 길을 가게 된다.

사례

내 성장주는 '삼성전자'다. 주식 투자를 시작할 때부터 사야 하는 리스트에 항상 있었다. 지금도 주식 투자를 잠깐 쉬었다가 다시 시작할 때 항상 삼성전자를 사면서 시작한다. 삼성전자를 볼 때마다 일종의 자괴감이 든다. 내 투자 성과가 삼성전자를 사서 모으는 것보다 못했기 때문이다. 1998년 삼성전자가 4만 원일 때부터 살지, 말지 고민했다. 삼성전자는 2018년 3월, 50:1 액면분할[19]을 했으므로 800원일 때부터 고민한 것이다. 2021년 7월 10일 기준, 8만 원이다. 1월에는 9만 원이 넘기도 했다. 23년 만에 100배가 넘었다.

내 투자 성과는 100배에 크게 못 미친다. 샀어도 팔고, 자꾸 다른 것을 샀다. 성급함, 욕심, 호기심 때문이었다. 경기가 안 좋다. 외국인과 기관이 판다. 반도체 가격이 떨어진다. '이번에는 힘들 거야' 하면서 팔았다. 성급했다. 지금은 망해서 이름도 기억 안 나는 잡주[20]들에 투자했다. 상한가가 12%나 15% 하던 시절에는 하루 10개가 넘는 상한가 종목들이 있었다. 잡주들이 상한가를 치면 거기 마음을 빼앗겼다. 심지어 삼성전자를 샀다고 하면 왠지 하수 같고, 남이 들어본 적 없는 종목을 샀다고 하면 왠지 고수 같아서 사기도 했다. 욕심이다. 허영심도 있었다.

새로운 것에 계속 도전하고 싶었다. 뻔한 종목 하나만 계속 사고 싶지 않았다. 지루했다. 그렇게 해도 삼성전자를 계속 산 것보다 더 나은 성과를 얻을 수 있을 거라고 생각했다. 값진 도전이었

---

19) 액면분할 : 주식 액면가격(초기가격)을 나눠서 주식 수를 증가시킴. 대부분 주가가 너무 비싸 거래가 어려울 때 거래가 잘되도록 하기 위함

20) 잡주 : 저조한 실적이나 각종 사고 등의 이유로 증권 시장에서 나쁘게 평가받는 주식들

다. 덕분에 나는 책을 한 권을 쓸 수 있을 정도로 많은 경험을 했다. 하지만 성과는 삼성전자를 이길 수 없었다. 재미있는 것은 나는 지금도 삼성전자를 갖고 있지 않다. 더 나은 성과를 낼 수 있어서가 아니다. 나는 호기심 많고 그것을 채워야 행복하다. 인생은 돈이 전부는 아니더라.

:: 결론

성장주 투자란 '계속 성장하는 종목을 찾아 투자하는 것'이다. 여기서 성장 기준은 '시가총액'이다. 성장주는 ① '네이버 금융-국내증시-시가총액' 선택, ② 종목명을 찍어 10년 차트를 보고 계속 오르고 있는 종목 선별, ③ 그 종목의 '공시-사업보고서-Ⅱ. 사업의 내용'에서 어떤 사업을 하는지 본다. 그 사업이 계속 잘될 것 같다면 성장주다. 사고파는 시점은 크게 상관없다. 내릴 때 사고 오를 때 팔아라. 그리고 '지정가 10단계 주문'을 하라. 성장주 투자에서 가장 중요한 것은 '마음'이다. 성급함, 욕심, 호기심으로부터 마음을 지켜라.

독점주 투자

독점주 투자란?

가치 투자 방법 중 독점주란 '한 분야를 독점하고 있고, 그 분야가 성장하는 종목'이다. 보통 독점주라고 하면 한 분야를 독점하는 회사를 생각한다. 이것은 매우 위험하다. 독점하고 있는 분야가 성장하지 않으면 아무 소용없다. 독점이니 가격을 올리면 된다고 생각할지도 모르겠다. 쉽지 않다. 독점 대부분은 정부 규제를 받으며, 정부 규제를 받지 않더라도 함부로 가격을 올리면 여론의 질타를 받고 그 틈에 경쟁사가 진입한다. 따라서 독점주 투자란 '성장하는 분야를 독점하고 있는 종목을 사는 것'이다.

종목 전략 1 : 생활 속에서 찾을 수 있는 독점주

우선 생활 속에서 찾을 수 있는 독점주가 있다. 주변 모든 사람이 한 회사의 제품이나 서비스를 쓰고 있다면, 그 회사가 바로 '생활 속에서 찾을 수 있는 독점주'다. 그런 회사를 찾았다면 계속 성장할지 생각해본다. 그리고 어떻게 그 독점을 깰 수 있을지 생각해본다. 독점하고 있는 분야가 성장하고 있고, 그 독점을 깨는 것이 쉽지 않다면 좋은 투자 대상이다.

대표적인 예로 카카오톡이 있다. 수많은 메신저가 있다. 하지만 우리나라에서 카카오톡을 쓰지 않는 사람은 거의 없다. 성장하는 분야일까? 이미 온 국민이 다 쓰고 있는데. 이럴 때는 카카오가 어떻게 돈을 버는지 봐야 한다. 네이버 금융에서 카카오에 대한 '전자공시-사업보고서-Ⅱ. 사업의 내용'을 보자. 플랫폼과 콘텐츠에서 5:5로 돈을 벌고 있다. 플랫폼은 카카오톡 내 광고, 선물하기, 쇼핑, 그리고 카카오T와 카카오페이 수수료로 돈을 번다. 콘텐츠는 음악, 게임, 유료 콘텐츠(웹툰 등)로 돈을 번다. 모두 성장하는 분야다.

독점을 깰 방법을 생각해보자. 다른 메신저가 카카오톡을 대신할 수 있을까? 쉽지 않다. 왜냐하면, 사용이 익숙하고 모든 사람이 쓴다. 게다가 카톡방은 얼마나 많은가? 커뮤니티 역할도 하고 있다. 다른 메신저가 카카오톡을 대신하게 된다면, 아마도 카카오톡이 스스로 무너질 때일 것이다. 돈을 더 벌기 위해 고객을 불편하게 할 수도 있다. 커뮤니케이션 방법 자체가 바뀌는데 그 흐름을 따르지 않을 수도 있다. 그때 누군가 더 좋은 서비스를 출시하면 독점이 깨질 것이다.

네이버도 생활 속에서 찾을 수 있는 독점주다. 많은 사람이 검색할 때 가장 먼저 사용한다. 성장하는 분야일까? 네이버 금융에서 네이버에 대한 '전자공시-사업보고서-Ⅱ. 사업의 내용'을 보자. 매출이 검색 50%, 커머스 22%, 핀테크 14%, 콘텐츠 9% 클라우드 5%다. 새로운 것은 계속 생긴다. 그것이 무엇인지 알기 위해 계속 검색해야 한다. 맛집이나 여행지를 찾고 리뷰를 살펴보는 일은 줄어들지 않는다. 길을 찾거나 물건을 사기 위해 상품평을 살피는 것도 마찬가지다. 웹툰도 보고, 음악도 듣고, 결제도 계속한다. 검색, 커머스, 핀테크, 콘텐츠 모두 성장한다.

독점을 깰 방법을 생각해보자. 다른 검색엔진이 네이버를 대신할 수 있을까? 그럴 수 있다. 2000년대 초반 야후가 검색엔진 1위

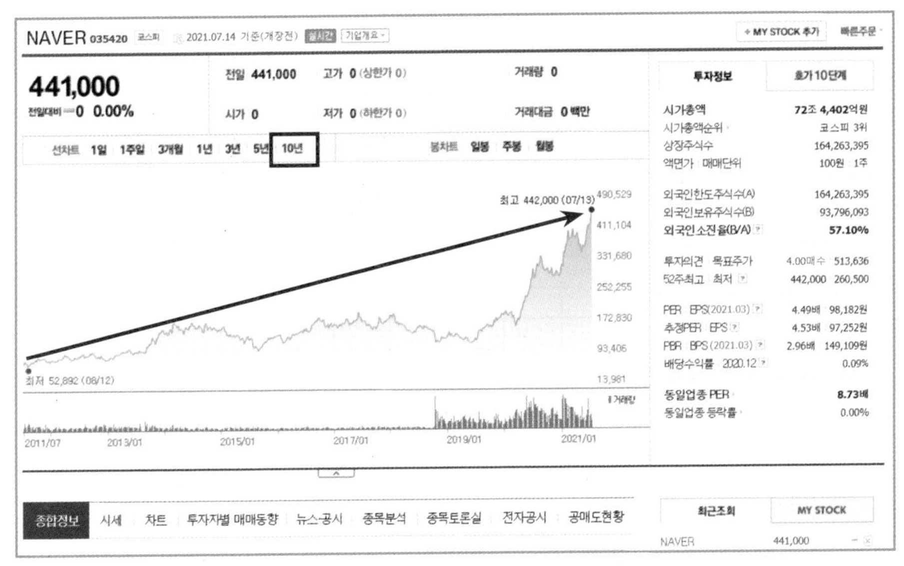

자료 2-13. 네이버 10년 차트 화면

였지만, 검색 품질을 유지하지 못해 몰락했다. 네이버는 검색 품질을 계속 높여 야후를 제치고 한때 80% 이상을 점유했다. 2020년 구글은 검색 점유율을 빠르게 높여 30%를 넘겼고 네이버는 50%대로 떨어졌다. 하지만 구글은 아이폰 유저에게 같은 서비스를 제공하기 힘들고, 우리나라 맞춤 서비스를 할 수 없다는 한계가 있다. 이런 식으로 주위를 잘 살펴보라. 생활 속에서 독점주를 찾을 수 있다.

종목 전략 2 : 공시에서 찾을 수 있는 독점주

공시를 읽어서 찾을 수 있는 독점주도 있다. 네이버 금융에서 종목의 '전자공시-사업보고서-Ⅱ. 사업의 내용'을 보자. 주요 제품이나 서비스 시장 점유율이 50%가 넘는다면 독점주다. 시장 점유율을 알기 어렵다면 '오랜 기술력 등을 바탕으로 높은 시장 점유율을 유지하고 있습니다' 또는 '경쟁업체의 진입이 상당히 어렵습니다'라고 써 놓기도 한다. 그런 독점주를 찾았다면 계속 성장할지 생각해보라. 그리고 어떻게 그 독점을 깰 수 있을지 생각해보라. 성장하고, 독점을 깨기 쉽지 않다면 투자 대상이다. 예를 들어보겠다.

최근 코로나 때문에 쓰레기와 폐기물이 계속 늘어난다는 기사를 읽었다. 관련 회사를 찾아보다가 폐기물 처리를 하는 '코엔텍'이라는 회사를 알게 됐다. '전자공시-사업보고서-Ⅱ. 사업의 내용'을 찾아보니 이런 내용이 있다. '산업폐기물 처리산업은 과점적 성격의 산업으로 경쟁업체의 진입이 상당히 어렵고, 신규 처리업체의 생성이 어려운 산업입니다.' 계속 성장하는 분야인 것은 확실하다. 쓰레기는 늘어나는데 처리할 땅은 점점 줄어들고 있기 때문이다.

어떻게 하면 그 독점을 깰 수 있을까? 사업보고서에서 직접 경쟁업체 진입이 어려운 이유를 알려주고 있다. 첫째, 처리시설을 갖추는 데 돈이 너무 많이 든다. 고객은 장기적으로 계속 쓰레기를 처리할 수 있어야 한다. 갑자기 장소가 모자라서 폐기물을 안 받아주면 정말 곤란하다. 그래서 새로 시작하는 회사는 처음부터 큰 땅과 큰 시설이 필요하다. 둘째, 혐오시설이기 때문에 사람들이 거부해 입지 선택이 어렵다. 셋째, 허가 기준이 까다롭다. 지금도 강한 환경 규제는 점점 강해지고 있다. 이것만 읽어봐도 코엔텍 인근에서 새로운 경쟁자가 나오기 어렵다는 것은 분명하다. 이런 식으로 공시를 읽으며 독점주를 찾을 수 있다.

종목 전략 3 : 전문가로부터 얻는 독점주 정보

내가 주식 투자를 시작한 지 얼마 안 됐던 1998년의 일이다. 친한 친구에게 주식 투자를 시작했다고 하자 '이수화학'을 사라고 추천해주었다. 친구는 명문대 화학공학과를 다니던 수재였고, 그의 아버지도 화학공학과 교수였다. 추천한 이유는 이수화학이 어떤 제품을 생산한다고 했다. 그 제품을 생산하는 공장이 세계에 2개가 있는데, 그중 하나가 폭발했다. 그러니 이수화학이 돈을 많이 벌 것이라고 했다. 그때는 그 말이 무슨 뜻인지 잘 몰랐다. 게다가 당시는 인터넷이 발달하지 않아 사실 확인이 어려웠다. 그래서 사지 않았다가 땅을 치며 후회했다. 이수화학은 1년 만에 5배 넘게 올랐다.

그 이후로는 어떤 분야의 전문가를 만나면, 그분이 자신의 분야에 대해 말하는 것을 주의 깊게 듣는다. 요즘은 그것이 더 쉬워졌다. SNS에 자신의 분야에서 일어나는 일들을 올리는 분들이 늘었기 때문이다. 전문분야라 어렵기는 하지만, 찬찬히 읽다 보면 투자에 많은 도움을 얻는다. 경험상 똑똑한 친구들을 통해 독점주와 관련된 정보를 많이 얻었다.

매수 전략

독점주 매수 전략은 성장주와 다를 것 없다. 찾았다면 최대한 빨리 사야 한다. 시드머니를 모을 필요 없이 가진 돈으로, 그리고 돈 생길 때마다 계속 사라. 그래도 주가가 떨어지는 날 '지정가 10단계 주문'으로 최대한 저가 매수하는 원칙은 지켜야 한다. 전체적으로 주식 시장이 안 좋거나 악재가 있으면 더 좋다. 아무리 독점주라도 급하게 오르지 않는다. 급하게 올랐다면 떨어질 때까지 기다려라. 어떤 종목을 사든지 '안 사면 그만'이라는 느긋한 마음이 중요하다.

매도 전략

독점주 매도 전략은 독점주 분야의 성장이 끝났을 때 판다. 통신주가 좋은 사례다. 모든 사람이 스마트폰을 갖기 전에는 좋은 독점주였다. 하지만 모든 사람이 가졌을 때 더는 성장할 수 없었다. 스마트폰은 두 개씩 가지고 다니지 않는다. 그럴 가능성이 있는지 실제로 두 개를 들고 다녀보니 한 개는 안 쓰게 된다. 담배도 마찬가지다. 인구가 줄어들고 있다. 인구가 줄면 흡연 인구도 줄어든다. 고령화 시대다. 나이가 들면서 끊었던 담배를 다시 피우는 사람이 많을까? 아니면 피우던 담배를 끊는 사람이 많을까?

또 독점이 깨졌을 때 판다. 독점주를 고를 때 어떻게 하면 독점이 깨질지 미리 생각하라. 그 일이 일어났다면 즉시 팔아야 한다. 카카오톡이 돈을 더 벌려고 고객을 불편하게 하거나, 커뮤니케이션 방법 자체가 바뀌는데 그 흐름을 따르지 않는다면 팔아야 한다. 네이버가 검색품질이 점점 나빠져 구글에 지면 팔아야 한다. 코엔텍 인근에 새로운 폐기물 업체가 생겼다면 팔아야 한다. 이수화학과 같은 물질을 생산하는 공장이 생겼다면 팔아야 한다. 실제로 이수화학은 중국에 유사한 공장이 많이 생겨서 주가가 크게 떨어졌다.

리스크 및 대응 방법

독점주 투자의 최대 리스크는 성장하는 독점주가 아닌데, 성장하는 독점주로 잘못 알고 투자하는 것이다. 한국전력, 통신주,

KT&G 같은 종목이다. 그들은 독점 맞다. 하지만 성장하지 않는다. 그래서 주가가 오르지 않는다. 배당주로서는 모르지만 독점주는 아니다. 또한, 독점이 깨졌는데 그것을 모르고 계속 가지고 있는 경우다. 야후 주주들이 대표적이다. 야후가 검색엔진 경쟁력을 잃었을 때 팔아야 했다. 그것을 모르고 계속 사거나 가지고 있던 주주는 큰 손해를 봤다.

이 리스크를 대응하는 방법은 독점 영역이 계속 성장하고 있는지, 독점이 깨지지 않았는지 계속 모니터링하는 것이다. 너무 자주 할 필요는 없다. 분기에 한 번씩 사업보고서가 나올 때만 점검해주면 된다. 점검할 때 공시만 보지 말고 시장 상황도 같이 보라. '전자공시-Ⅱ. 사업의 내용'에서 독점주가 시장 상황을 제대로 인식하지 못하고 있다면 즉시 팔아야 한다.

:: 결론

독점주 투자란 '성장하는 분야를 독점하고 있는 종목을 사는 것'이다. 종목을 찾는 방법은 생활 속에서 찾거나, '전자공시-Ⅱ. 사업의 내용'을 읽고 찾거나, 특정 분야 전문가, 똑똑한 사람들과 대화하며 찾는다. 주의할 점은 '독점한 분야가 성장하는지'와 '독점이 깨지기 어려운지'를 꼭 확인해야 한다. 매수 전략은 종목을 찾았다면 돈 생기는 대로 사되, 최대한 저가 매수를 한다. 매도 전략은 독점 분야의 성장이 멈추거나 독점이 깨졌을 때 판다. 독점주 투자에서 주의할 점은 독점주가 아닌데 독점주라고 생각하는 것이다. 그리고 분기에 한 번씩 독점 분야가 성장하는지 여부와 독점이 깨졌는지를 확인하라.

턴어라운드주 투자

턴어라운드주 투자란?

턴어라운드주 투자란 '지금 적자 회사지만 곧 흑자가 될 것 같은 종목'에 투자하는 것이다. 턴어라운드주 투자는 수익률이 좋다. 왜냐하면, 적자 종목은 가격을 매길 수 없어 주가가 싸다. 이런 회사가 흑자가 되면 가격이 크게 오른다. 이 투자의 핵심은 '적자 회사가 흑자가 될 거라는 것을 어떻게 아느냐?'다. 흑자가 될 줄 알고 샀는데 안 되면 낭패다. 흑자가 될 것이라고 애널리스트가 분석했거나 인터넷 기사가 난다면 이미 늦었다. 그래서 그 회사의 제품이나 서비스를 직접 써볼 수 있거나 자신이 아주 잘 아는 분야의 회사를 찾는다.

종목 전략 : 적자 종목 중 기존 방식 개선, 자존심 버리고 틈새 공략하는 종목

적자 종목을 찾는 방법은 '네이버 금융-국내증시-시가총액'에서 '시가총액, '영업이익', '영업이익증가율', '당기순이익'을 선택해 검색한다. '영업이익'이 마이너스인 종목이 대상이다. 그중 제품과 서비스를 직접 써볼 수 있는 회사, 또는 잘 아는 분야 회사 리스트를 작성한다. 전자공시에 들어가서 '사업보고서-Ⅱ. 사업의 내용'을 살펴본다. 왜 적자인지, 적자를 해소하기 위한 조건이 무엇인지 알 수 있다. 그리고 어떻게 해야 적자가 해소될지 생각해본다. 그런 변화가 일어나면 그 종목을 선택한다.

적자가 해소되는 변화란 무엇인가? 기존의 잘못된 경영을 바로잡으며, 자존심을 버리고 새로운 틈새를 공략하는 것이다. 회사가 이 두 가지를 결정하고 실행하는 것은 힘들다. 영업이익이 적자라는 것은 본업이 잘 안 된다는 뜻이다. 핑계 댈 수 없다. 기존의 일하던 방식을 바꿔야 한다. 하지만 바뀌는 것은 정말 힘들다. 이로 인한 불만을 잘 관리해야 한다. 자존심을 버리는 것도 어렵다. 누구나 비싸고 품질 좋은 고급 분야를 하고 싶다. 자신은 할 수 있다고 생각한다. 하지만 제품과 서비스를 쓰는 고객은 생각이 다르다. 변화, 자존심 버리기, 사람이나 회사나 결정하기도, 실행하기도 쉽지 않다.

턴어라운드주 발굴에 도움이 됐던 대표적인 성공 사례는 '크라이슬러'였다. 적자였던 크라이슬러는 아이아코카(Iacocca)라는 전문경영인을 영입한다. 그는 방만했던 경영을 구조 조정하며 당시 왜건과 대형밴 중심의 미국 자동차 시장에서 소형차와 미니밴으로 틈새를 공략한다. 오일쇼크와 불황이 시작되며, 이 전략은 성공하고 흑자로 전환되어 주가는 크게 올랐다.

매수 전략

그러면 턴어라운드주는 언제 사야 할까? 세 가지 타이밍을 생각할 수 있다. 첫째, 적자 회사가 기존 경영 방식과 자존심을 버리고 새로운 방향으로 전환하겠다고 발표한 시기다. 둘째, 흑자 전환이 예상된다고 기사가 나온 시기다. HTS나 네이버에서 '흑자 전환'으로 검색하면 쉽게 찾을 수 있다. 셋째, 흑자 전환을 한 다음에 사는 것이다. 앞의 세 가지 타이밍 중 언제 사면 가장 수익률이 높을까? 답은 셋 다 아니다.

매수 전략은 다음과 같다. 상품과 서비스를 써볼 수 있는 종목은 상품과 서비스를 써보고 좋아졌으면 산다. 상품과 서비스를 써볼 수 없는 종목은 구조 조정, 조직 개편, 자산 매각 등이 마무리되면 산다. 턴어라운드주 투자에서 흑자 전환보다 더 중요한 것은 '기업이 진정 환골탈태했느냐?'다. 흑자 전환을 했더라도 환골탈태하지 못했다면 주가는 다시 떨어진다. 적자가 계속되더라도 환골탈태에 성공했다면 흑자 전환은 시간문제다.

매도 전략

턴어라운드주 매도는 다른 가치 투자와 같다. 새롭게 시작한 분야의 성장이 끝났을 때, 또는 경쟁우위를 잃었을 때 팔면 된다. 턴어라운드에 성공한 기업은 환골탈태에 성공한 기업이다. 환골탈태를 통해 이미 성장주나 독점주가 되어 있다. 성장이 끝나거나 경쟁우위를 잃었더라도 다시 성공할 힘이 있다. 성공 경험이 있기 때문이다. 성공 경험은 조직의 DNA가 되어 계속 성공할 수 있게 한다. 그래서 굳이 팔지 않아도 된다.

리스크 및 대응 방법

턴어라운드주 투자의 가장 큰 리스크는 '기업이 환골탈태하지 못했는데 사는 것'이다. 회사가 방향 전환을 선언했다고 사면 안 된다. 발표 후 내부 직원 반발, 경영자의 무능으로 기존의 일하는 방식과 자존심을 버리지 못할 수 있다. 또한, 불필요한 사업 부문 또는 자산 매각이 실패해서 새로운 시작을 할 자금줄이 막히기도 한다. 이런 이유로 턴어라운드가 늦어지거나 실패한다. 그래서 절대 서두르면 안 된다. 두 가지를 확인하라. 내부 직원 반발, 불필요한 사업 부문과 자산 매각, 이 두 가지가 잘 끝나면 사라. 그래도 늦지 않는다.

사례 1 : 하이닉스

내 첫 번째 턴어라운드주 투자다. IMF로 현대전자와 LG반도체가 합병하며 탄생한 하이닉스는 계속 힘든 시절을 보내고 있었다. 채권단은 미국 반도체 회사 마이크론에 팔려고 했다. 매각 실패를 대비해서 자구책을 세워놓았고 그것이 '메모리 집중'이었다. 2002년 5월, 마이크론과 협상은 결렬되고 자구책이 실행됐다. 이때부터 나는 관심을 가졌다. 그리고 2002년 10월, 500원에 샀다. 이후 21:1 감자됐으므로 약 1만 원에 산 셈이다.

하이닉스는 2003년 3월, 21:1 감자를 결의한다. 주가는 감자 직전 2,600원(감자 전 125원)까지 떨어졌다. 내가 산 가격에서 4분의 1 토막이 됐다. 얼마나 힘들었는지 모른다. 이때 깨달았다. 감자가 있으면 감자하는 그날 사야 한다. 그날이 가장 싸다.

감자 이후에도 첩첩산중이었다. 감자해서 재무구조가 좋아졌다고 사업이 잘되는 것은 아니었다. 비메모리 부문을 '매그나칩반도체'라는 회사로 만들어 분사했다. 매각이 쉽지 않았다. 결국, 미국 시티그룹 벤처캐피털에 9,543억 원에 매각됐는데 그때가 2004년 10월이었다. 그리고 삼성전자보다 한참 뒤떨어진 수율을 올려야 했다. 그 방법으로 당시는 금기시되어 있던 반도체 생산기계 재활용을 시작했다. 획기적인 방법이었다. 그제야 내가 산 가격을 넘어서기 시작했다. 결국, 2007년 중순에 3만 원대에 팔아 5년 만에 3배를 벌었다.

해피엔딩이었지만 아쉬운 투자였다. '매그나칩 반도체'가 매각되고, 반도체 생산 기계 재활용으로 수율이 좋아진 것을 확인하고 사야 했다. 그렇게 했다면 2004년 10월에 투자해서 2005년 중순까지 1년에 3배 수익을 낼 수 있었다. 너무 일찍 투자해서 긴 시간 마음고생을 했다. 물론 감자하는 날 샀다면 2,600원(감자 전 125원)에 살 수 있었지 않겠느냐는 사람도 있다. 하지만 미래는 모른다. 당시 하이닉스처럼 큰 회사가 감자한 경우나 감자 이후 살아난 사례를 찾지 못했다. 감자한 날 샀으면 12배 벌 수 있었다는 것은 지나고 나서 너무 쉽게 이야기하는 것이다. 따라서 내부 직원의 반발 없이 불필요한 사업 부문과 자산 매각을 잘 해냈는지 보고 사야 한다.

사례 2 : JYP엔터테인먼트

내 두 번째 턴어라운드주 투자는 JYP엔터테인먼트다. 나는 음악을 사랑한다. 그뿐만 아니라 걸그룹 뮤직비디오를 보는 것을 매우 즐긴다. 가장 좋아하는 그룹은 SM엔터테인먼트의 소녀시대지만, JYP엔터테인먼트의 원더걸스, 미쓰에이, 트와이스도 좋아한다. 2013년까지 JYP엔터테인먼트는 적자였다. 상장된 JYP엔터테인먼트와 비상장사 JYP가 나뉘어 있었는데, 실제 연예인들은 모두 비상장사 JYP와 계약되어 있었다. JYP엔터테인먼트는 도대체 왜 가지고 있는지 모르던 상황이었다.

2013년 6월, JYP엔터테인먼트는 비상장사 JYP와 합병했다. 두 회사가 합병하자 회사는 흑자로 전환됐다. 합병 후 흑자가 되면서 주가도 많이 올랐다. 하지만 합병된 JYP엔터테인먼트가 잘될 것 같지 않았다. 원더걸스의 미국 진출 실패로 JYP엔터테인먼트는 2015년까지 계속 힘들었다. 좋은 가수와 히트곡이 적어 수지가 혼자 먹여 살린다고 '수지는 JYP의 소녀 가장'이라고 불리기도 했다. 나는 그 이유가 박진영 때문이라고 생각했다. 그는 훌륭한 작곡가이지만, 그가 만들었다는 티가 난다. 자꾸 듣다 보면 식상했다. 그래서 JYP엔터테인먼트가 잘될 것 같지 않았다.

2014년 말, 박진영은 자신이 모든 것을 결정하지 않는 시스템을 만들겠다고 했다. 하지만 변화란 어려운 것이다. 정말 그렇게 됐는지 음악으로 확인되어야 한다. 2015년 10월, 트와이스의 〈OOH-AHH하게〉라는 곡이 나왔다. 듣고 깜짝 놀랐다. 박진영 색깔이 전혀 없다. 정말 좋은 곡이었고, 멤버들도 너무 예뻤다. 소녀시대 〈Gee〉를 들었을 때 그 느낌이었다. 성공을 확신하고, 2015년 11월에 JYP엔터테인먼트를 4,500원에 샀다.

트와이스는 2016년과 2017년에 우리나라 음악 시장을 석권했다. 〈Cheer UP〉, 〈T.T〉, 〈Knock Knock〉, 〈Signal〉을 계속 히트시켰다. 주가는 계속 올랐다. 과거 소녀시대 〈Gee〉를 듣고 SM엔터테인먼트를 샀을 때처럼 '엔터주는 위험하니 2배만 오르면 팔아야지' 같은 실수를 하지

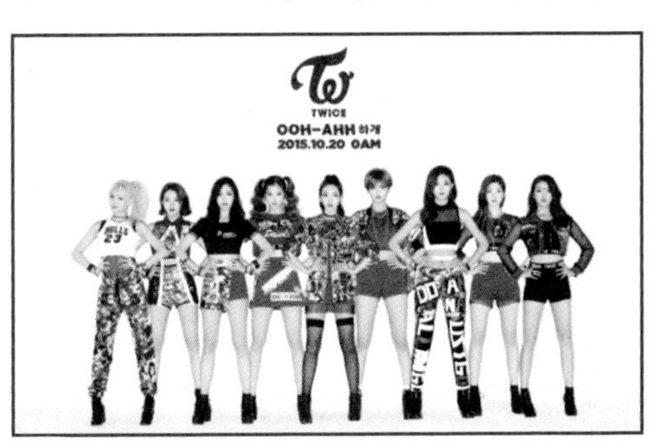

자료 2-14. 트와이스 〈OOH-AHH하게〉
출처 : JYP엔터테인먼트

않았다. 2018년 5월, 〈What is love〉라는 곡이 나왔다. 박진영이 만든 노래다. 좋은 곡이었다. 하지만 이것으로 '박진영이 모든 것을 결정하지 않는 체계가 깨질 것'이라는 두려움이 생겼다. 그래서 2018년 6월, 25,000원에 팔았다. 6배를 벌었다.

트와이스는 여전히 좋은 곡을 내고 있다. 두려워한 것처럼 '박진영이 모든 것을 결정하지 않는 체계'는 깨지지 않았다. 결국 JYP 엔터테인먼트는 박진영만큼 좋은 작곡가가 많은 좋은 회사가 됐고, 주가는 4만 원을 넘었다. 그래도 엔터주 투자가 위험한 것은 사실이다. 엔터주에 투자하면 내 삶의 기쁨인 연예계 뉴스를 볼 때마다 무슨 일이 있을까 봐 조마조마하다. 그래서 일찍 판 것을 후회하지 않는다.

:: 결론

턴어라운드주 투자란 '현재 적자이지만 곧 흑자가 될 것 같은 종목'에 투자하는 것이다. 네이버에서 찾은 적자 종목 중 제품과 서비스를 직접 써볼 수 있는 회사, 또는 잘 아는 분야 회사 리스트를 작성한다. 그중에 기존의 일하는 방식을 바꾸고 자존심 버리고 틈새 공략하는 종목을 고른다. 일하는 방식을 바꾸기 위한 구조 조정, 조직 개편, 자산 매각 등이 성공적으로 마무리되면 매수한다. 또는 상품이나 서비스가 좋아진 것을 확인하고 매수한다. 그리고 성장이 멈췄거나 경쟁우위를 잃었다면 판다. 턴어라운드주 투자 리스크는 환골탈태를 시도했지만 실패했을 때다. 그러니 환골탈태 성공을 확인하고 사는 것이 중요하다.

변화선도주 투자

변화선도주 투자란?

변화선도주 투자란 '새로운 상품이나 서비스로 업계의 판을 바꾸거나 사람들의 삶을 변화시키는 종목'에 투자하는 것이다. 하지만 이런 종목들은 보통 비상장이다. 사고 싶어도 살 수가 없다. 살 수 있어도 재무제표가 험악하거나 리스크가 너무 커서 사기 힘들다. 하지만 이런 종목은 꼭 사야 한다. 상품과 서비스는 연예인과 같다. 많은 사람이 사랑하고 좋아한다면 그 가치는 숫자로 측정할 수 없을 정도로 높다.

종목 전략 1 : 변화선도주를 찾아라

변화선도주를 찾으려면 새로운 것은 빨리 사서 써봐라. 이른바 '얼리어답터'가 되어야 한다. 어떻게 얼리어답터가 될 수 있을까? 간단하다. 새로운 것은 남보다 먼저 사서 써라. 스포츠카, 명품가방, 보석처럼 남에게 과시하는 것들은 제외하자. 식기세척기, 인덕션, 폴더블폰 같은 최신 제품을 써본다. 돈이 안 드는 것도 많다. 앱스토어나 플레이스토어에서 인기 있는 앱을 깔고 써본다. 또는 최신 음악을 들어본다. 그리고 가족, 친구들과 그것들이 왜 인기 있는지 토론해보는 것이다.

이렇게 하는 것을 방해하는 것은 '절약 정신'이다. 멀쩡한 것을 버리고 새로 사거나 필요하지 않은 것도 사야 한다. '절약'은 시드머니를 모을 때까지만 좋다. 시드머니가 모였다면 절약 정신을 버리고 얼리어답터가 되어야 한다. 《성경》 잠언 11장 24절에 이런 말씀이 있다.

"과도히 아껴도 가난하게 될 뿐이다."

명심하라. 아끼면 가난해진다. '아껴야 잘산다'라는 말은 얼핏 논리적으로 들린다. 하지만 그 말은 출처를 알 수 없다. 또, 아껴서 부자 된 사람 없다. 어떤 사유로 부자가 됐는데, 그것을 지키려고 아끼는 부자들이 있을 뿐이다.

내 기억에 남는 변화선도주는 애플이었다. 2009년에 아이폰 예약 가입을 했다. 당시 내 폰은 멀쩡했고, 예약가입은 할인도 없었다. 또한, 당시 애플 주식을 살 수도 없었다. 하지만 얼리어답터가 된 덕분에 컴투스와 게임빌을 발굴해 폰 구입비와 비교도 할 수 없는 큰돈을 벌었다. 그뿐만 아니다. 건당 비용이 나가고 1:1로만 보낼 수 있던 문자메시지 시대는 가고, 여러 명이 한꺼번에 커뮤니케이션을 하고, 비용도 무료인 '카카오톡 시대'가 오는 것을 남보다 먼저 알 수 있었다.

카카오톡을 쓰면서 카카오 주식을 사고 싶었다. 하지만 살 수 없었다. 상장이 되어 있지 않았기 때문이다. 당시도 장외에서 비상장 주식 거래가 있었지만, 카카오 주식은 나오지 않았다. 그러다가 2014년 10월, 다음 커뮤니케이션을 합병하며 우회상장했다. 카카오톡이 삶을 바꿀 거라는 것을 미리 알았음에도 돈을 벌지 못해 억울하다는 생각이 들었다. 이때부터 고민하기 시작했다. 변화선도주는 벤처캐피털이나 돈 많은 투자자가 미리 가지고 있다가 정점에서 상장시켜 판다. 그래서 변화선도주가 상장하면 너무 비싸서 살 수 없다. 그렇다면 개인 투자자는 변화선도주로 어떻게 돈을 벌 수 있을까?

종목 전략 2 : 변화선도주에 투자한 종목을 찾아라

그것은 변화선도주에 투자한 종목을 찾는 것이다. 상장사 중 변화선도주에 미리 투자한 종목들이 있다. 직접 투자하기도 하고 벤처캐피털이나 투자 조합 등을 만들어 투자하기도 한다. 변화선도주가 상장하면 그들은 큰돈을 번다. 그리고 주가도 크게 오른다. 변화선도주에 미리 투자했다는 자체만으로도 그럴 자격은 충분하다.

종목 전략 3 : 변화선도주가 잘될수록 돈을 많이 버는 '관련 종목'을 찾아라

변화선도주 혼자 모든 것을 할 수 없다. 결제나 과금, 포장이나 배송 등 변화선도주가 잘될수록 같이 커지는 것이 있다. 그중 상장된 회사가 있다면 그 회사가 '관련 종목'이다. 변화선도주의 제품이나 서비스를 이용해보면 쉽게 찾을 수 있다. 쿠팡의 예를 들어보자. 쿠팡은 국내에 상장되어 있지 않다. 하지만 로켓페이(현 쿠페이)로 결제하면 '나이스 페이먼츠'에서 결제됐다고 표시된다. 나이스 페이먼츠는 상장사인 나이스정보통신 100% 자회사다. 쿠팡을 쓰는 사람이 많아질수록 나이스정보통신이 돈을 번다. 나이스정보통신이 '관련 종목'이다.

매수 전략 : 알았을 때 최대한 빨리 산다

장외에서 변화선도주를 살 수 있는지 살펴봐야 한다. 가장 확실하게 오르고 많이 오른다. 발견하면 최대한 빨리 사라. 어떤 상품이나 서비스가 업계의 판을 바꾸거나 사람들의 삶을 변화시킨다면 이미 많이 올랐다. 얼리어답터는 그런 것을 남보다 먼저 알게 된다. 하지만 대부분의 경우 사고 싶어도 살 수가 없다. 그때 찾아야 하는 것은 변화선도주에 투자한 종목이다.

변화선도주에 투자한 종목은 그들이 투자한 시점부터 사는 것이 좋다. 변화선도주에 투자했다는 것이 알려지면 알려질수록 주가가 계속 오르기 때문이다. 투자한 종목을 찾을 수 없을 수도 있다. 쿠팡이 그랬다. 국내 벤처캐피털이나 사모펀드로부터 투자를 받지 않아 쿠팡의 성공에 투자할 방법이 없었다. 그럴 때는 앞에서 언급한 나이스정보통신 같은 관련 종목을 산다. 변화선도주는 찾았을 때 최대한 빨리 사야 한다.

변화선도주 매도 전략 : 상장일 매도

변화선도주에 미리 투자한 벤처캐피털이나 돈 많은 투자자들은 언제를 가장 기다릴까? 상장하는 날을 기다린다. 입장을 바꿔 내가 벤처캐피털이라고 생각해보자. 어떻게 해야 투자 수익이 가장 커질까? 변화선도주가 많은 사람들에게 알려지고, 가장 크게 화제가 될 때 상장한다. 그래야 청약 경쟁률과 가격을 높여 최고가에 팔 수 있다. 상장하는 날, 벤처캐피털과 돈 많은 투자자들과 함께 팔아야 한다.

변화선도주에 투자한 종목이나 관련 종목도 마찬가지다. 상장하는 날 팔아야 한다. 물론 상장 이후 더 오를 수도 있다. 하지만 그건 모르는 일이다. 상장은 회사 입장에서 큰 변화다. 큰돈을 벌었고 자금을 쉽게 조달할 수 있다. 더 많이 유명해졌다. 하지만 그만큼 책임도 커지고 작은 잘못에도 비난을 받고 정부의 제재를 받기도 한다. 그런 변화된 상황에서 더 큰 성장을 할 수 있을지는 아직 모른다. 그럴 수 있는지 확인되면 그 종목은 더는 변화선도주가 아니다. 성장주다. 게다가 거기까지 가는 데 시간도 오래 걸린다. 성장주인 것이 확인된 뒤에 사도 늦지 않다.

리스크 및 대응 방법

변화선도주 투자의 가장 큰 리스크는 변화선도주가 아닌데 변화선도주로 착각하는 것이다. 이런 일은 첫째 자신이 잘 모르는 분야일 때, 둘째 직접 서비스나 상품을 써보지 않고 인터넷 글, 기사, 유튜브를 보고 판단할 때, 셋째 남의 투자 권유를 듣고 판단할 때다. 많은 분이 비상장주에 대한 인터넷 글이나 유튜브를 보내주며 사도 되냐고 내게 묻는다. 왜 그런 글이나 유튜브를 만들었는지 생각해보자. 투자받기 위해서다. 변화선도주는 투자자를 유치할 필요가 없다. 투자할 땐 직접 상품이나 서비스를 써보고 스스로 판단하라. 투자 결정과 관련해서는 절대 남의 말을 듣지 마라. 특히 투자 권유는 절대 듣지 마라.

변화선도주 투자에서 또 다른 실수는 재무제표를 보는 것이다. 절대 보면 안 된다. 참고도 하지 마라. 변화선도주 재무제표는 최악이다. 어떻게 이 난관을 극복할 수 있을지 걱정부터 된다. 덕분에 그 회사가 업계의 판을 바꾸고 사람들의 삶을 바꾸는 것에서 돈으로 관심이 옮겨간다. 하지만 업계의 판을 바꾸고 사람들의 삶을 바꾸는 데 성공한다면 좋은 재무제표는 따라온다. 그것을 믿어야 한다. 변화선도주는 흔하지 않다. 인생에 몇 개 만날까 말까 하다. 재무제표를 절대 보지 마라.

사례 : 쿠팡

내가 접한 변화선도주는 카카오와 쿠팡이다. 그런데 카카오는 투자를 하지 못한 데다 오래되어 기억과 기록이 부족하다. 그래서 쿠팡 사례를 소개하고자 한다. 쿠팡을 처음 접했을 때 우리나라 인터넷 쇼핑은 이베이(G마켓과 옥션), 11번가, 인터파크가 삼분하고 있었다. 2010년, 인터넷에서 모바일로 시대가 바뀌면서 소셜 커머스[21] 3사인 쿠팡, 티몬, 위메프가 엄청난 광고와 할인으로 인터넷 쇼핑 3사 아성에 도전했다. 하지만 소셜 커머스 3사는 고전했다. 왜냐하면, 인터넷 쇼핑, 소셜 쇼핑 소비자는 회사와 상관없이 최저가만 찾았다. 소비자들은 조금이라도 비싸게 사면 '검색을 안 해서 손해를 봤다'라는 느낌을 받았기 때문이다.

이때 쿠팡이 두 가지 새로운 시도를 한다. 첫째는 로켓배송이다. 밤 11시 이전까지 주문하면 다음 날 아침 7시까지 배달해준다. 다른 회사들은 판매자가 직접 택배회사를 통해 고객에게 보냈다. 그러면 대략 2~3일 걸렸지만, 언제 도착할지 정확히 알 수 없었다. 하지만, 쿠팡은 로켓배송을 위해 직접 배송체계를 만들었다. 둘째는 로켓페이(현 쿠페이)다. 6자리 숫자를 입력하거나 화면을 쓱 밀면 미리 등록한 방법으로 쉽게 결제됐다. 다른 회사들은 최저가

---

21) 소셜 커머스 : 전자상거래에 SNS를 적극 활용하는 것

를 위해 매번 다른 결제수단, 포인트 등 일일이 연동하느라 결제에 많은 시간이 걸렸다. 하지만 쿠팡은 최저가보다 편안한 쇼핑에 초점을 맞췄다. 쿠팡은 결국 사람들이 마트조차 가지 않게 만들었다. 사람들의 삶을 바꾼 것이다. 변화선도주였다.

나는 쿠팡을 샀을까? 불행히도 사지 못했다. 그 이유는 재무제표를 봤기 때문이다. 쿠팡 매출은 드라마틱하게 늘었다. 하지만 적자도 드라마틱하게 늘었다. 다른 쇼핑몰은 판매자가 고객에게 팔고 쇼핑몰에 낸 수수료만 매출이다(순액 매출). 쿠팡은 판매자가 고객에게 판 물건값 전체가 매출이다(총액 매출). 직접 배송해 재고 책임을 지기 때문이다('직매입'이라고 한다). 그리고 그 비중을 늘려나갔다. 덕분에 다른 쇼핑몰보다 매출이 빠르게 성장하는 것처럼 보이고 더 많은 투자를 유치할 수 있었다.

나는 재무실 출신답게 숫자로 장난친다고 생각했다. 회사 동기에게 쿠팡의 이런 행태가 화가 난다고 했다. 그 친구는 내게 이야기했다.

"네가 말한 대로 쿠팡이 장난치는 것일지도 몰라. 하지만 물건을 사는 경험을 바꾼 건 쿠팡뿐이야. 쿠팡은 밤 11시 전에 주문하면 다음 날 아침 문 앞에 물건이 와 있거든."

이때 깨달았다. 변화선도주는 재무제표를 분석하면 안 된다. 그 바람에 변화선도주를 놓쳤다. 사람들의 삶을 변화시키는 것은 대단한 것이다.

이렇듯 믿을 만한 친구, 어떤 분야의 전문가와의 만남은 유익하다. 그 상품이나 서비스가 업계 판도를 바꾸는지, 또는 사람들의 삶을 바꾸고 있는지 확인할 수 있다. 그래도 그들에게 투자할지, 말지를 물어보지는 마라. 투자 결정은 스스로 해야 한다. 잘 모르겠으면 투자하지 않으면 된다. 변화선도주는 결코 흔하지 않다. 발견했으면 사라. 직접 살 수 없다면 투자한 종목을 사라. 투자한 종목이 없다면 '관련 종목'을 사라. 쿠팡의 경우, 로켓배송과 쿠페이를 보는 순간 나이스정보통신을 샀어야 했다.

:: 결론

변화선도주는 새로운 상품이나 서비스로 업계의 판을 바꾸거나 사람들의 삶을 변화시키는 종목이다. '얼리어답터'가 되어 남보다 빨리 변화선도주를 발굴하라. 상장되어 있지 않다면 투자한 종목에 사고, 투자한 종목도 없다면 함께 성장하는 '관련 종목'을 사라. 변화선도주를 알았다면 최대한 빨리 사고, 그 종목이 상장하는 날 판다. 변화선도주가 아닌데 착각할 수도 있다. 그 리스크를 피하려면 상품이나 서비스를 직접 써보고, 남의 말을 듣지 말고, 본인 스스로 판단해야 한다. 특히 투자 여부에 대한 의견을 남에게 들어선 안 된다. 남의 의견은 그 상품이나 서비스가 업계 판을 바꾸거나 삶을 변화시켰는지 여부만 들어라. 마지막으로 변화선도주는 재무제표를 보지 마라.

PART 03

부수입 만들기

01 왜 부수입이 필요한가?

사람들은 부수입을 마련하고 싶어 한다. 직장을 다니며 월급만큼 부수입이 있다면 얼마나 좋을까? 그렇다면 좀 더 보람되게 살 수 있다. 상사의 부당한 지시를 거부할 수 있다. 회사와 고객을 위해 소신껏 일할 수 있다. 그렇게 해서 오히려 더 성공한 사람들도 있었다. 그러다가 직장보다 더 보람된 무언가를 찾으면 미련 없이 그만둘 수도 있다. 얼마나 멋진 일인가?

이것을 위해 상가, 오피스텔, 지식산업센터 같은 수익형 부동산에 투자한다. 나 또한 수익형 부동산에 오랫동안 투자했다. 결국, 주식으로 부수입 마련에 성공했다. 어떻게 만들었는지 소개하겠다. 그리고 또한 세금과 준조세가 얼마나 나오는지, 어떻게 대응해야 하는지 설명한다. 주식이 왜 가장 효과적인 방법인지 오피스텔 투자, 갭 투자, 상가 투자와 비교하겠다.

성장하는 배당주 투자

성장하는 배당주 투자란?

부수입을 만드는 주식 투자법은 '성장하는 배당주 투자'다. 성장하는 배당주 투자란 '배당을 많이 주는데, 성장하는 종목'에 투자하는 것이다. 배당이란 회사의 이익을 주주에게 나눠주는 것이다. 배당주는 배당을 시중은행 금리보다 많이 주는 종목을 뜻한다. 배당주는 보통 이익은 많지만 성장하지 않는 종목이다. 하지만 배당주 중에도 성장하는 종목이 있다. 찾아서 투자하면 성장에 따른 시세 차익과 고배당의 기쁨을 같이 누릴 수 있다. 이것이 바로 '성장하는 배당주 투자'다. 그리고 이것은 부수입을 만드는 가장 효과적인 방법이다.

종목 전략 : 배당주 중 성장하는 종목을 찾아라

배당주는 '네이버 금융-국내증시-배당'에 배당 수익률[22] 순서대로 정리되어 있다.

과거 3년간 배당금 추세까지 정리되어 있어 쉽게 배당주를 찾을 수 있다. 배당금과 과거 3년 배당금 추이를 볼 수 있다. 이들 중 배당이 들쑥날쑥하거나 줄어드는 종목은 제외한다. 배당이 꾸준하거나 점점 늘어나는 종목이 있다. 그들이 바로 '성장하는 배당주' 후보다.

---

22) 배당 수익률 : 연간 배당금/현재 주가×100(%)

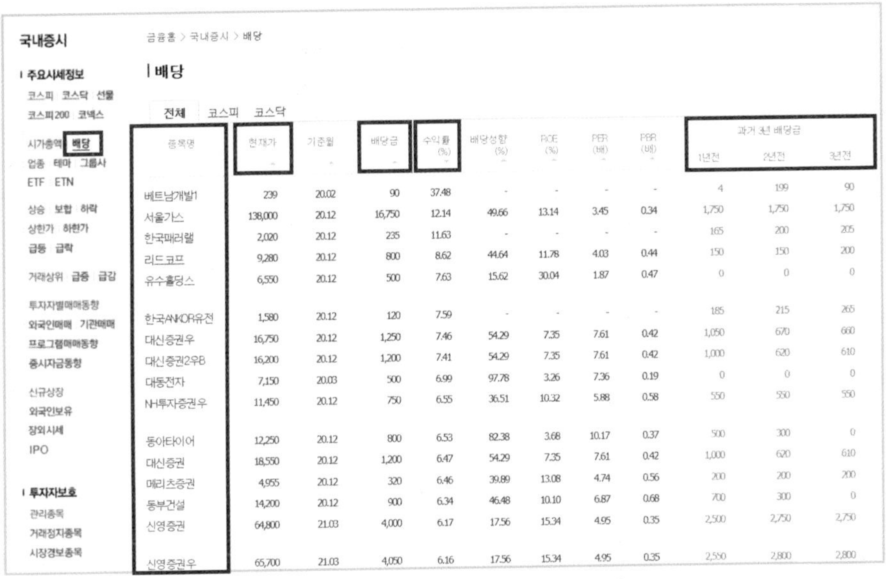

국내증시

주요시세정보

코스피 코스닥 선물

코스피200 코넥스

시가총액 배당

업종 테마 그룹사

ETF ETN

상승 보합 하락

상한가 하한가

급등 급락

거래상위 급증 급감

투자자별매매동향

외국인매매 기관매매

프로그램매매동향

증시자금동향

신규상장

외국인보유

장외시세

IPO

투자자보호

관리종목

거래정지종목

시장경보종목

금융홈 > 국내증시 > 배당

배당

전체 코스피 코스닥

종목명	현재가	기준월	배당금	수익률 (%)	배당성향 (%)	ROE (%)	PER (배)	PBR (배)	과거 3년 배당금		
									1년전	2년전	3년전
베트남개발1	239	20.02	90	37.48	-	-	-	-	4	199	90
서울가스	138,000	20.12	16,750	12.14	49.66	13.14	3.45	0.34	1,750	1,750	1,750
한국패러랠	2,020	20.12	235	11.63	-	-	-	-	165	200	205
리드코프	9,280	20.12	800	8.62	44.64	11.78	4.03	0.44	150	150	200
유수홀딩스	6,550	20.12	500	7.63	15.62	30.04	1.87	0.47	0	0	0
한국ANKOR유전	1,580	20.12	120	7.59	-	-	-	-	185	215	265
대신증권우	16,750	20.12	1,250	7.46	54.29	7.35	7.61	0.42	1,050	670	660
대신증권2우B	16,200	20.12	1,200	7.41	54.29	7.35	7.61	0.42	1,000	620	610
대동전자	7,150	20.03	500	6.99	97.78	3.26	7.36	0.19	0	0	0
NH투자증권우	11,450	20.12	750	6.55	36.51	10.32	5.88	0.58	550	550	550
동아타이어	12,250	20.12	800	6.53	82.38	3.68	10.17	0.37	500	300	0
대신증권	18,550	20.12	1,200	6.47	54.29	7.35	7.61	0.42	1,000	620	610
메리츠증권	4,955	20.12	320	6.46	39.89	13.08	4.74	0.56	200	200	200
동부건설	14,200	20.12	900	6.34	46.48	10.10	6.87	0.68	700	300	0
신영증권	64,800	21.03	4,000	6.17	17.56	15.34	4.95	0.35	2,500	2,750	2,750
신영증권우	65,700	21.03	4,050	6.16	17.56	15.34	4.95	0.35	2,550	2,800	2,800

자료 3-1. 네이버 국내증시 배당 화면

종목명을 클릭하면 전자공시에 들어갈 수 있다. 성장주를 찾는 것과 똑같이 '전자공시-사업보고서-Ⅱ. 사업의 내용'에서 어떤 사업을 하는지 본다. 그 사업이 앞으로 성장할 것으로 판단된다면 '성장하는 배당주'다. 이 부분이 가장 어렵다. 상식적으로 사업이 성장한다면 번 돈을 성장에 써야 한다. 그런데 성장에 쓰지 않고 배당에 쓰는 이유가 뭘까? 상장 기업은 이유 없이 움직이지 않는다. 우리나라에는 60만 개가 넘는 법인이 있다. 상장 기업은 그중 까다로운 요건과 심사를 통과한 3,000개 남짓이다. 상위 0.5% 회사다. 분명히 이유가 있다. 성장하는 배당주 찾는 방법은 따로 설명하겠다.

매수 전략 : 배당락일 매수

배당주를 사기 가장 좋은 시기는 '배당락일'이다. 배당기준일은 '이날까지 주식을 가지고 있으면 배당금을 받는 날'이다. 배당락일이란 '배당기준일 다음 날'이다. 이날부터 다음 배당기준일까지 기다리고 싶지 않은 주주들은 주식을 판다. 그래서 배당락일에는 보통 주가가 떨어진다. 이날 사야 한다. 싸게 사기 위해서다.

주가는 상식적으로 움직이지 않는다. 상식적으로 배당락은 배당한 만큼만 떨어져야 한다. 하지만 보통 과도하게 떨어지고, 그때가 매수 기회다. '혹시 내가 모르는 무슨 일이 있어서 과도하게 떨어진 것이 아닐까?' 하고 걱정하지 마라. 배당이 꾸준하거나 점점 늘어나고, 앞으로 성장할 것으로 판단되는 종목을 골랐다면 기회다. 성장하는 배당주라는 것을 많은 사람이 안다면 배당락일에 오르는 일도 있다. 이럴 때는 떨어질 때까지 기다려야 한다. 떨어질 때 사라. 싸게 살 수 있다.

매도 전략 : 배당기준일 한 달 전부터 배당기준일까지

성장하는 배당주는 특별한 매도 전략이 필요 없다. 팔아야 할 일이 거의 없기 때문이다. 하지만 더 좋고 성장하는 고배당주를 발견했다면 어떨까? 지금 가진 주식을 팔고 갈아타야 한다. 배당주는 확실하게 오르는 시기와 떨어지는 시기가 있다. 배당주는 배당기준일 전까지 계속 오른다. 배당을 받으려는 투자자들이 천천히 사서 모으기 때문이다. 한 달 정도 시간을 두고 이들에게 천천히 팔아넘긴다. 배당기준일 가격이 최고 가격이다. 하지만 미래는 모르는 것 아닌가? 너무 욕심부리지 말고 미리미리 팔다가 배당기준일에 남은 물량을 다 팔아라. 그래야 가지고 있던 것을 최대한 비싸게 팔고 더 좋은 종목을 싸게 살 수 있다.

리스크 및 대응 방법

성장하는 고배당주의 첫 번째 리스크는 '배당'을 주지 않거나 '배당'이 줄어드는 것이다. 배당주 투자자들은 보수적이다. 위험을 무릅쓰지 않는다. 그들에게 가장 중요한 것은 규칙적인 배당이다. 개인 투자자라면 생활비처럼 꼭 나가야 하는 돈을 투자했다. 기관도 가장 안정적으로 운영해야 하는 돈으로 배당주를 샀다. 그런데 그 신뢰가 깨졌다면 더는 그 종목을 가지고 있을 이유가 없다. 투매[23]를 하게 된다. 따라서 꾸준히 배당을 줬는지, 그 성향과 능력이 유지되고 있는지 항상 확인해야 한다.

두 번째 리스크는 성장하지 않는 것이다. 성장할 것으로 생각한 당신이 틀렸다면, 배당주 중 성장하는 더 좋은 종목을 계속 발굴하면 된다. '네이버 금융-국내증시-배당'에서 주말마다 꾸준히 찾아라. 2021년에 배당을 지급한 적이 있는 회사는 1,221개다. 그 중에서 배당이 들쑥날쑥하거나 줄어드는 종목을 빼면 많지 않다. 주말에 2종목씩만 검토하면 1년도 채 걸리지 않는다.

사례 : 고려신용정보

고려신용정보는 대표적인 '성장하는 배당주'다. 배당주를 필사적으로 찾은 이유는 돈이 필요해서다. 2009년에 내 월급은 두 자녀를 키우며 살기 빠듯했다. 그 와중에 셋째가 태어나자 월 50만

23) 투매 : 손해를 무릅쓰고 주식을 모두 팔아버리는 행동

원씩 적자가 발생했다. 이 적자를 해결할 방법을 필사적으로 고민하다가 배당주 투자를 생각해냈다. 당시 분당의 2억 원짜리 20평대 아파트에 살고 있었다. 이것을 팔아 1억 원짜리 전셋집에 들어갔다. 1억 원을 대출받아 2억 원을 배당주에 투자했다. 신용도가 괜찮아서 3.5%(연 350만 원)로 대출을 받을 수 있었다. 5% 배당을 꾸준히 받을 수 있다면 월 50만 원(연 600만 원)을 해결할 수 있었다(1,000만 원-350만 원=650만 원).

필사적으로 배당주를 찾기 시작했다. 당시는 기업정보들이 지금처럼 잘 정리되어 있지 않았다. DART에서 기업을 일일이 검색해서 사업보고서를 봐야 했다. 어느 날 우리 집 우편함에 전 집주인에게 밀린 카드값을 내라는 편지가 오면서 고려신용정보를 알게 됐다. 처음엔 '카드값을 밀리다니…' 하며 혀를 끌끌 찼다. 하지만 발신인에 '고려신용정보'라고 되어 있었다. 번뜩 한 가지 생각이 머리를 스쳤다.

당시 리먼브라더스 사태를 해결하려 전 세계가 금리를 내리고 돈을 풀었다. 돈 가치를 떨어뜨려 빚 문제를 해결하려 한 것이다. 덕분에 빚은 계속 늘어났다. 하지만 빚을 못 갚는 사람들은 항상 일정하게 있다. 그렇다면 채권추심업은 계속 성장할 것이다. 그래서 조사해보니 당시 고려신용정보, 한신정, 한신평이 주요 채권추심업체였다. 하지만 한신정, 한신평은 신용평가업도 같이 한다. 한 회사가 신용평가업과 채권추심업을 같이 하면 그 회사 최고 인재들은 어디서 일할까? 당연히 신용평가업이다. 채권추심업에는 인재가 가고 싶어 하지 않을 것이다. 고려신용정보는 채권추심업이 90% 이상이다. 이 회사 최고 인재는 채권추심업에 있다. 빚이 늘어나면 고려신용정보가 가장 혜택을 볼 것으로 생각했다.

게다가 매년 50원씩 배당을 하고 있었고, 주가는 1,000원 내외였다. 5% 배당주, 게다가 성장주다. 내가 찾던 그 주식이었다. 확신을 하고 2011년 말에 1,200원에 사서 2020년 말에 6,900원에 모두 팔았다. 내가 팔고 6개월이 지난 2021년 6월 18일, 고려신용정보는 11,000원이 넘어갔다. 배가 아프다. 그냥 들고 있을걸. 지금까지 찾은 최고의 주식이었다. 고려신용정보와 비견될 만한 성장하는 배당주는 맥쿼리인프라와 코엔택뿐이었다.

:: 결론

부수입을 만드는 가장 효과적인 방법은 '성장하는 배당주 투자'다. 배당주는 '네이버 금융-국내증시-배당'에 배당 수익률 순서대로 정리되어 있다. 종목명을 클릭해 전자공시에 들어가 어떤 사업을 하는지 보라. 그 사업이 성장할 것 같다면 '성장하는 배당주'다. 매수, 매도 전략은 배당락일에 사서 배당기준일 한 달 전부터 배당기준일까지 서서히 파는 것이다. 리스크는 배당을 줄이거나 주지 않는 것, 성장하지 않는 것이다. 그런 일이 없도록 종목을 잘 골라야 한다. '성장하는 배당주 찾는 법'은 다음 글에서 좀 더 자세히 설명하겠다.

성장하는 배당주 찾기

성장하는 배당주 찾는 법

'성장하는 배당주'는 주식 시장의 보석이다. 끊임없이 찾고 있다. 하지만 나도 지금까지 세 개 찾았다. 고려신용정보, 맥쿼리인프라, 코엔텍이다. 성장하는 배당주 유형을 찾으려 많은 노력을 했다. 성장하는데 왜 성장에 쓰지 않고 배당을 많이 할까? 그 이유를 알면 유형을 찾을 수 있을 것 같았다. 도저히 알 수 없어 그 회사 주담[24]에게 전화해서 물어봤다. '회사의 주주친화 정책' 때문이라고 형식적으로 답했다. 그래서 그 세 종목을 내가 어떻게 찾게 됐는지 공유하고자 한다. 스스로 찾는 데 도움이 되길 바란다.

고려신용정보 : 간절한 마음과 생활 속 관찰로 찾다

고려신용정보는 간절한 마음과 생활 속 관찰로 찾았다. 다자녀는 최고의 동기부여였다. 이전에는 간절하게 투자하지 않았다. 안정적인 대기업 연봉과 복지는 자녀 둘까지는 별다른 문제없다. 하지만 셋째는 이야기가 다르다. 생활비 부족과 좁은 집은 전 재산을 걸고 필사적으로 투자하게 만들었다. 필요한 것은 생활비 월 50만 원과 방이 세 개가 있는 집이다. 자녀 둘까지는 솔직히 방 두 개, 20평도 상관없다. 하지만 자녀가 셋이면 방 세 개 30평이 필수다.

배당도 필요하고 성장도 해야 한다. 한 번에 두 가지 목표를 같

24) 주담 : 상장사 주식 담당자를 '주담'이라고 한다. 공시 중 '최대주주등소유주식변동신고서' 같은 곳에서 담당자 이름과 전화번호를 찾을 수 있다.

이 이룰 방법을 반드시 찾아야 한다. 이런 상황이 되면 좋은 물건이나 서비스가 있으면 '어떤 회사가 만들었을까? 어디까지 성장할까? 상장되어 있을까?' 등 모든 것을 간절한 마음으로 보게 된다. 좋은가? 좋지 않다. 돌이켜 보면 이때가 진짜 돈에 미쳐 있던 시절 같다. 모든 것을 돈과 연계해서 본다. '어떻게 하면 돈을 벌 수 있을까?' 목표는 월 50만 원은 지금 당장. 방 세 개가 있는 집은 셋째가 어른만큼 크기 전, 즉 중학교 가기 전.

그 시기에 했던 투자는 모두 성공이었다. 컴투스, 게임빌, SM엔터테인먼트 모두 이 시기에 투자했다. 그 성공 덕분에 자신감을 가지고 고려신용정보에 전 재산을 투자할 수 있었다. 필사적이지 않았을 때 성공 확률은 반반이었다. 확률 반반이라면 절대 전 재산을 투자할 수 없다. 나는 20대에 주식 투자를 시작하면서부터 생활 속 관찰은 습관이 되어 있었다. 그러면 어떻게 그전에는 반 정도만 성공하다가 2009년에서 2011년에는 전부 성공할 수 있었을까? 그것은 동기부여였다. 돈이 꼭 필요했고 간절했다. 깊이 생각했고 집중했다.

전업 투자를 하는 지금은 그때보다 경험, 지식, 자본이 크게 늘었다. 하지만 그때가 오히려 성공 확률이 더 높다. 왜 그럴까? 내가 내린 결론은 간절함의 차이다. 간절함은 집중력과 깊은 고민을 낳았다. 주식 투자 방법을 내게 묻는 사람들에게 얼마나 간절한지 물어본다. 있어도 그만, 없어도 그만, 재미로 한번 해본다는 분들은 대부분 종목을 물어본다. 돈이 간절한 분들은 종목 찾는 법을 물어본다. 그럴 때 '고려신용정보를 찾은 사례'를 소개하며 생활 속에서 관찰해서 찾으라고 조언한다.

맥쿼리인프라 : 제대로 된 한 종목을 찾은 후, 비슷한 것들과 비교한다

제대로 된 한 종목을 찾으면, 비슷한 것들을 찾아 비교할 수 있다. '고려신용정보'에 전 재산을 투자하기 전에 철저하게 조사했다. 사기 전에 모르는 게 없어야 할 것 같지만 실상은 아니다. 그 종목에 대해 알아가는 것은 그때부터 시작이다. 고려신용정보를 사기 전 팩트를 수집했고, 수집된 팩트에 근거해서 투자를 결정했다. 다른 사람의 의견을 철저하게 배제했다. 다른 사람 영향을 받지 않기 위해서였다. 이제 투자했으니 인터넷을 통해 고려신용정보에 대한 다른 사람들 의견을 찾아봤다. 그리고 비슷한 생각을 하는 사람들이 고려신용정보 외 어떤 종목들에 관심이 있는지 알고 싶었다.

나와 비슷한 생각을 하는 사람들이 네이버 카페 '보수적인 투자자는 마음이 편하다'에 모여 있었다. 필립 피셔(Philip Fisher)의 책 제목이다. 기업의 장기적인 성장성과 배당을 중요하게 생각하는 사람들이었다. 이 사람들이 관심을 두는 종목들을 알 수 있었다. 정상어학원을 운영하는 '정상제이엘에스', 현 JB금융지주인 '전북은행', 그 외에도 '진양산업', '네오티스' 등이었다. 그중 가장 관심을 끈 종목은 '맥쿼리인프라'였다.

'맥쿼리인프라'는 민간 투자법에 의해 설립된 국내 유일의 상장 인프라펀드다. IMF 이후 정부는 침체된 내수 시장을 살리기 위해 도로, 항만 등 인프라 확충이 필요했다. 하지만 국가 재정은 부족했다. 민간 자본을 유치하기 위해 MRG(Minimum Revenue Guarantee, 최소운영수익보장)라는 제도가 있었다. 당시 맥쿼리인프라가 투자한 우면산 터널과 인천공항고속도로가 카페와 블로그에서 고수들의 갑론을박과 분석들이 있었다.

나는 네이버 카페에서 찾은 '은퇴의사'라는 분의 블로그를 인상 깊게 봤다. 그분 의견은 이자율이 높았던 시절에 MRG 계약이 체결됐고, 우면산 터널과 인천공항고속도로는 비싸도 교통량이 늘어날 수밖에 없는 도로라는 것이었다. 즉, '맥쿼리인프라'는 성장하는 배당주라는 것이고, 게다가 정부가 최소수익을 보장한다. 어떤 기업보다 안정성이 높다. 전 재산을 투자하는 내 입장에서는 고려신용정보 vs 맥쿼리인프라를 놓고 많이 고민하다가 결국 고려신용정보를 선택했다.

그 이유는 첫째, 사업보고서가 공시사이트인 DART에 없었다. 고려신용정보 사업보고서는 DART에 공시되어 있다. 상장사가 허위공시를 하면 벌점이 쌓이고, 15점 이상이면 상장 폐지도 될 수 있다. 하지만 맥쿼리인프라는 '주식 대량보유 상황보고서'만 공시되어 있다. 사업보고서는 홈페이지에 있다. 그래도 되나 보다. 홈페이지에 있는 정보는 중간에 임의로 바꿔도 모른다. 그래서 신뢰성이 떨어진다고 생각했다. 둘째, 맥쿼리인프라에 대한 오해 때문이었다. 우리나라 국민이 낸 돈을 외국 펀드가 가져간다고 생각했다. 사실 국내 투자자가 82%가 넘고, 국가가 필요해서 하는 것인데 말이다. 셋째, 당시 경험과 지식이 부족해서 MRG와 교통량 예측 관련 내용이 너무 어려웠다.

10년 넘게 살펴본 결과 맥쿼리인프라는 지금도 '성장하는 배당주'다. 한때 우면산 터널과 인천공항고속도로의 비싼 요금이 맥쿼리인프라 때문이라면서 여론의 비난을 받은 적도 있다. 금리가 높을 때 체결된 MRG 계약들 때문이었다. 2014년 이후 정부는 논란을 해소하고 민간 투자도 활성화하려고 새로운 제도를 도입하고 기존 계약들도 변경했다. 오히려 정부 재정지원 규모는 더 커졌다. 투자 전문성 문제도 있지만, 정부 입장에서 민간 투자가 필요한 부분도 커졌기 때문이다. 덕분에 맥쿼리인프라는 계속 성장하고 있다.

코엔텍 : 좋은 사람들과 만남에서 찾을 수 있다

주식 투자로 집을 샀다는 것이 주변에 알려졌다. 2019년 겨울, 대학 후배에게 연락이 왔다. 자기가 밥을 살 테니 그 비결을 알려달라고 했다. 후배에게 피터 린치의《월가의 영웅》을 추천했다. 그리고 고려신용정보 사례를 들려주며, 사람들이 관심 없고 잘 모르는 혐오산업에 답이 있다고 이야기했다. 며칠 뒤 후배는 피터 린치 책을 읽고 좋은 종목을 찾았다고 했다. 그 종목이 '코엔텍', 바로 폐기물처리주였다.

대박이었다. 주가는 8,000원대인데 배당이 400원이다. '네이버 금융-국내증시-배당'에 들어가 배당주 중에, 피터 린치의 책 내용대로 혐오산업 중심으로 봤다고 한다. 울산 현대중공업 협력업체가 주주였는데, 2017년 맥쿼리 PE가 샀다. 매각되기 전까지 연 배당이 25원이었으나 맥쿼리 PE가 사서 배당을 400원까지 올렸다. 펀드가 회사를 산 이유는 딱 하나다. 더 비싸게 팔기 위해서다. 배당으로 수익도 챙기고 회사 가치도 올리려는 것이다.

'전자공시-사업보고서-사업의 내용'을 봤다. 폐기물은 계속 증가하고 있다. 게다가 '진입의 난이도'라는 내용에 앞서 말했듯 '산

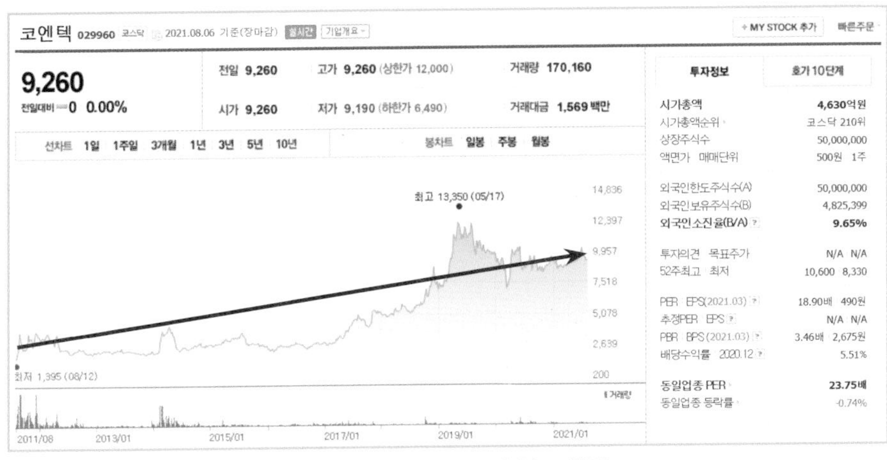

자료 3-2. 코엔텍 10년 차트 화면

업폐기물 처리산업은 과점적 성격의 산업으로 경쟁업체의 진입이 상당히 어렵고, 신규 처리업체의 생성이 어려운 산업입니다'라고 되어 있었다. 폐기물은 계속 늘어나는데, 신규 경쟁자는 들어오기 어려운 사업이라는 뜻이다. 성장주이자 독점주다. 펀드가 주인이 되며 배당까지 늘려 '성장하는 배당주'가 된 것이다.

즉시 샀어야 했지만, 2020년 초반 코로나가 창궐하면서 주가는 크게 떨어졌다. 코엔텍을 살 만한 현금이 없어서 가지고 있던 종목 중 코엔텍보다 못한 종목들을 처분하기 위해 기다리고 있었다. 그사이 '아이에스동서'가 코엔텍을 샀다. 이제 코엔텍을 사기 위해서는 아이에스동서에 대해서 알아야 한다. 그들이 누구이며, 왜 샀으며, 코엔텍을 성장시킬 능력이 있는지 확인해야 한다. 2020년에 코엔텍은 510원을 배당했고, 2021년 8월 기준 주가는 9,000원대였다. 코엔텍은 과연 '성장하는 배당주'인가? 지금까지는 맞다.

리스크 및 대응 방법

'성장하는 배당주'의 가장 큰 리스크는 거래량이 적다는 것이다. '성장하는 배당주'는 배당에 방점이 찍혀 있다. 배당주 중 성장주를 찾기 때문이다. 배당주는 보통 소외된 종목들이다. 채권추심회사, 인프라펀드, 폐기물업체 등 사람들은 이런 회사가 있는지도 잘 모르고, 상장이 됐는지는 더더욱 모른다. 그래서 높은 배당을 통해서 관심을 끌고자 하는 회사들이다. 따라서 거래량이 적다. 좋은 일이나 안 좋은 일이 생겨 유명해지면 갑자기 거래량이 많아지며 주가가 오른다. 하지만 그때뿐이다. 거래량은 다시 떨어진다.

거래량이 적다는 것은 조금만 사도 오르고, 조금만 팔아도 떨어진다는 뜻이다. 살 때는 조금씩 사면 된다. 하지만 원하는 순간에 팔 수 없다. 급하게 팔아야 할지도 모르는 돈으로 투자하면 큰 손해를 보게 될 수 있다. 그래서 연말 배당을 주기 전 오를 때 차근차근 팔아야 한다. 그때 외에 팔 수 없다. 나는 2020년 겨울, 고려신용정보를 팔았다. 고려신용정보가 나빠서가 아니라 전업 투자자는 돈이 필요하면 갑자기 팔아야 할지 모르기 때문이다. 2020년 12월, 배당을 받으려고 사는 사람들에게 조금씩 조금씩 팔았다. 한 달 만에 겨우 팔았다. 다른 종목들도 마찬가지다. 팔 때, 특히 주의하라.

:: 결론

'성장하는 배당주'를 찾는 법은 ① 간절한 마음과 생활 속 관찰(고려신용정보), ② 고려신용정보에 관심 있는 사람들이 검토하고 분석하는 종목 중 찾기(맥쿼리인프라), ③ 좋은 사람들과 대화하며 찾기(코엔텍)다. 가장 큰 리스크는 거래량이 적은 것이고, 팔 때 문제가 된다. 팔 때는 배당받기 한 달 전부터 배당을 받으려고 사는 사람들에게 조금씩 파는 것이다.

다음은 최종 수익률을 결정하는 세금에 관해 설명하겠다. 금융은 '%' 싸움이다. 세금에 대해 해박하게 알아야 한다.

세금 대응법

세금은 잘 알아야 하고 적극적으로 내야 한다

세금은 잘 알아야 하고 적극적으로 내야 한다. 세금은 크게 세 가지다. 소득세, 부가세, 법인세. 우리가 주목해야 하는 것은 소득세다. 주식을 사고팔면 거래세[25] 외에는 세금이 없다. 하지만 배당주에 투자하면 배당 소득이 있고, 거기에 따른 소득세가 있다. 배당소득세, 종합소득세, 건강보험료[26]다. 대부분 세금에 대해서 잘 모른다. 어렵고 복잡하다. 게다가 왜 알아야 하는지도 모른다. 하지만 돈을 벌고 싶다면 세금을 '잘' 알아야 한다. 그리고 적극적으로 내야 한다. 왜 그런지, 어떻게 해야 하는지 설명하겠다.

25) 주식 거래세는 매도금액의 0.25%(2021년 기준)다. 하지만 2023년에는 투자 소득세 20%가 생길 예정이라고 한다.
26) 건강보험료는 세금은 아니다. 하지만 꼭 내야 하며 금액이 커서 세금과 같이 취급한다.

세금을 잘 알아야 하는 이유

왜 세금을 잘 알아야 할까? 첫째, 세금은 돈에 대한 규칙이다. 시험을 잘 보려면 가장 중요한 것은 시험 범위와 평가 기준이다. 이 두 가지를 잘 모르면 좋은 결과를 얻을 수 없다. 마찬가지다. 세금을 몰라도 돈을 벌 수 있다. 하지만 잘 벌 수는 없다. 어디까지 비과세인지, 과세가 되면 얼마를 내야 하는지, 어떻게 하면 최소화할 수 있는지 알아야 한다. 그래야 불필요한 비용을 줄일 수 있고, 다른 투자자들의 움직임을 이해하고 예측할 수 있다.

나는 셋째 탄생으로 발생한 월 50만 원 비용(연 600만 원)을 해결하려 계획을 세웠다. 1억 원을 3.5%(연이자 350만 원)로 대출을 받아, 2억 원을 5% 배당주에 투자(연수익 1,000만 원)했다. 그러면 1,000만 원을 벌어서 950만 원의 비용을 쓰고, 50만 원이 남을 줄 알았다. 틀렸다. 배당소득세 15.4% 때문에 1,000만 원이 아니라 846만 원을 벌었다. 연 104만 원 손해였다. 섬찟했다. 전 재산을 건 투자인데 15.4%나 차이가 난 것이다.

둘째, 세금에 대해 아는 것은 돈을 지키는 법을 아는 것이다. 지킬 능력이 없다면 있어도 소용없다. 돈이 있다고 가정하자. 그 돈이 사라지게 할 수 있는 세 가지 위협은 재난, 교만, 세금이다. '재난'은 예상치 못한 사고다. 집에 불이 나거나 본인 사업체에서 사람이 죽는 등의 재난은 피할 방법이 없다. '교만'은 《성경》에서도 멸망을 부른다고 했다. 자신을 사치하고 게으르게 만들며, 남들이 미워하게 만든다. 그 외 가장 큰 위협이 '세금'이다. 소득 1,200만 원 이하는 6%다. 하지만 1,200만 원이 넘으면 15%다. 4,600만 원이 넘으면 24%, 8,800만 원이 넘으면 35%, 1.5억 원이 넘으면

38%, 3억 원이 넘으면 40%, 5억 원이 넘으면 42%, 10억 원이 넘으면 45%다.

이 금액 기준은 1996년부터 25년간 차이가 없다. 1996년 당시 소득 1,000만 원은 큰돈이었다. 강남 아파트를 2억 원대로 살 수 있었다. 하지만 2021년 강남 아파트는 20억 원대다. 신입사원 연봉이 5,000만 원을 넘는다. 그러면 세금을 걷는 소득 기준이 올라갈까? 세금을 더 걷고 싶은 국가 입장에서는 어렵다고 생각한다. 몇억 원씩 돈을 벌었다면 30~40%는 세금이다. 그래서 돈 있는 사람들과 돈 굴리는 사람들은 세금을 적게 내는 방향으로 움직인다. 그래서 돈이 많거나 돈을 움직이는 사람들의 움직임을 읽으려면 세금을 잘 알아야 한다.

세금을 적극적으로 내야 하는 이유

세금을 왜 적극적으로 내야 할까? 적극적이라는 것은 미리 계획하라는 뜻이다. 나오기 전 세금을 계산하고 내라고 하면 빨리 내야 한다. 이것이 절세다. 세금이 나온 다음 내지 않거나 줄이려고 하면 힘들다. 세금을 내야 하는 기간에 안 내면 가산세를 내야 한다. 그때부터 왜 내야 하는지 알고 줄일 방법을 고민하면 돈도, 시간도 많이 뺏긴다. 마음고생도 심하다. 게다가 우리나라는 전산화가 잘되어 있다. 자칫 '탈세'로 범법자가 될까 봐 불안하다. 안 내면 탈세, 잘 내면 절세다. 어렵고 복잡하다고 세금을 피하지 말고 정면으로 부딪쳐라.

배당주를 사면 발생하는 세금 : 배당소득세, 종합소득세, 건강보험료

배당주 배당을 받으면 배당소득세 15.4%가 발생한다. 그리고 금융 회사가 원천징수한다. 원천징수란 세금을 미리 떼고 남은 금액만 내 통장에 들어온다는 뜻이다. 1,000만 원을 배당받았다면, 15.4%를 뗀 846만 원만 통장에 들어온다. 월급을 받을 때 세금을 다 떼고 들어오듯 15.4%를 미리 떼고 준다.

배당소득이 2,000만 원이 넘으면 종합소득세 신고를 해야 한다. 종합소득세는 개인의 각종 소득을 종합해 매긴다. 배당금을 받은 다음 해 5월에 신고·납부해야 한다. 1년에 한 번 배당하는 종목이면 3월, 두 번 하는 종목은 3월과 8월에 배당금을 받는다. 금년에 받았으면 내년 5월에 신고·납부하면 된다. 우리나라는 신고할 소득이 있으면 신고하라고 알아서 연락이 온다. 배당소득 2,000만 원이 넘으면 홈택스에 합계금액이 뜬다. 굳이 내가 계산할 필요 없다. 홈택스에 들어가 신고하고 내면 된다. 쉽다. 겁내지 마라.

마지막으로 건강보험료가 오른다. 건강보험료는 소득의 약 7%다. 직장인은 직장에서 절반을 내줘서 3.5% 정도만 냈지만, 배당소득으로 받은 것은 내가 다 내야 한다. 건강보험공단에서 알아서 부과하니 신경 쓸 것 없다. 하지만 7%가 더 나간다는 것은 알고 있어야 한다. 너무 많이 떼는 것 아닌가? 소득세 30~40%, 건강보험료 7%가 세금으로 나간다. 하지만 생각보다 적다. 배당 2,000만 원을 넘게 받는 것은 쉽지 않다. 5% 배당주 4억 원 이상을 가졌다는 뜻이다. 또 2,000만 원 초과분에 대해서만 세금이 나간다. 그 미만은 15.4%다.

혼자 신고하는 데 자신이 없거나 세금 문제로 고민할 시간이 없다면 어떨까? 나 또한 같은 고민을 했다. 열심히 일하는 직장인은 일하는 시간 동안 업무에 집중한다. 업무시간 외에도 업무를 잘 하기 위해 고민하고 노력한다. 그런 사람은 종합소득세 신고·납부는커녕 공부하는 것도 부담이다. 그러면 세무대리인을 쓰면 된다. 요즘은 인터넷과 앱으로 이런 전문 서비스를 받기 편하다. 다만 비용이 20~30만 원 정도 든다.

세금에 대응하는 방법

먼저 지금 내는 세금에 대해 정확하게 파악하라. 그래야 배당소득이 2,000만 원을 넘을 때 어떤 세율이 적용되는지 알 수 있다. 최저 임금을 받아도 연봉 2,000만 원은 훌쩍 넘는다. 연봉 5,000만 원이 넘는다면 소득세와 지방소득세만 20%가 넘는다. 거기서 건강보험료 3.5%(매년 변함), 고용보험료 0.8%, 국민연금 4.5%를 빼면 9%다. 연봉 30% 가까이 세금을 내고 있다. 물론 국민연금은 65세가 넘으면 돌려받는 저축 성격이긴 하다. 하지만 내가 세금을 얼마 내고 있는지, 왜 내고 있는지 정확하게 아는 것이 시작이다.

그리고 돈이 정말 많아질 때까지는 홈택스를 통해 직접 신고하라. 돈이 크지 않다면 세무대리인 비용 20~30만 원은 수익률을 크게 떨어뜨린다. 그리고 홈택스는 훌륭한 시스템이다. 쉽고 편리하게 되어 있다. 하지만 뭐든지 처음엔 어렵다. 네이버와 유튜브를 활용해 공부하자. 세금에 자신이 없어 겁내고 귀찮아하면 돈을 벌 수 없다. 기쁜 마음으로 처리하라. 세금을 계산한다는 것은 돈이 많다는 뜻이다.

마지막으로 아는 세무사, 회계사와 친하게 지내라. 투자로 돈을 벌려면 돈이 많거나 돈을 움직이는 사람들의 움직임을 읽어야 한다. 앞에서 이야기한 것처럼 돈이 있는 사람들과 돈을 굴리는 사람들은 세금을 적게 내는 방향으로 움직인다. 그들은 세무사나 회계사를 쓴다. 세무사, 회계사와 친하게 지내면 그들의 움직임에 대한 정보를 얻을 수 있다. 그런 정보를 얻고자 할 때 싫어하는 세무사나 회계사를 아직 본 적 없다. 나도 많은 도움을 받았다. 친하게 지내고자 하는 노력은 그들의 전문성을 존중하는 행동이다. 그들도 좋아한다. 게다가 그들에게 당신은 미래의 고객이기도 하다. 돈을 많이 벌어서 그들의 고객이 되어라.

:: 결론

세금은 잘 알아야 하고 적극적으로 내야 한다. 그 이유는 첫째 세금은 돈에 대한 규칙이고, 둘째 가진 돈을 지키기 위해서다. 적극적으로 내라는 것은 세금을 미리 계획하라는 뜻이다. 이것이 절세다. 피하면 탈세하게 된다. 배당 때문에 발생하는 세금은 배당소득세, 종합소득세, 건강보험료다. 이런 세금에 대응하는 방법은 일단 본인이 내는 세금과 의미를 먼저 파악하라. 그리고 세금 신고 및 납부는 홈택스에서 네이버나 유튜브로 공부해서 직접 처리하라. 어렵다면 세무대리인을 써도 되지만 비용이 20~30만 원이 든다. 마지막으로 세무사나 회계사와 친해지고 그들을 통해 돈 있는 사람들의 움직임을 읽어라.

오피스텔 투자와 비교

주식 투자가 부동산 투자보다 낫다

주식 투자가 나을까? 부동산 투자가 나을까? 대학 시절부터 주식 투자로 꽤 성공했던 나도 고민이었다. 하물며 투자 경험이 적은 20~30대는 더욱 고민이 될 것이다. 하지만 20년 넘는 투자 경험을 통해 깨달았다. 부동산 투자는 돈 많은 사람이 하는 것이다. 돈이 없다면 주식 투자를 해야 한다. 주식도, 부동산도 여러 가지 투자 방식이 있다. 주식은 성장하는 배당주 투자, 부동산은 오피스텔 투자, 갭투자, 상가 투자를 비교하겠다.

투자 수익을 정확히 알아야 한다

가장 먼저 투자 수익을 제대로 정의해야 한다. 예를 들어 1억 원을 투자해서 월세 60만 원, 연 7.2%, 이렇게 단순하게 수익을 계산하면 투자는 실패한다. 투자 수익은 수익에서 비용과 위험을 뺀 것이다. 투자 수익을 예상하려면 수익만큼 중요한 비용과 위험을 제대로 고려해야 한다.

투자 수익=수익-비용-위험

수익은 시세차익과 월세/배당이다. 비용은 돈을 빌렸다면 빌린 이자, 세금, 그 외 들어가는 비용을 계산해야 한다. 위험은 월세나 배당이 적게 나오거나 안 나올 위험, 시세가 떨어지거나 망할 위험 등이다. 그러면 각각 어떤 일들이 일어나고 무엇을 어떻게 고려할지 살펴보자.

오피스텔 투자 : 수익

오피스텔 월세는 지역마다 다르다. 게다가 상황마다 다르므로 본인이 아니면 정확히 알 수 없다. 따라서 경험한 것만 비교하려 한다. 나는 대학 3학년인 1998년부터 2007년까지 46m²(14평형) 오피스텔에 투자했다. 투자했던 10년간 보증금/월세는 잠원동 씨티21 500/60, 역삼동 르메이에르타운 500/50, 남현동 르메이에르강남타운2가 1,000/70이었다. 2021년에 네이버 부동산으로 찾아봤다. 잠원동 씨티21 500/55, 역삼동 르메이에르타운 500/50, 남현동 르메이에르강남타운2가 1,000/70이다. 거의 오르지 않았다.

오피스텔은 시세차익 투자를 하지 않는다. 가격이 거의 오르지 않기 때문이다. 내가 투자할 당시 잠원동 씨티21은 8,000만 원, 역삼동 르메이에르타운은 8,500만 원, 남현동 르메이에르강남타운2는 1억 원이었다. 2021년에 네이버 부동산으로 조사하니 잠원동 씨티21[27] 4억 4,000만 원, 역삼동 르메이에르타운 1억 3,000만 원, 남현동 르메이에르강남타운2가 1억 9,000만 원이다. 비교를 위해 최근 5년(2016년~2021년) 연평균 상승률을 구했다. 잠원동 씨티21 15.9%, 역삼동 르메이에르타운 1.6%, 남현동 르메이에르강남타운2가 2.5%다. 씨티21은 특별한 이유로 시세가 너무 상승해서 제외하면 오피스텔 시세차익 수익률은 연 2.1%다.

---

27) 씨티21은 최근 반포 일대 재개발로 올랐다. 교통, 직장, 쇼핑, 학군 등 모든 것이 좋은 곳이다. 역삼동과 남현동 르메이에르도 교통, 직장, 쇼핑이 좋다. 하지만 학군까지는 아니다. 그 차이가 시세 차익 차이를 만들었다고 생각한다.

현 시세[28] 대비 월세를 생각하면 매매가격 대비 월세 수익률은 잠원동 씨티21 1.5%, 역삼동 르메이에르타운 4.6%, 남현동 르메이에르강남타운2가 4.4%다. 잠원동 씨티21은 특별한 이유로 시세가 너무 높아 제외하면, 오피스텔 월세 수익률은 연 4.5%다. 시세차익과 월세 수익률을 더하면 오피스텔 수익률은 연 6.6%다.

오피스텔 투자 : 비용

부동산은 세금이 복잡하다. 오피스텔 투자도 세금이 복잡하다. 사업하는 사람이 아니라면 오피스텔 투자는 업무용보다 주거용으로 투자하길 추천한다. 주거용이면 사는 집과 내는 세금이 같다. 세금도 오히려 싸다. 게다가 오피스텔에는 사업자보다 거주자가 더 많아 세입자를 구하기가 쉽다. 다만 최근 다주택자 규제가 많아지면서 더 복잡해졌다. 업무용은 취득세 감면이 없고 부가세도 있다. 하지만 다주택 규제로부터 자유롭고 사업하는 사람이라면 익숙하다. 따라서 주거용 오피스텔 기준으로 설명하겠다.

세금은 먼저 취득세 4.6%부터 시작한다. 하지만 임대사업자로 등록하면 85% 감면되어 0.69%다. 재산세와 종부세는 거의 없다. 종합소득세는 월세 100만 원 이하는 6%다. 시세차익이 거의 없으므로 양도소득세 또한 거의 없다. 따라서 세금은 5년간 약 7%, 연 1.4%다.

다음은 복비와 인테리어 비용이다. 세입자는 10년 이상 있기도 하고, 1년에 여러 번 바뀌기도 한다. 평균적으로 2년 정도 있었다. 또 2년에 한 번 정도는 도배를 해야 한다. 집을 깨끗이 쓰는 세입

28) 보증금은 500~1,000만 원이니 모수에서 제외하겠다.

자는 많지 않았다. 따라서 5년이면 복비 2번, 도배 2번 비용이 든다. 복비는 보증금과 월세 100배의 0.4%다. 5년간 매수가격 대비 역삼동 르메이에르타운 1.1%, 남현동 르메이에르강남타운2가 0.86%, 평균 1%, 연 **0.2%**다. 따라서 비용은 총 **1.6%**다.

오피스텔 투자 : 위험

오피스텔 투자에서 위험은 '월세 미납'이다. 보통 '월세를 안 내면 보증금에서 제하면 된다'라고 생각한다. 맞는 말이지만 그렇게 쉽지 않다. 월세를 두 번 밀리면 보증금에서 제하고 내보낸다. 내가 경험한 10명의 세입자 중 월세 미납으로 내보낸 경우가 2명이다. 그렇다고 월세 미납 확률이 20%는 아니다. 관련 통계를 찾아봤다. 전국 기준 연 3회 이상 연체 경험자가 4.4%[29)]다. 이 정도 확률로 월세 미납이 발생한다고 보는 것이 맞다고 생각한다.

월세 미납을 해결하려면 변호사를 선임해야 한다. 물론 전화해서 세입자를 설득해서 내보낼 수도 있다. 나도 그랬다. 매일 찾아가 근처에서 술 한잔하며 인간적으로 호소했더니 곱게 나가주었다. 하지만 그것은 결과가 불확실하고 변호사보다 돈이 더 많이 든다. 게다가 시간도 많이 들고 스트레스도 많다. 세입자가 나쁘게 마음먹으면 주거침입이나 불법추심으로 고소할 수도 있기 때문이다. 직장 다니면서 두 번 다시 이런 일을 할 수 없다고 생각해 오피스텔을 팔았다. 그래서 변호사를 선임하라는 것이다.

변호사를 선임하면 상담 2시간 20만 원과 최소 선임비용 330만 원이 든다. 그러면 변호사는 내용증명을 보내고 명도소송을 한다.

---

29) 2012년 국토해양부 주거실태조사 108P, 월세 가구의 월세 연체 경험 통계

변호사까지 쓰면 보통 이긴다. 이기면 집행권원을 받고, 공식적으로 세입자를 내보낼 수 있다. 소송에서 이겼으니 변호사비와 그동안의 피해를 보상받을 수 있다고 생각할지 모르겠다. 하지만 월세도 안 낸 사람이 보상을 하겠는가? 따라서 소송에 걸리는 6개월에서 1년은 고스란히 피해를 입는다고 보면 된다.

그러면 월세를 1년 못 받고, 월 20만 원 정도 하는 관리비는 밀렸고, 변호사비 350만 원을 계산하면, 역삼동 르메이에르타운 690만 원(보증금을 제하고 더 든 돈) 5.3%, 남현동 르메이에르강남타운2는 430만 원 2.3%, 평균 3.8% 손실이다. 계산해놓고 보니 생각보다 적다. 게다가 연체 경험 확률 4.4%까지 곱하면 실제 위험은 0.16%다. 결론적으로 오피스텔 연 투자 수익률은 4.84%[30]다. 괜찮은 수익률이지만, 나는 오피스텔 3개를 10년간 운영하며 두 번이나 '월세 미납'을 겪어서 4.84%보다 훨씬 낮은 수익을 얻었다.

성장하는 배당주 투자와 수익 비교

오피스텔과 같은 기준으로 성장하는 배당주인 고려신용정보, 맥쿼리인프라, 코엔텍의 투자 수익을 계산하면 연 27.3%[31]다. 특별히 위험한 일은 없었다. 배당주는 지루할 정도로 아무 일도 없다. 주식 투자는 거래세나 수수료가 특별히 계산할 필요 없을 정도로 적다. 게다가 있는 돈만큼만 사면 되므로 대출을 받을 필요가 없다. 오피스텔뿐만 아니라 모든 부동산 투자는 생각지도 못한 일들이 벌어져 중간중간 대출을 쓴다.

---

30) 투자 수익 4.84%=수익 6.6%-비용 1.6%-위험 0.16%
31) 투자 수익 27.3%=시세차익 23.1%+배당 수익 5%-배당소득세 0.8%

:: 결론

주식 투자가 오피스텔 투자보다 낫다. 비용과 위험까지 고려한 투자 수익률(27.3% vs 4.84%)을 비교하면 확실하다. 그 외에도 오피스텔 투자는 계산하지 않은 비용들이 있다. '월세 미납'에 대한 공포, 세입자 요구사항 들어주기, 여러 가지 사정으로 시간이 안 맞아 대출을 받아서 생기는 이자비용이다. 물론 주식은 매일 오르고 내리기 때문에 스트레스가 심하다고도 한다. 하지만 부동산 투자하며 겪는 일에 비하면 아무것도 아니다. 특히 성장하는 배당주 투자는 회사가 망하지 않았는지, 배당은 주는지만 챙기면 된다. 그러면 다음은 갭 투자를 비교해보도록 하겠다.

갭 투자와 비교

주식 투자가 갭 투자보다 낫다

갭 투자란 전세를 끼고 집을 사는 것이다. 2000년대 초반까지만 해도 흔치 않은 투자법이었다. 지금 갭 투자는 상식이고 많은 사람이 한다. 덕분에 집값도 많이 올라 규제도 심해졌다. 갭 투자의 장점은 적은 돈으로 집을 살 수 있다는 것이다. 단점은 무주택 기간이 끝나므로 청약을 노리는 사람에게는 불리하다. 갭 투자는 결국 집값 상승에 투자하는 것이다. 그러면 왜 주식 투자가 갭 투자보다 더 나은지 알아보자.

갭 투자 : 싸게 사는 법

갭 투자는 오직 시세차익이다. 싸게 사서 비싸게 팔아야 한다. 어떻게 하면 싸게 살 수 있을까? 집을 싸게 사는 법은 부동산, 발품, 협상이다. 부동산 중개사와 친해야 매매할 때 내 편을 들어준다. 집을 거래하는 당사자는 집주인(매도자), 매수자, 부동산 중개사다. 집주인이 집을 2억 1,000만 원에 내놨다고 치자. 부동산 중개사가 비슷한 게 얼마 전에 2억 원에 팔렸다고 거들어 주면 가격이 내려간다. 반대로 내가 2억 1,000만 원에 내놨다. 부동산 중개사가 비슷한 게 얼마 전 2억 2,000만 원에 팔렸다고 거들어 주면 가격을 내리지 않아도 된다.

발품은 많이 들여야 한다. 네이버 부동산만 보고 판단하는 사람들이 많다. 하지만 '임장(현장에 임한다. 즉 직접 해당 지역에 가서 탐방하는 것)'을 꼭 가야 한다. 가보면 네이버 부동산에 적힌 것과 다르다. 학교와 지하철이 가깝다고 하는데 얼마나 가까운지, 주변에 혐오시설은 없는지 직접 봐야 한다. 이런 농담도 있다. '강남까지 30분 거리'라는 광고의 뜻은 '차가 없을 때 죽도록 달려야 강남까지 30분 거리'다. 실제 동네와 건물의 느낌을 본인만의 방법으로 잘 정리하라. 하지만 '임장'의 단점은 시간을 많이 빼앗긴다.

마지막으로 협상이다. 집주인을 만날 때 가난하고 불쌍하게 보여라. 집이 너무나 마음에 들지만, 돈이 부족하니 도와달라는 느낌을 전달하라. 집의 문제점을 이야기해 가격을 깎으려는 사람이 있다. 나쁜 협상 전략이다. 일단 집주인의 기분이 상한다. 게다가 그런 사람들은 거래 끝날 때까지, 심지어 끝난 뒤에도 피곤하게 한다. 집을 싸게 사려면 집이 좋다고 이야기해야 한다. 돈이 모자라 안타까워하면 마음이 움직이는 집주인이 있다. 집값은 거래단위가 커서 집주인 기분에 따라 몇백만 원 또는 1,000만 원 넘게 깎이기도 한다. 그러면 집주인에게 감사하고 너무 좋아하면 된다. 집주인도 기뻐할 것이다.

모든 투자는 싸게 사면 절반은 성공한 셈이다. 가격이 오를수록 수익이 커진다. 떨어지더라도 손해가 적다. 믿을 만한 부동산 중개사와 오랫동안 거래하라. 만나면 밝게 인사하고 반갑게 몇 마디 나누고 수수료를 절대 깎지 마라. 그리고 발품을 팔아라. 눈으로 모두 확인해야 한다. 마지막으로 집주인 앞에서 겸손하라. 그분이 자비를 베푼 만큼 나의 수익은 올라간다.

갭 투자 : 비싸게 파는 법

어떻게 하면 집을 비싸게 팔 수 있을까? 갭 투자는 집값이 크게 올라야 돈을 벌 수 있다. 집값이 크게 오를 일은 재개발, 재건축(리모델링 포함), 교통 개선이다. 이 세 가지를 간단하게 설명하겠다. '재개발'이란 주택가가 아파트로 바뀌는 것이다. '재건축'이란 저층 아파트가 고층 아파트로 바뀌는 것이다. '교통 개선'은 도로나 지하철이 새로 들어오는 것이다. 이런 일이 있으면 집값이 크게 오른다. 갭 투자는 보통 개발 호재와 교통 호재가 있는 곳에 한다. 비싸게 파는 법은 개발이 다 될 때까지 기다리면 된다. 그때가 가장 비싸다.

숫자로 증명할 방법은 없다. 다만 이런 사례를 무수히 경험했다. 재개발, 재건축, 교통 개선이 진행되면 가격이 계속 오른다. 중간에 팔고 싶은 유혹이 끊임없다. 하지만 끝까지 가지고 있을 때 수익률이 최고다. 내 부모님은 사당동 재개발 아파트에 일찍 투자하셨다. 다 지어지고 몇 년 살다가 파셨다. 처가도 반포 3단지에 사시다가 반포자이로 개발된 뒤 2~3년 살다가 파셨다. 지나고 보니 그때 파는 게 최고였다.

최근 사례도 있다. 나는 젊었을 때 인상이 선하고, 신앙이 깊어 돈을 믿고 맡겨주시는 분이 있었다. 그분이 2000년쯤 해외에 오래 가시게 됐다. 돈이 6,000~7,000만 원 정도 있는데 맡아 관리해 달라고 하셨다. 두 가지 요구사항이 있었다. '첫째, 나이 들어 한국에 돌아왔을 때 혼자 살 수 있는 작은 집이 있었으면 좋겠다. 둘째, 외국에 있는 동안 신경을 쓰지 않았으면 좋겠다.' 나는 당시 1억 4,000만 원이던 '신반포 은방울 아파트'를 전세 8,000만 원을 끼고 6,000만 원에 샀다. 그분이 한국에 오시면 편하게 교회, 교통, 쇼핑, 병원 등을 다닐 수 있는 곳이라고 생각했다.

17년이 흘러 2017년이 됐다. 어느 날 그분이 해외에서 전화하셨다. 갑자기 본인에게 알 수 없는 연락이 너무 많이 온다는 것이다. 재건축 관련 문자와 전화였다. 은방울 아파트가 재건축에 들어간 것이다. 아파트가 완공될 때까지 기다리시라고 했다. 그분은 복잡한 재건축 과정이 싫다고 당시 7억 원에 바로 파셨다. 17년 만에 11배, 연평균 상승률 15.5%다. 좋은 성과였지만 아쉽다. 은방울 아파트는 2023년 래미안 원베일리로 재건축될 예정이다. 분양권은 2021년 현재 15억 원이다. 2023년에 완공되면 20억 원이 넘을 것이다. 갭 투자에서 비싸게 파는 법은 간단하다. 개발될 때까지 가지고 있어라.

갭 투자 : 비용

갭 투자는 집을 사고파는 것과 같은 비용이 든다. 취득세(1~3%), 복비(0.4%), 재산세와 종부세, 마지막으로 양도소득세[32]가 비용이다. 다른 세금은 적다. 하지만 양도소득세는 크다. 번 돈이 8,800만 원 이상이면 35%, 1억 5,000만 원 이상이면 38%, 3억 원 이상이면 40%, 5억 원을 초과하면 42%의 소득세율이 적용된다. 앞의 은방울 아파트도 1주택 장특공제(주택을 오래 보유하면 특별히 세금을 깎아주는 것)가 아니었다면 세금[33]이 약 2억 원, 수익의 40% 가까이 내야 했다. 따라서 갭 투자 시 양도소득세를 계산하고 아끼는 방법을 연구해야 한다.

갭 투자 : 위험

갭 투자의 위험은 개발이 늦어지거나 안 되는 것이다. 재건축, 재개발, 교통 개선은 쉽게 늦어진다. 심지어 취소되기도 한다. 박원순 전 서울 시장이 옥바라지 골목 철거를 막는 동영상을 본 적 있다. 합의가 되지 않은 몇몇 철거민의 의견을 묵살하고 철거가 진행되자 현장을 방문해서 "서울시가 할 수 있는 모든 수단을 동원해서 이 공사는 없다"라고 했다. 철거민들은 환호했지만, 이미 떠나서 재개발을 기다리는 사람들과 투자자들은 비명을 질렀을 것이다. 최소 서울 시장이 바뀔 때까지 늦어진다. 이런 예상치도 못했던 일들이 비일비재하게 벌어진다.

갭 투자자에게 개발이 늦어진다는 것은 물렸다는 뜻이다. 물렸

32) 재건축 초과이익환수제도 있다. 개발이익이 3,000만 원이 넘으면, 이익의 최고 50%까지 부과하므로 재건축 투자 시 주의가 필요하다.
33) 세금 2억 원을 냈더라도 8배, 연평균 상승률 13.3%다. 괜찮은 수익률이다.

다는 건 팔리지 않는 것을 누군가 제값에 사줄 때까지 계속 기다린다는 뜻이다. 개발 취소는 망했다는 뜻이다. 갭 투자는 규모가 크다. 한 건 투자에 작게는 몇천만 원,[34] 많게는 수억 원이 들어간다. 따라서 대출은 필수다. 한번 물리면 돈을 벌기는커녕 물린 기간 동안 이자가 나간다. 못 견디고 팔면 그 손해는 엄청나다. 너무 오랜 기간 동안 돈이 묶여 있었기 때문이다. 갭 투자는 성공 사례를 보면 참 쉬워 보인다. 하지만 정말 어렵고 위험한 투자다.

그렇다면 이런 위험을 어떻게 피할 수 있을까? 가장 좋은 방법은 없어도 되는 돈을 투자하는 것이다. 없어도 되는 돈으로 갭 투자를 할 정도라면 돈이 정말 많은 사람이다. 그래서 "부동산 투자는 돈 많은 사람이 하는 것"[35]이라는 말이 맞다. 돈이 없어 갭 투자로 돈을 벌어 집을 사겠다는 사람들은 말리고 싶다. 성공할 수도 있지만 실패하면 오랜 기간 다시 투자할 수 없다. 이번 생은 망한 것이다. 나도 시도했었다. 하지만 운 좋게 빨리 빠져나왔다. 그래서 금방 다시 시작할 수 있었다.

재개발, 재건축, 교통 개선이 늦어지거나 안 될 것을 알자마자 즉시 팔아라. 투자자는 문제가 생긴 것을 금방 안다. 하지만 큰돈이 들어갔고 꿈을 꾸고 있었기 때문에 아쉬움에 금방 팔지 못한다. 하지만 매수자는 잘 모른다. 뉴스로 알려졌다고 하더라도 모든 사람이 뉴스를 열심히 보는 것은 아니다. 잘 모르고 들어온 신규 투자자가 온다면 얼른 팔아야 한다. 늦어질수록 잘 모르고 사

---

34) 소형 아파트 갭 투자로 수백 채 집주인이 되는 데 성공했다는 사람들이 있다. 가능하다. 하지만 매우 위험하다. 주식 투자로 따지면 미수 투자(대출로 가진 돈의 5배까지 주식을 사는 방법, 기간은 3일이다)를 한다는 뜻이다.

35) 앙드레 코스톨라니, 《돈 뜨겁게 사랑하고 차갑게 다루어라》, 미래의 창, 89페이지에 있다.

려는 투자자는 없어지고, 팔려는 기존 투자자는 많아진다. 빨리 팔아라.

:: 결론

주식 투자가 갭 투자보다 낫다. 내가 본 갭 투자 성공 사례인 은방울 아파트도 연평균 수익률 15.5%다. 성장하는 배당주 투자는 20%가 넘는다. 갭 투자의 비용과 위험은 주식 투자보다 훨씬 크다. 비교가 의미 없을 정도다. 갭 투자는 없어도 되는 돈으로 집을 사 놓고 싶은 부자들에게만 괜찮은 투자다. 돈이 없다면 시도하지 않기를 권한다. 이미 갭 투자를 했다면 물렸다는 것을 알자마자 즉시 팔아라.

상가 투자와 비교

주식 투자가 상가 투자보다 낫다

여기서 상가 투자란 쇼핑몰, 상가, 지식산업센터[36] 등 상가건물 신축 분양에 투자하는 것을 뜻한다. 매물로 나온 상가를 사는 것은 제외하겠다. 왜냐하면, 매물로 나온 상가는 비싸다. 하지만 쇼핑몰, 상가, 지식산업센터 신축 분양은 적은 돈을 투자해서 많은 월세 수익과 시세 차익을 홍보한다. 그래서 재테크 초보자들이 쉽

36) 2008년까지는 아파트형 공장이라고 불렀다.

게 뛰어든다. 나도 마찬가지였다. 내 상가 투자 경험을 공유해 왜 주식 투자가 상가 투자보다 나은지 설명하고자 한다.

상가 투자 수익

주위 부동산 중개사무소를 지나다 보면 상가 매물이 있다. '매매가 10억 원 5,000/450', '매매가 5억 원 2,000/150' 이런 문구를 볼 수 있다. '음식점, 장사 잘됨' 또는 '커피숍, 장사 잘됨' 이런 문구도 있다. 상가 시세는 수익률로 결정된다. 연 4~5% 내외다. 물론 토지와 건물 가격으로 정해지기도 하지만 그것은 공실일 경우다. 이것은 다 지어진 상가를 사는 경우다.

그런데 신규 분양 광고는 연 8~9%, 심지어는 10% 넘는 수익률을 제시한다. 심지어는 3~5년간 확정 지급하겠다고도 한다. 유혹을 느낄 수밖에 없다. 게다가 그 지역을 잘 알고 있는 사람이라면 더 그렇다. 상권이나 위치가 좋은 곳에 시세의 절반 정도 가격으로 분양되기 때문이다. 다 지어질 때까지 기다리기만 하면 2배가 되는 것 아닌가?

나도 같은 생각으로 2004년 중순에 성신여대입구역 '오스페(현 유타몰)' 신축에 투자했다. 4호선 성신여대입구역은 대학 다닐 때 매일 다니던 역이다. 항상 아쉬웠다. 거리에는 주중, 주말 할 것 없이 근처 중고생과 대학생들로 붐볐다. '여기 극장이 있는 쇼핑몰이 있으면 대박 나겠다.' 나뿐만 아니라 그 동네 장사하시던 분들도 대부분 비슷한 생각을 했었다. 그런데 오스페가 CGV, 옷가게, 화장품, 신발가게가 있는 복합 쇼핑몰을 건설한다고 했다. 게다가 지하철과 연결되어 있다. 8,850만 원에 분양했고 2,000/110을 받을 수 있다고 했다. 연 14.9%다.

상 가 명	오스페(osfe)		
주소	서울특별시/성북구/동선동1가 1-2번지 외 19필지		
구분	테마쇼핑몰 (판매,근린,영화)	형태	등기분양
지역/지구	중심상업지구	총점포수	989개
대지면적	659.71 평 약 2,180.87㎡	시 행 사	(주)신일건업
건축면적	321.11 평 약 1,061.53㎡	시 공 사	(주)신일건업
연 면 적	8,012.68 평 약 26,488.32㎡	분 양 사	(주)M&D그룹
규모	지하7층/지상14층	자금관리사	-
입점예정일	2007-09-00	현황	분양중
건축허가 등..	부지매입완료(등기확인 가능), 건축허가 완료, 교통영향 환경평가 완료, 현공사 진행중	세 대 수	-
분양신고번호	미대상	신고일자	미대상
특징	4호선과 경전철(학정) 성신여대역과 오스페 건물 지하2층으로 직통연결		

층	점포수(개)	구좌별 평수 분양/전용	가격(만원)	권장업종
B2	56	4.5/1.2	구좌당 15,250	지하철 직통 연결,만남의 IT전문매장, 캐릭터 (모토, 트푸드,등)
B1	99	4.5/1.2	구좌당 13,600	토탈잡화(악세사리, 선물, 가방, 구두, 화장품 등
1F	92	4.5/1.2	구좌당 18,500	명품관(귀금속, 안경점
2F	110	4.5/1.2	구좌당 13,800	레이디(여성정장, 이너웨(
3F	116	4.5/1.2	구좌당 11,500	영캐주얼(유니섹스, 이지 웨, 스포츠용품 등)
4F	116	4.5/1.2	구좌당 9,650	키즈(아동, 유아, 출산용품, 남감 등)
5F	115	4.5/1.2	구좌당 8,850	브랜드 아울렛
6F	114	4.5/1.2	구좌당 8,550	브랜드 아울렛
7F	115	4.5/1.2	구좌당 7,750	브랜드 아울렛
8F	29	15/3	구좌당 27,000	푸드코트
9F	10	/	구좌당 35,110~96,830	근린시설(커피숍,편의점, 호프집,오락실)
10F~12F	320	/	평당	멀티플렉스 영화관
13F	8	/	구좌당 70,260~109,640	병원
14F	8	/	구좌당 81,060~126,490	스카이라운지(패밀리 레스토랑),옥상하늘공원

자료 3-3. 오스페 분양조건, 나는 6층 1구좌를 분양받았다

출처 : 사진 – 이진철 기자, "신일건업, 성신여대 복합상가 '오스페' 분양", 〈이데일리〉, 2005년 9월 11일자/분양 정보 – 네이버 카페 '오스페계약자모임'

기존 2,000/110을 받는 상가 가격은 최소 2억 원이 넘는다. 8,850만 원이 5년 후 2억 원이 되면 연평균 17.7% 수익이다. 오스페 상가가 완공되면 임대수익과 매매차익을 합쳐 연평균 수익률 32.6%다. 이 얼마나 매력적인가? 그래서 신축 상가나 지식산업센터에 관심을 가지게 됐다. 2000년대 중반에는 레지던스 호텔[37] 분양이 많아 투자를 검토하기도 했다. 월세를 못 받을 걱정은 하지 않았다. 당시 성북구에는 극장[38]이 없었다. 성신여대역에 극장이 들어온다는 자체가 센세이션이었다. 사람이 몰릴 수밖에 없었다. 그래서 그 동네분들도 많이 투자하셨다.

---

37) 레지던스 호텔 : 숙박용 호텔과 주거형 오피스텔이 합쳐진 것

38) 2021년에도 유타몰 CGV뿐이다. 사람이 엄청 많아 엘리베이터 기다리는 시간이 너무 길다.

상가 투자 비용

상가를 처음 살 때 드는 비용은 5.5%다. 취득세 4.6%, 중개수수료 0.9%다. 세를 주면서 드는 비용은 부가가치세와 임대소득세다. 부가가치세는 월세와 임대보증금 이자[39)]의 10%를 내야 한다. 임대소득세는 임대소득의 15.4%다. 팔 때는 가격이 올랐다면 양도소득세를 내야 한다. 또한, 상가 투자자가 상가를 매도하면 폐업이다. 부가가치세를 환급받은 것이 있다면 10년 이내 환급받은 것을 토해내야 한다. 그 외에도 개인 사정에 따라 여러 가지 세금 문제가 생길 수 있다. 세금이 복잡하므로 전담 세무사가 꼭 필요하다. 비록 상가가 한 채라도 말이다.

사서 5년 후 팔겠다고 했을 때 비용은 어떻게 될까? 8,850만 원에 산 오스페가 2,000/110 수익이 나온다고 가정하자. 임대에 대한 비용은 취득세와 중개수수료[40)] 연 1.1%, 부가가치세 연 1.5%, 임대소득세 2.3%다. 그러면 연 4.4%다. 지금 오스페는 개별로 거래되지 않아 시세를 알 수 없다. 8,850만 원에 사서 5년 뒤 3억 원에 팔았을 때 손익은 1억 5,328만 원, 연평균 수익률이 11.6%[41)]다. 6.1%[42)]가 세금으로 나간 셈이다. 따라서 오스페 투자 총비용은 10.5%다.

---

39) 임대보증금 이자는 '간주임대료'라고 한다. 이에 대해서도 부가가치세를 내지만 액수가 적어 무시해도 괜찮다.

40) 1.1%=5.5%/5년, 1.5%=연수익 14.9%의 10%, 2.3%=연수익 14.9%의 15.4%(임대소득세율)

41) '상가 수익률 계산기'라는 앱을 사용했다.

42) 거래차액이 2억 원이 넘어 세율 38%까지 적용됐다. 부동산 투자에서는 양도소득세가 가장 중요하다.

상가 투자 위험

신축 상가 투자는 수익도 크고 비용도 크고 위험도 크다. 오스페 투자도 수익에서 비용을 빼면 연 22.1%다. 상가 투자의 위험은 숫자로 표현하기 어렵다. 그래서 내가 겪은 사례를 소개하고자 한다. 모든 신축 상가나 지식산업센터 투자가 오스페 사례 같지는 않을 것이다. 위험 없이 잘될 수도 있다. 하지만 나와 비슷한 사례를 주변에서 많이 봤다. 그런 사례를 겪지 않을 확신이 있거나 당하더라도 과연 이익인지 스스로 생각할 수 있었으면 한다.

신축 상가 투자의 위험을 몰랐던 2004년, 20대 후반 신혼 초였다. 나는 오스페에 투자했고 계약금과 중도금으로 6,500만 원을 냈다. 어느 날 시공사였던 신일건업에서 연락이 왔다. 시행사가 망해서 시공사인 신일건업과 다시 계약해야 한다는 것이다. 건물을 완성할 수 있도록 모든 권한을 일임해달라고 했다. 수익률은 연 3~4% 약속했다. 투자자들은 그 조건을 받아들이는 쪽과 받아들이지 않는 쪽으로 나뉘었다. 나는 받아들이지 않았다. 당시 '굿모닝시티' 사례를 참고했다. 신일건업의 제안은 성공 가능성이 낮고, 성공해도 결국 손해라고 판단했다.

신일건업은 순순히 돈을 돌려주지 않았다. 조건을 받아들이지 않은 투자자들을 계속 설득하려 했다. 지금은 없어졌지만, 당시 신일건업은 '신일유토빌'로 유명한 중견기업이자 상장사였다. 회사 입장에서는 당연하고 그들의 이야기는 일리가 있었다. 하지만 나는 돈을 돌려받아야 했다. 신혼 초 집을 줄여가며 투자한 돈이다. 결국, 투자자들은 여러 팀으로 나뉘어 투자한 돈을 돌려달라고 소송을 걸었다. 2004년 9월, 투자할 당시 2006년 10월에 완공

예정이었고, 조금 늦어져도 2007년부터는 월세를 받을 수 있을 줄 알았다. 하지만 변호사를 선임해 소송을 접수한 날짜는 5년 6개월이 지난 2010년 1월이었다.

우리 팀은 2010년 5월쯤 원금을 돌려받았다. 왜냐하면, 소송을 접수하며 신일건업이 받을 공사대금에 가압류를 걸었기 때문이다. 소송을 하며 함께 투자했던 다양한 분들을 만났다. 오스페에 들어와 장사하려고 빚내신 분, 퇴직금을 모두 투자하신 분, 10개 넘게 계약하신 분 등 많은 분이 인생을 걸었다. 그래서 화병으로 병을 얻은 분도 계셨다. 나는 젊었고 피해자 축에도 못 꼈다. 힘들었던 신축 상가 투자는 이렇게 한 푼도 못 벌고 끝났다.

나도 상가 투자로 돈 번 사람을 안다. 그는 그 상가에서 장사한다. 그러다가 괜찮은 매물이 나오면 얼른 사서 세를 주었다. 혹시 세가 나오지 않으면 내쫓고, 본인이 직접 장사를 하기도 했다. 그 외에 신축 상가나 지식산업센터에 투자해서 성공한 사람을 아직 못 봤다. 오히려 힘들어하는 사람은 많이 봤다. 건물이 올라가다가 멈추고, 생각보다 월세가 적고, 세금, 월세 안 내는 세입자 등. 나도 성공하지 못했다. 이런 위험이 있다는 것은 꼭 기억하기 바란다.

:: 결론

신축 상가 투자는 수익이 크다. 하지만 비용도 크고, 위험은 더 크다. 장사를 하는 사람이 아니라면 권하고 싶지 않다. 특히 직장인 부업으로는 적절하지 않다. 결론적으로 주식 투자가 부동산 투자보다 낫다. 주식 투자는 오피스텔, 갭 투자, 상가 투자보다 수익률도 높고 비용과 위험도 적다. 다만 남에게 자랑할 수 없다. 부동산에 투자하면 건물주 대접을 받는다. "저거 내 거야" 하면서 으쓱하다. 단, 큰 비용과 위험을 부담해야 한다. 그것을 부담할 수 있을 정도로 돈이 많다면 괜찮다. 그렇지 않은 대다수, 특히 사회초년생들에게 권한다. 주식 투자를 하라. 성공해서 돈이 많아지면 그때 부동산에 투자하라.

PART 04

직업으로 주식 투자

전업 투자할 때 알아야 할 사항

이제부터 직업으로 주식 투자하는 방법을 설명하겠다. 직장인 투자자는 알 필요 없다고 생각할지 모른다. 하지만 알아야 한다. 왜냐하면, 주식 투자에 도움이 되기 때문이다. 주식 시장에는 세 종류의 투자자가 있다. 대주주, 기관 투자자,[43] 개인 투자자다. 비중도 3:4:3 정도다. 개인 중 전업 투자자는 많지 않다. 하지만 개인 투자자 돈은 대부분 전업 투자자 돈이다.

이것을 뒷받침하는 통계가 있다. 한국거래소는 2011년 '주식 투자 인구 및 주식 보유현황'을 발표했다. 당시 주식 투자 인구는 548만 명이었다(2020년에는 919만 명[44]으로 늘었다고 한다). 그 자료에 따르면 0.6%의 개인이 시가총액 50%를 가지고 있다. 1만 주 이상을 가진 7%가 시가총액의 70%를 가지고 있다. 하지만 개인 투자자의 67%는 1천 주 미만, 시가총액 8.3%만 가지고 있다. 그

43) 외국인은 움직임 특성상 기관 투자자 범주다.
44) '2020년 12월 결산 상장법인 소유자현황', 한국예탁결제원

리고 주식 투자 연령은 50~60대가 70%를 넘는다. 결론은 개인 투자자는 대부분 전업 투자자이고, 그들은 소수이며, 대부분 직장을 은퇴한 50~60대다.

전업 투자자는 직장인 투자자와 완전히 다르다. **'시간'** 때문이다. 짧으면 하루, 길면 1~2년 이내 반드시 **'매도'**를 해서 돈을 벌어야 한다. 직장인처럼 월급이 나오지 않으니 당연하다. 그래서 **'리스크'**가 크다. 리스크를 줄이기 위해 여러 가지 분석을 한다. 그래서 직업으로 하는 주식 투자는 꽤 힘들다. 전업 투자자를 FIRE족[45]이라고 오해하는 사람들이 있다. 아니다. FIRE족은 투자를 하지 않아도 될 만큼 돈이 많은 사람이다.

지금까지 소개한 투자 전략은 모두 직장이나 직업이 있는 투자자를 위한 것이었다. 상한가 출렁매매, 종가매수 시가매도, 시간외 이삭줍기 같은 매매 기법이나 성장주, 독점주, 턴어라운드주, 변화선도주 같은 가치 투자, 그리고 부수입을 만드는 성장하는 배당주 투자를 소개했다. 모두 시간과 상관없고 리스크 또한 거의 없다. 하지만 이것만 알아서는 전업 투자자가 될 수 없다. 전업 투자자는 시간에 얽매인다.

그래서 전업 투자자는 '투자자 분석'과 '기술적 분석'을 알아야 한다. 그럴듯한 복잡한 분석들이 많다. 몰라도 된다. 분석이 복잡하면 분석을 이해하다가 시간이 다 지나간다. 그래서 투자의 본질에 집중하기 어렵다. 중요한 것은 분석이 아니라 다른 투자자의 마음을 읽는 것이다. 시험을 잘 보는 학생은 선생님의 마음을 읽는다. 일을 잘하는 직장인은 상사의 마음을 읽는다. 장사를 잘

---

45) FIRE : Financial Independence Retire Early(경제적 자립, 조기 은퇴)의 준말.

하는 사람은 고객의 마음을 읽는다. 주식으로 돈을 버는 사람은 주식을 사고파는 대주주, 기관, 개인의 마음을 읽는다. 이 파트를 통해 전업 투자자를 이해하기 바란다. 투자에 도움이 될 것이다.

전업 투자 시 필요한 것

투자 실력, 시드머니, 투자 센스

전업 투자자를 하려면 투자 실력, 시드머니, 투자 센스가 필요하다. 이 세 가지가 있는 사람들이 바로 앞서 말한 시가총액의 50%를 가진 0.6%의 개인 투자자들이다. 그들은 주식 투자로 많은 돈을 벌었고, 그 돈으로 계속 투자하고 있는 개인들이다. 그러면 이 세 가지가 무엇이며 얼마나 있어야 할까? 그리고 어떻게 가질 수 있을지 알아보자.

투자 실력

보통 전업 투자는 매월 시드머니의 1% 이상 벌 수 있을 때 한다. 월 1%면 연 12%다. 연 12% 번다면 비웃거나 우습게 생각하는 사람은 투자를 잘 모르는 사람이다. 쉽지 않다. 워런 버핏 수익률이 연 21.6%다. 피터 린치가 연 29.2%다. 이들은 세계적으로 위대한 투자자들이다. 개인 투자자가 연 12%를 꾸준히 번다면 대단한 것이다. 1%를 넘어야 하는 이유는 1%는 생활비로 쓰고 그 이상 벌면 저축해서 시드머니를 늘려야 하기 때문이다. 생활비는 물가 상승과 사회구조 변화로 매년 늘어난다. 따라서 시드머니도 그에 맞춰 계속 늘려줘야 한다.

직장을 다니면서 매월 1% 벌 수 있는 능력을 키워라. 어떻게 키울 수 있을까? 가치 투자로도 충분하다. 매년 12% 이상 오르는 성장주, 독점주, 턴어라운드주, 변화선도주에 투자하면 된다. 가장 확실하고 속 편한 방법이다. 거래수수료도 발생하지 않아 수익률도 높다. 하지만 단점은 그 편안함에 있다. 오랫동안 매도를 하지 않았기 때문에 정작 매도를 해야 할 때 잘못하는 경우가 많다. 오래 가지고 있었기에 정들었다. 그래서 '지정가 10단계 매도'를 해야 한다는 것조차 잊는다. 그래도 가장 쉽고 편하며 수익률도 높은 투자법이다.

성장하는 배당주 투자를 응용하는 것도 좋은 방법이다. 배당주는 배당락 이후가 가장 싸다. 연 배당 주식은 1월이 가장 싸다. 9월까지 큰 변화 없다가 10월부터 오르기 시작해서 12월 최고가에 이른다. 가치 투자를 하고 있다가 9월쯤 배당주로 갈아탄다. 배당을 받으면 내년 12월까지 기다려야 하니 12월, 배당락으로 떨어지기 전에 팔고 다시 가치 투자를 한다. 분기 배당주, 반기 배당주로 매매주기를 줄일 수도 있다. 이렇게 연 12%를 버는 법을 연구하고 연습하는 것이다. 이런 식으로 연 12% 이상 꾸준히 벌기 위해 많은 시도를 하면서 연구하다 보면 어느 날 '나도 전업 투자할 수 있겠다'라는 느낌이 온다. 그때까지 투자 실력을 쌓아라.

시드머니

전업 투자를 위한 시드머니는 2021년 기준 1인 가구 1억 5,000만 원, 2인 가구 2억 원, 3인 가구 3억 원, 4인 가구 4억 원이 필요하다. 전업 투자자는 번 돈으로 생활비를 써야 한다. 시드머니의 1%가 생활비보다 커야 한다. 생활비는 얼마나 들까? '통계청 - 국내통계, 소득·소비·자산'에 가면 '가구원수별 가구당 월평균 가계수지'에 나와 있다. 평균 생활비는 2021년 2분기 기준 가구수 1인 128만 원, 2인 195만 원, 3인 289만 원, 4인 363만 원이다. 나는 내 생활비와 매년 비교한다. 내가 평균보다 어디에다 더 쓰고, 덜 쓰는지 알 수 있기 때문이다. 내가 낭비를 하는지 알 수 있고, 계획을 세울 때 유용하다.

시드머니를 어떻게 마련할 수 있을까? 네 가지 방법이 있다. 상속, 저축, 투자, 대출이다. 첫째, 상속이다. 부모님께 돈이 있다면 가서 받아라. 일단 1,000만 원을 받아 실력을 쌓아라. 연 12% 이상 벌 수 있는 실력을 쌓는다. 그리고 가구원수만큼의 돈을 달라고 부모님을 설득하라. 부끄러운 일도, 옳지 않은 일도 아니다. 증여세가 나간다. 그리고 꽤 크다. 그러니 세금까지 고려해서 시드머니만큼 받을 수 있도록 하라. 가장 쉽고 확실하다. 그 대신 부모님께 감사하고 효도하라.

둘째, 저축이다. 일단 1,000만 원을 모아 실력을 쌓으면서 필요한 시드머니가 모일 때까지 월급의 50%를 저축하는 것이다. 고통스러운 과정이다. 최소 1년은 걸린다. 연봉이 높으면 더 빠를 것 같지만 그렇지도 않다. 연봉이 높으면 써야 하는 돈도 많아 결국 1년이 걸린다. 내 어머니는 시드머니를 모으는 과정이 너무 고통스

러웠다고 회고하셨다. 당시 대부분의 사람들처럼 월세방에서 시작하셨다. 첫 시드머니를 만드는 데 10년이 걸렸다. 1980년대 당시 부동산 시드머니 1,000만 원은 지금으로 따지면 1억 원이 넘는다. 집을 샀는데 집값이 올랐고 저축으로 넓혀가셨다. 그래서 절약이 생활화되셔서 지금도 돈을 잘 못 쓰신다.

셋째, 투자다. 나는 다행히도 교통사고 보상비, POSDATA, KT에서 받은 월급을 주식에 투자해 결혼할 때쯤 전세금 정도를 마련할 수 있었다. 아직 대학생이라면 부모님께 1,000만 원을 받아 주식 투자 실력을 쌓은 후 월급으로 투자해서 시드머니를 모으라. 진짜 어렵다. 공부를 많이 해야 하고 운도 따라주어야 한다.

넷째, 대출이다. 대출해서 투자하지 말라는 것은 모든 투자 책에 나온다. 하지만 대출받아서 투자하는 사람들이 꼭 있다. 나도 대출을 섞어서 투자했다. 그러니 말릴 수도 없다. 단, 한 가지만 명심하자. 투자는 손해 볼 수도 있다. 그런데 그 손해 때문에 대출 이자를 못 내는 순간, 신용등급은 크게 떨어져 다시는 낮은 이자로 대출을 받을 수 없다. 그러니 절대 분수에 넘치는 대출을 받지 말라. 먼저 실력을 키우고 대출을 받아라.

다시 요약하면, 전업 투자를 위한 시드머니는 1인 가구 1억 5,000만 원, 2인 가구 2억 원, 3인 가구 3억 원, 4인 가구 4억 원이 필요하다. 매년 올라가니 통계청 '가구원수별 가구당 월평균 가계수지'를 통해 확인하라. 시드머니를 마련하는 방법은 상속, 저축, 투자, 대출이 있다. 상속과 저축은 안전하고 확실하다. 투자와 대출은 위험하고 불확실하다. 특히 대출은 분수를 지키고, 실력을 충분히 키운 다음 활용하라.

투자 센스

전업 투자자에게 꼭 필요한 것은 '투자 센스'다. '센스 있다'라는 것은 다른 사람의 마음이나 상황을 잘 알아차리고 요령 있게 대응한다는 뜻이다. 살면서 여러 분야에서 센스 있는 사람을 만난다. 학교 다닐 때 공부 센스, 젊을 때 연애 센스, 게임할 때 게임 센스, 회사에서 업무 센스까지 다양하다. 그리고 한 분야에 센스가 있다고, 다른 분야에서 센스 있는 것도 아니다. 전업 투자자가 되려면 '투자 센스'가 있어야 한다.

투자 센스란 무엇일까? 투자 센스는 '투자자들의 마음을 읽는 감각'이다. 다른 센스들과 비슷하다. 고등학교 때 전교 1등의 도움을 받았다. 그 친구는 내 취약 과목이었던 영어 교과서를 펴서 40개를 찍어주었다. 그중 37개가 나왔다. 결과적으로 그해 내신 1등급을 받았다. 어떻게 그렇게 맞출 수 있냐고 물었다. 선생님마다 수업시간에 시험에 낼 것을 암시하는 신호가 있다고 한다. 공부만 그런 것이 아니다. 연애, 게임, 직장 생활도 다 그런 종류의 센스가 필요했다. 투자도 그런 센스가 필요하다. 예를 들어보겠다.

먼저 투자 센스가 없는 사람의 경우다. 2021년 1월 11일에 삼성전자 주가는 96,800원까지 올랐다. '2020년 코로나가 닥치자 온라인 쇼핑 수요가 늘어나며 반도체 가격이 크게 올랐다. 게다가 전기차가 늘고 자동차에 전자기기가 많아지면서 반도체는 계속 부족하다. 그러니 반도체 가격은 계속 오르고 삼성전자 실적도 좋아져 주가가 오를 것이다' 이렇게 생각한다.

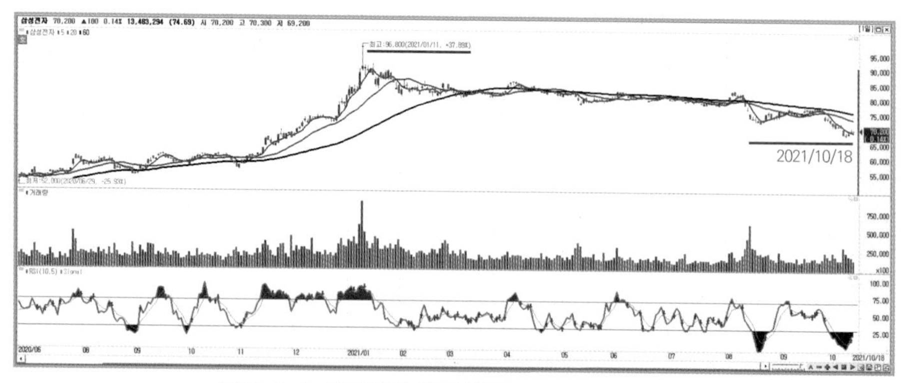

자료 4-1. 삼성전자 차트 화면(2021년 10월 18일)

2021년 10월 8일 금요일, 삼성전자는 3분기 잠정실적을 발표했다. 분기매출이 처음으로 70조 원을 넘고, 영업이익도 15.8조 원으로 역대 두 번째로 높았다. 반도체 덕분이었다. 하지만 주가는 실적 발표 다음 주 화요일(2021년 10월 13일)에 68,800원까지 떨어졌다. 투자 센스가 없는 사람은 미래를 모두 맞췄다. 주가만 맞추지 못했다.

그러면 투자 센스가 있는 사람은 어떻게 해석할까?

'2020년 내내 삼성전자 주가는 크게 올랐다. 더는 살 사람이 없다. 그런데 2021년 1월에 주가가 크게 올랐다. 주식 투자 인구가 900만 명을 넘었다고 한다. 어른 4명 중 1명이다. 대부분 삼성전자를 샀다. 삼성전자는 국민 주가 됐다. 삼성전자 주가 10만 원을 넘기길 바라며 '10만 전자 가즈아'라는 신조어도 나왔다. 그런 사람들도 샀는데 더 살 사람이 있을까? 삼성전자를 팔아야겠다.'

투자 센스 있는 사람은 이렇게 생각했다. 미래는 처음부터 읽지도 않았다.

차이를 알겠는가? 읽어야 하는 것은 미래가 아니라 투자자의 마음이다. 주식 시장은 미래를 아는 사람이 돈 버는 곳이 아니다. 투자자의 마음을 아는 사람이 돈 버는 곳이다. 공부를 열심히 하고 시험을 못 보는 학생, 진심으로 사랑해도 사랑받지 못하는 연인, 열심히 연습해도 매번 지는 게이머, 열심히 일해도 인정받지 못하는 직장인, 열심히 분석해도 돈 못 버는 투자자는 마음을 읽지 않았기 때문에 실패한 것이다. 이렇듯 전업 투자자가 되려면 '투자 센스'가 있어야 한다.

:: 결론

전업 투자자를 하려면 투자 실력, 시드머니, 투자 센스가 필요하다. 투자 실력은 월 1%, 연 12% 수익을 꾸준히 올릴 수 있어야 한다. 시드머니는 2021년 기준 1인 가구 1.5억 원, 2인 2억 원, 3인 3억 원, 4인 4억 원이며 매년 올라간다. 투자 센스는 투자자의 마음을 읽는 것이다. 그리고 그것을 즐겨야 한다. 이제 투자자 분석에 대해 좀 더 자세히 설명하겠다.

투자자 분석

투자자 분석의 기본

도매상이 되어라

투자자 분석의 기본은 도매상 관점으로 투자해야 한다는 것이다. 주식 시장에도 생산자, 도매상, 소매상이 있다. 생산자는 대주주다. 대주주는 회사를 상장시킨다. 증자를 하거나 전환사채를 발행해 주식을 생산한다. 도매상은 기관 투자자다. 대주주가 발행한 주식을 사서 회사에 돈을 공급한다. 회사가 성장해 가격이 오르면 개인 투자자에게 판다. 개인 투자자는 소매상이다. 회사가 성장해서 더 비싸지면 그때 다른 개인 투자자에게 판다. 전업 투자자도 기관 투자자와 같이 투자가 직업이다. 전업 투자자는 도매상이 되어야 한다. 수익률은 낮아도 리스크가 적다. 그리고 투자에서 수익은 리스크가 결정한다.

주식 시장의 구조

주식 시장을 어떻게 바라보고 있는가? 주식은 '회사의 일부를 소유하는 것' 또는 '회사의 이익을 공유하는 것'이라고 받아들여지곤 한다. 맞는 말이다. 하지만 입장을 바꿔 당신이 대주주나 기관 투자자라고 생각해보자. 개인 투자자가 이렇게 생각해서 내 주식을 비싸게 산다면 얼마나 고마울까? 완전 호구다. 그렇게 순진하면 안 된다. 주식 시장도 시장이다. 싸게 산 주식을 남에게 비싸게 팔아 돈을 버는 곳이다. 상대방의 필요와 상황을 이용해서 사는 사람은 싸게 사고, 파는 사람은 비싸게 파는 시장일 뿐이다.

어느 시장이나 생산자, 판매자, 소비자가 있다. 주식 시장은 소비자가 없다. 모두 자기가 산 가격보다 비싸게 팔고자 하는 판매자만 있을 뿐이다. 판매자는 도매상과 소매상으로 나뉜다. 주식 생산자인 대주주는 도매상인 기관 투자자에게 돈을 받고 주식을 넘긴다. 도매상은 개인 투자자에게 주식을 판다. 이들은 또 다른 개인 투자자가 더 비싸게 사주길 바란다. 그래서 개인 투자자는 소매상이다. 더 비싸게 사주는 사람이 없을 때, 기다리다 지친 그들은 싼값에 다시 시장에 내놓는다. 그때 대주주나 도매상은 다시 싸게 사들인다. 이것이 반복되는 곳이 주식 시장이다. 그러면 어떻게 내가 기관 투자자와 같은 도매상이 될 수 있을까?

대주주와 이해관계를 같이하라

대주주와 이해관계를 같이하라는 뜻은 대주주 입장에서 주가가 올라야 하는 종목을 고르는 것이다. 회사는 대주주의 뜻대로 움직인다. 그는 회사의 주인이다. 자기 의도대로 회사를 경영할 대표이사를 고용하고 제대로 못 하면 자른다. 대주주가 직접 경영하기도 한다. 대주주라고 주가를 올리고 싶으면 항상 올릴 수 있는 것은 아니다. 하지만, 대주주가 주가를 올리지 않겠다고 마음먹으면 주가는 절대로 올라가지 않는다. 얼마든지 주가를 떨어뜨릴 수 있는 대단한 사람이다.

자기 회사 주가가 올라가길 원하지 않는 대주주가 있냐고? 있다. 이것을 이해하려면 입장을 바꿔서 생각하는 능력을 길러야 한다. 입장을 바꿔 '나는 상장사 대주주다. 대주주다…'라고 생각해보자. 작은 상장사라도 시가총액이 500억 원은 된다. 대주주니까 30% 넘게 있다고 치자. 이미 자산 150억 원이 넘는 부자다. 이 150억 원을 꼭 500억 1,000억으로 늘리고 싶을까? 아니면 편하게 이 150억 원을 잘 지키며 살다가 자녀에게 최소한의 세금으로 넘겨주고 싶을까? 무엇이 옳은가를 생각하지 말라. 당신이라면 어떻게 할지 가슴에 손을 얹고 생각해보라. 많은 사람이 후자로 행동한다. 대단한 도덕군자가 아니라면 당신도 마찬가지일 것이다.

그 이야기는 대주주는 특별한 몇몇을 제외하면 주가가 오르는 것에 관심이 없다. 심지어는 떨어지기를 원하기도 한다. 설마? 다시 대주주의 입장이 되어보자. 나이 70이 넘어 병도 들었다. 40대 후반인 자녀에게 물려주려고 한다. 자녀는 경영수업도 착실히 하고 있다. 그런데 회사 주가가 오르면 상속세가 엄청나다. 그들 입장에서 주가는 떨어져야 한다. 이런 상황인 상장사가 꽤 많다. '전자공시-분기보고서-주주에 관한 사항'을 보라. 대주주와 같은 성씨의 특수관계인이 있다. 자녀나 조카다. 경영에 참여하고 있다면 '전자공시-분기보고서-임원 및 직원 현황'에 출생 연월까지 확인할 수 있다.

'대주주와 이해관계를 같이하라'는 것이 무슨 뜻인지 알았기를 바란다. 매우 중요하다. 사업의 내용과 재무제표만 보고 종목을 선정하면 안 된다. 이렇듯 대주주가 어떤 사람인지 알고, 그의 상황과 의도를 읽어야 한다. 정치 뉴스를 보면 정치인의 말과 행동에서 그의 상황과 의도를 해석한다. 연예 뉴스도 마찬가지다. 심지어 드라마에서 작가의 의도를 파헤쳐 뒤에 나올 내용을 맞히기도 한다. 그 외에도 매일 상사, 동료, 와이프 눈치를 보며 상황과 의도를 읽지 않는가? 그 능력으로 대주주의 상황과 의도를 읽어라. 그리고 이해관계를 같이하라.

기관 투자자가 투자한 가격 근처에서 산다

기관 투자자가 투자한 가격 근처까지 떨어졌을 때 산다. 대주주가 주식을 활용해서 기관 투자자로부터 자금을 조달하는 방법은 세 가지다. 유상 증자,[46] 전환사채(CB), 신주인수권부사채(BW). 이 '세 가지 방법'은 어떻게 돈을 조달했는지 주당 가격×수량으로 공시한다. 주당 가격은 보통 현재 주가보다 월등하게 싸다. 기관 투자자들은 보통 2배 수익을 목표로 한다. 그렇다고 곧바로 주식 시장에서 팔 수 있느냐? 그렇지 않다. '세 가지 방법'으로 발행된 주식은 '보호예수기간' 1년 동안 사고팔 수 없다.

대주주는 왜 요즘 같은 초저금리 시대에 이 '세 가지 방법'으로 돈을 조달했을까? '세 가지 방법'으로 돈을 조달하면 지분율이 훼손되어 경영권이 약해진다. 즉, 주식으로 돈을 빌려준 사람에게

46) 여기서 '유상 증자'는 제3자 배정 유상 증자만 이야기한다. 공모형 유상 증자는 제외하겠다.

간섭받을 수도 있고, 너무 많이 약해지면 경영권을 잃을 수도 있다. 그럼에도 이 방법으로 돈을 조달한 이유는 회사가 어렵기 때문이다.[47] 회사가 어려우면 금융기관이 돈을 빌려주지 않거나 높은 금리를 요구한다. 이때 낮은 비용으로 돈을 조달하는 방법이 이 '세 가지 방법'이다.

기관 투자자 입장은 어떨까? 기관 투자자는 보호예수가 풀리는 1년 뒤 '무언가'를 하겠다는 약속을 회사로부터 받았을 것이다. 그리고 손해를 보지 않을 정도로 충분히 낮은 가격으로 샀다. 그래도 투자한 회사 주가가 떨어지는 것은 부담이다. 이 '세 가지 방법'으로 돈을 조달했다고 공시하면 초반엔 주가가 오른다. 투자를 받을 이유가 있다는 뜻이기 때문이다. 하지만 결국 떨어진다. 이 '세 가지 방법'으로 돈을 조달하면 투자자들은 나쁜 소식으로 인식한다. 달라진 것은 없는데 주식 수만 늘어났으니 당연하다.

주가가 떨어지면 무슨 일이 벌어질까? 충분히 낮은 가격에 샀더라도 산 가격 근처까지 떨어지면 기관 투자자도 불안하다. 그들에게 돈을 맡긴 투자자의 압박도 있을 것이다. 그리고 거기도 직장이다. 분기, 반기, 연말 평가가 있다. 주가가 떨어졌는데 좋은 평가를 받겠는가? 이 상황이 되면 회사, 대주주, 기관 투자자 모두 힘든 상황이 된다. 모종의 압박이 있을 것이고 압박이 없더라도 스스로 스트레스를 받는다. 그 '무언가'를 하는 사람들도 마찬가지다. 전업 투자자에게 이때가 매수타이밍이다. 무슨 일이 곧 일어난다.

---

47) 물론 다 그런 건 아니다. 우량한 회사들도 한다.

개인 투자자가 살 때 판다

드디어 때가 왔다. 회사는 투자받을 때 약속했던 그 '무언가'를 해냈다. 큰 계약이 될 수도 있고, 기술개발이 될 수도 있다. 보호예수가 풀리는 1년 뒤에 정확히 해냈다면 좋았겠지만, 조금 늦었어도 상관없다. 그 대단한 일은 공시 또는 뉴스로 나온다. 이때를 맞춰 애널리스트 분석이 나오기도 한다. 회사가 성장할 것으로 판단한 개인 투자자들이 사면서 주가는 오른다. 그때 기관 투자자들은 판다. 전업 투자자도 이때 같이 판다.

황금률 : 상대가 원하는 것을 주는 것

투자자 분석은 결국 '황금률',[48] 즉 상대가 원하는 것을 주는 것이다. 주가가 오르기를 원하는 대주주를 찾는다. 기관 투자자가 산 가격 근처까지 떨어졌을 때 산다. 개인 투자자들이 팔아주길 바라며 미친 듯이 살 때 판다. 그리고 나는 돈을 벌었다. 이 얼마나 아름다운 일인가? 이 모든 것이 맞아떨어졌을 때 기쁘다. 돈을 벌었기 때문만이 아니다. 내 돈이 모두에게 도움이 됐기 때문이다. 전업 투자자가 '금융업' 하는 사람이라는 보람을 느끼는 순간이다.

:: 결론

전업 투자자는 기관 투자자와 같은 도매상이 되어야 한다. 리스크가 적기 때문이다. 투자자 분석이란, 먼저 주가가 올라야 하는

48) 황금률은 《성경》 마태복음 7장 12절 "그러므로 무엇이든지 남에게 대접을 받고자 하는 대로 너희도 남을 대접하라 이것이 율법이요 선지자니라"다. 상대방 입장에서 생각하라는 교훈은 다른 종교에도 있다. 하지만 《성경》은 "대접받고자 하는 대로 대접하라"고 구체적 실천방법을 제시하고, 이것이 "율법과 선지자다", 즉 성경 전체 요약이라고 한다. 그만큼 중요하다.

대주주를 찾는다. 그들은 기관 투자자에게 자금을 조달했다. 기관 투자자들이 조달한 주가 근처에서 매수한다. 그리고 개인 투자자가 사고 싶어 할 때 그들에게 판다. 투자자 분석의 핵심은 '황금률'이다. 즉 상대가 원하는 것을 찾아, 그것을 주고 나도 돈을 버는 것이다.

그러면 어떻게 그런 대주주를 찾고, 기관 투자자, 개인 투자자에 대응할까?

찾아야 할 대주주

주가를 올려야 하는 대주주. 그다음 신뢰, 그다음 능력

찾아야 할 대주주는 첫째, 주가를 꼭 올려야만 하는 대주주다. 둘째, 그런 대주주 중 신뢰할 만한 대주주를 찾아야 한다. 셋째, 그 중 주가를 올릴 능력 있는 대주주를 찾으면 된다. 신뢰냐, 능력이냐에서 신뢰가 우선이다. 여기서 신뢰란 '거짓말을 하지 않고 최대한 남에게 피해를 주지 않으려고 노력하느냐?'다. 그중 능력 있는 사람을 찾아야 한다. 능력이 있는데 신뢰가 없으면 오히려 위험하다. 결국, 그 뛰어난 능력으로 투자자에게 피해를 준다. 그러면 먼저 주가를 올려야 하는 대주주는 누구인가?

자신을 증명해야 하는 대주주

주가를 올려야 하는 대주주는 세 부류로 나뉜다. 첫째, 주가로 자신을 증명해야 하는 대주주다. 둘째, 펀드가 대주주일 경우다. 셋째, 명예를 중요하게 생각하는 대주주다. 먼저 주가로 자신을 증명해야 하는 대주주를 생각해보자. 주로 오너 2세다. 옳고 그름, 바람직한 지배구조, 소유와 경영의 분리 등을 생각하지 말자. '나는 오너다. 나는 오너다' 하면서 오너의 입장이 되어보라. 내 기업이고, 내 재산이다. 자녀에게 물려주고 싶다. 그리고 자녀도 원한다. 어떻게 할까? 먼저 자녀의 능력이 투자자에게 증명되어야 한다. 그리고 상속세를 절감해야 한다. 방법은? 사업에 필요한 최소한의 돈을 자녀에게 준다. 그 돈으로 회사를 만든다. 그리고 그 회사가 성장하면 능력 증명과 상속세 모두 해결할 수 있다.

이제 오너 2세 입장이 되어보자. 상속세 낼 돈과 아버지만큼 회사를 잘 운영할 능력이 있다고 증명해야 한다. 보통 아버지 사업 분야와 연관된 유망한 신사업을 한다. 할 수 있는 최고의 인재들로 구성한다. 고객과 투자자들의 마음을 얻기 위해 최선을 다한다. 인재들도 열심이다. 회사의 미래 권력 아닌가? 실적을 내면 임원은 따 놓은 당상이다. 이 모든 것보다 가장 중요한 것은 오너인 아빠의 지원이다.

상장사 오너는 대단한 능력자다. 창업자라면 당연하다. 회사를 창업해서 60만 법인 중 상위 3,000개, 즉 0.5% 내에 드는 회사다. 코스닥이라고, 물려받은 회사라고 무시하지 마라. 2세도 아버지가 만든 회사를 아들이 물려받을 때까지 유지하는 것이 쉽지 않다. 그런 뛰어난 아버지의 지원을 받는다. 어쨌거나 이 회사가 주가를 올려야 하는 이유가 확실하다. 능력을 증명하고 상속세 낼 돈을 마련하는 것. 이런 회사를 찾아야 한다.

펀드 대주주

대주주가 펀드인 경우가 있다. 펀드가 왜 대주주일까? 먼저 경영권을 인수해서 주주가치를 높여서 되파는 펀드가 있다. '바이아웃펀드'라고 한다. MBK, 한앤코, VIG 등이 유명하다. 그들은 유명하고 규모도 크며 인재도 많다. 하지만 바이아웃펀드는 많지 않다. 반면 유명하지 않은 작은 펀드가 경영권을 가지고 있는 예도 있다. 잘될 거라고 생각해서 대규모 투자를 했는데, 불가피한 사정으로 펀드가 대주주가 된 경우다. 솔직히 그 사정은 알 필요 없다.

펀드는 이 투자로 돈을 벌어야 한다. 회사를 소유하고 잘되게 하는 것이 아니다. 그래서 주가를 높이기 위한 활동을 한다. 먼저 재무제표를 예쁘게 만든다. 빚과 비용을 줄이고 매출을 늘린다. 구조 조정이다. 그리고 배당을 늘린다. 마지막으로 주식 시장에서 이슈가 되는 활동을 한다. 바이오가 이슈면 바이오, 전기차가 이슈면 전기차 관련 활동을 한다. 그래서 주가가 오르면 팔고 나간다. 주가가 오르지 않아도 배당으로 투자금 일부를 회수한다. 함께 돈을 벌 수 있다. 따라서 펀드가 대주주인 회사를 찾아야 한다.

명예를 중요시하는 대주주

명예를 중요시하는 대주주는 기업으로 사람들의 삶을 바꾸고, 국가를 발전시키겠다는 분들이다. 대부분 대주주이자 CEO다. 회사 이름을 대면 그 회사 CEO가 떠오른다면 바로 그런 회사다. 이

분들 대부분 실제로도 훌륭하다. 투자를 받기 위해 그렇게 하는 면도 있다. 또 그래서 투자를 받았다. 이런 대주주는 정직하고 주주 친화적이다. 대주주 입장에서 그 회사의 주주들은 자신을 좋게 봐주고 돈까지 투자한 분들이기 때문이다.

'나는 1,000억 원이 있다. 1,000억 원이 있다' 돈 많은 큰손 입장이 되어보자. 사실 집 있고 먹고살 만하면 그 이상의 돈은 있어도 그만, 없어도 그만이다. 그러다가 훌륭한 사람을 만났다. 그렇다면 그가 큰 뜻을 세상에 펼칠 수 있게 돈을 대주고 싶을 것이다. 그런 대주주를 찾아야 한다. 이런 대주주를 찾는 것은 어렵지 않다. 전자공시 사이트에서 대주주의 이름을 확인한 다음 그 사람 이름을 검색해보면 어떤 사람인지 알 수 있다.

예를 들어 2020년에 코로나가 터졌을 때다. 2019년 12월, 중국에서 코로나가 빠르게 번진다는 소식에 회사의 모든 역량을 쏟아부어 한 달 만에 진단키트를 개발한 상장사가 있었다. 대단한 기술력과 결단력이었다. 이런 결정은 쉽게 할 수 없다. 자칫 회사가 망할 수도 있다. 코로나가 유행했으니 망정이지 안 했으면 회사가 어떻게 되겠는가? 그 회사 대주주이자 CEO의 결단 덕분에 우리나라는 코로나에 빠르게 대응할 수 있었다. 그 회사는 바로 '씨젠'이다. 그 결정을 한 대주주이자 대표는 '천종윤'이었다. 2020년 3월, 문재인 대통령은 씨젠 본사를 방문해서 격려했다. 천종윤은 어떤 사람일까?

이분은 1957년생으로 2020년 당시 만 63세다. 초등학교 3학년 때 부친의 사업 부도로 가난하게 살았다. 학자의 꿈을 이루려고 대학 졸업 후 6개월 치 생활비를 들고 미국 유학길에 올라 박사 학위를 받고 이화여대 교수를 하고 있었다. 어느 날 삼촌이었던 천경준 전 삼성전자 사장이 자금을 대줄 테니 사업을 하라고 권유한다. 그렇게 씨젠은 2000년에 설립되어 20년 뒤 우리나라 코로나 확산을 막는 중요한 역할을 한다. 이런 훌륭한 대주주이자 CEO는 흔하지 않다. 하지만 꼭 있고 열심히 찾아야 한다.

신뢰

이렇게 주가를 올려야 하는 대주주를 찾았다면 그가 신뢰할 만한지 확인해야 한다. 신뢰를 확인하는 방법은 검색이다. 검색해야 하는 것은 '범죄 사실이 있느냐?', '불성실공시가 있었나?'다. 대주주가 범죄 경력이 있다면 대부분 사기, 배임, 횡령일 것이다. 이렇게 신뢰를 잃고, 사기, 배임, 횡령 경력이 있는 대주주는 무조건 피해야 한다.

그리고 그가 있는 회사에 불성실공시가 있었는지 살펴본다. 투자자에게 공시해야 할 것을 공시하지 않거나 늦게 했을 때 '불성실공시법인'으로 지정된다. 물론 담당자의 부주의나 실수로 생겼을 수도 있다. 하지만 '불성실공시법인'으로 지정되면 벌점을 받고, 벌점이 쌓이면 상장 폐지 실질심사를 받게 된다. 이것을 소홀히 여긴다는 것 자체가 신뢰할 수 없는 대주주라는 뜻이다. 무조건 거르기 바란다.

능력

마지막으로 봐야 할 것이 능력이다. 대주주의 능력을 알고 싶으면 그 회사의 제품이나 서비스를 직접 써보라. 거기에 모든 답이 있다. 신문기사, 공시, 재무제표 같은 것으로는 절대 알 수 없다. 제품이나 서비스를 써볼 수 없는 회사 주식은? 안 사면 된다.

:: 결론

찾아야 할 대주주는 첫째, 주가가 올라야 하는 대주주다. 오너 2세 같이 자신의 능력을 증명하고 상속세 재원도 마련해야 하는 대주주, 펀드 대주주, 명예를 중요하게 여기는 대주주가 해당한다. 신뢰할 수 없는 대주주는 제외하고, 그중에서 능력 있는 대주주를 찾으면 된다. 능력을 판단하는 기준은 그 회사의 제품이나 서비스다. 물론 그런 대주주는 적다. 하지만 반드시 있다. 열심히 검색해서 찾기 바란다.

그러면 피해야 하는 대주주는 누구일까?

피해야 할 대주주

주가 올릴 의지 없는 대주주, 교만한 대주주, 자녀에게 물려줘야 하는 대주주

피해야 할 대주주는 첫째, 주가를 올릴 의지가 없는 대주주다. 사실상 대부분의 대주주가 해당한다. 둘째, 교만한 대주주다. 교만한 대주주는 권위적이고 제왕적이다. 그리고 회사가 돈을 벌면 회사 성장, 시너지와 관계없이 골프장, 해외 리조트 등을 산다. 셋째, 회사를 자녀에게 물려줘야 하는 대주주다. 물려주는 회사 주식은 절대 사면 안 된다. 왜 그런지 하나씩 살펴보자.

주가를 올릴 의지 없는 대주주

회사 주가가 오르면 대주주는 좋을까? 대주주의 입장이 되어보자. 주가가 오르면 투자자는 좋지만, 대주주는 좋을 것이 없다. 주식을 팔아 신규 투자를 하거나 다른 회사를 인수, 합병할 때는 좋다. 지분이 충분하지 않아 경영권이 불안하다면 주가가 오르는 것이 좋다. 하지만 그 외에는 좋을 것이 없다. 자칫 회사 규모가 너무 커지면 중견기업, 대기업이 되며 규제가 많아지고 혜택은 줄어든다. 쉽게 이해가 되지 않을 테니 집으로 예를 들어보자.

내가 사는 집값이 올랐다. 변하거나 좋아진 것은 없다. 괜히 세금만 더 많이 내야 한다. 좋을 때도 있다. 집을 팔고 새집으로 갈 때, 집 담보로 대출받을 때 좀 더 많이 받을 수 있다는 정도? 이것이 내 집에서 사는 집주인의 마음이다. 대주주도 똑같다. 경영권이 안정되고 회사를 크게 키울 욕심이 없다면, 대주주는 주가가 오르거나 말거나 상관없다. 그러면 이런 대주주를 어떻게 찾을 수 있을까?

공시나 뉴스가 거의 없는 회사가 바로 그런 회사다. 큰 계약을 했거나, 회사를 인수했거나, 새로운 상품, 서비스를 출시했다는 뉴스가 거의 없는 회사. 그런 회사는 대주주가 주가를 올릴 생각이 없다고 보면 된다. 그런 회사는 아무리 재무제표가 좋아도 투자하면 안 된다.

교만 : 왕처럼 군림하는 대주주

《성경》에도 나온다. 교만하면 망한다고. 이 말은 진리다. 그러면 대주주가 교만하다는 것을 어떤 것으로 알 수 있을까? 회사가 직원과 하청 업체를 하찮게 대하고 왕처럼 군림한다면 대주주가 교만하다고 봐야 한다. 처음부터 그런 사람은 아니었을 것이다. 그리고 대주주는 겸손한데, 그가 왕처럼 군림하는 대표이사나 임원들을 모르고 써서 문제가 될 수도 있다. 하지만 기업에서 대주주는 왕이다. 대표이사는 기업 내 인사, 감사, 재무 등 모든 권한을 갖는다. 대주주는 그 대표이사를 임명, 해임할 수 있다. 대주주가 직접 경영하고 있다면 더욱 심하다.

회사 내에서 누가 그분 의견에 토를 달 수 있을까? 직장에서 인사권을 가진 상사 의견을 반대하기도 쉽지 않은데 대주주는 오죽하겠는가? 그래서 대주주는 겸손해지기 위해 항상 자신을 돌아보고 마음을 낮춰야 한다. 그런데 사람이 그게 쉽지 않다. 리더십은 아래로 흐른다. 대주주가 교만하면 대표이사도, 그 밑에 임원들도, 팀장들도 높은 사람에게 아부하고 낮은 사람은 깔보는 사람들로 꽉 찬다.

대주주가 그런 회사인지 아는 좋은 방법이 있다. 바로 취업사이트다. 잡코리아, 사람인 등에 들어가면 그 회사가 어떤 회사인지 평이 있다. 요즘은 인터넷 검색으로 그 회사 연봉, 복지, 분위기에 대한 정보를 쉽게 얻을 수 있다. 거기서 이 회사의 관리자들이 교만하고 왕처럼 군림하는지 여부를 알 수 있다. 글을 읽다 보면 몇몇 임원과 관리자의 일탈인지, 회사 전체의 분위기인지 구분할 수 있다. 회사 전체의 분위기라면 열에 아홉은 대주주가 교만한 상태다. 그런 대주주는 피해야 한다.

교만한(골프장, 해외 리조트를 사는) 대주주

회사가 돈을 벌었다. 왜 그 돈으로 본업과 관련 없는 골프장과 해외 리조트를 살까? 골프장뿐만 아니라 스포츠카나 명품 판권을 가져오기도 한다. 골프존이 골프장을 사서 운영하면 당연히 시너지가 있다. 하지만 사업상 전혀 관련 없는데 사는 경우, 대주주가 자신의 취미생활을 위해 회삿돈을 쓴다고 생각할 수밖에 없다. '그게 왜 교만이지? 투자 개념으로 골프장이나 해외 리조트 가격이 오를 것으로 보고 살 수도 있잖아'라고 생각할 수도 있다.

기업 경영은 쉽지 않다. 지금 운 좋게 돈을 많이 벌었다면 그 돈으로 품질을 높이고 새로운 시도를 계속해야 한다. 그렇지 않으면 아차 하는 순간에 망할 수 있는 게 회사다. 그래서 골프장, 해외 리조트, 명품 판권을 산다는 것은 대주주의 마음이 교만해졌다는 뜻이다. 게다가 상장사라면 자기 돈도 아니다. 본인 지분 외에는 모두 투자자의 돈이다. 그 대주주도 본인이 투자한 다른 대주주가 그렇게 돈을 쓴다면 싫어할 것이다. 하지만 사람은 타인을 욕하면서 자신에게는 관대하다. 나도 마찬가지다. 인간의 본능이다. 그래서 대주주는 스스로한테 엄격해야 한다. 그만큼 교만에 빠지기 쉬운 위치다.

자녀에게 물려줘야 하는 대주주

자녀에게 물려주려고 하는 회사는 투자하지 마라. 대주주가 나이가 많거나 건강이 안 좋다. 갑자기 돌아가시기라도 하면 돌아가신 날 전후 2개월을 거래소 평균 종가 기준으로 주식 가치를 정한다. 상장사 지분이므로 세율은 50%, 최대 주주할증까지 적용되면 최대 65%까지 상속세를 내야 한다. 이럴 때를 대비해서 회사 주가를 최대한 낮춰야 한다. 그래야 상속세를 아낄 수 있다. 세금 아끼는 것을 나쁘게 보지 말자. 경영권을 지키려면 어쩔 수 없다. 65%는 정말 많다.

회사를 볼 때 전자공시시스템-분기보고서 '주주에 관한 사항'과 '임원 및 직원 등에 관한 사항'을 꼭 보라. 대주주와 그 자녀의 출생년월을 알 수 있다. 대주주의 나이가 많고 자녀가 물려받을 준비를 하고 있다면 그 회사 주가는 오르지 않는다. 혹시 오르더라도 대주주는 주가를 낮추는 활동을 할 수 있다. 대규모 인수합병 같은 불확실한 일을 벌이거나 배당정책을 안 좋은 방향으로 바꾸면 주가는 떨어진다.

그 외 피해야 하는 대주주

일단 대주주가 누군지 알 수 없다면 피하라. 전자공시시스템에서 '분기보고서-주주에 관한 사항'을 찾아봤을 때 대주주가 회사인 경우가 있다. 보통 그 회사의 최대 주주가 사람이라면 대주주가 누군지 알 수 있다. 그런데 대주주의 대주주도 회사라면? 그 대주주는 자기 이름이 드러나길 원하지 않는 것이다. 왜 그럴까? 나는 '익명성을 활용해 좀 더 과감하게 자기 이익을 추구하기 위해서'라고 생각한다. 예의 바른 사람도 익명 게시판에서는 키보드 워리어(keyboard warrior)가 된다. 평소 얌전한 사람도 운전할 때는 입에 걸레를 무는 경우 많다. 비슷하다. 은둔자 대주주는 피해야 한다.

또한 '최대 주주 변경을 수반하는 주식 담보제공계약 체결', 이 문구가 보이면 피해야 한다. 이 말은 '주식을 담보로 돈을 빌렸다. 그리고 못 갚으면 최대 주주 자리를 넘겨주겠다는 계약을 했다'라는 뜻이다. 이 계약이 무서운 것은 반대 매매 때문이다. 반대 매매란 주가가 떨어져 담보가치보다 낮아지면 강제로 주식을 처분한다. 그러면 갑자기 주가가 크게 떨어지게 된다. 문제는 언제 이런 일이 일어날지 투자자는 모른다는 것이다. 그리고 대주주가 이런 대출을 받는다는 것은 이미 갈 때까지 간 것이다. 무조건 피해야 한다.

:: 결론

피해야 할 대주주는 주가를 올릴 의지가 없는 대주주, 교만한 대주주, 회사를 자녀에게 물려줘야 하는 대주주다. 그 외에도 자신을 드러내지 않으려는 은둔자 대주주, '최대 주주 변경을 수반하는 주식 담보제공계약'을 체결한 대주주는 반드시 피해라. 이제 대주주에 대한 설명은 마치겠다.

그러면 기관 투자자의 움직임은 어떻게 읽고 어떻게 대응해야 하는지 살펴보자.

기관 투자자 대응법

기관 투자자와 싸우지 마라

기관 투자자와 싸우지 말라는 것은 "월가와 싸우지 마라"는 증시 격언과 같은 뜻이다. 그러면 구체적으로 어떻게 해야 하나? 영화 〈타짜 2〉 고광렬(유해진 역)의 대사가 정답이다.

"상황 따라 흐름 따라 때로는 친구도 됐다가, 때로는 원수도 됐다가."

일단 그들도 직업으로 주식 투자를 하는 동업자다. 입장이 같은 도매상이다. 대주주에게 사서 개인 투자자에게 판다. 우리끼리 싸우면 안 된다. 하지만 그들이 보기에 나는 개인 투자자다. 그들은 개인 투자자를 상대로 돈을 번다. 따라서 취하는 움직임이 있다. 거기 말려들지 말고 같이 돈을 벌어야 한다.

싸우지 않는 법 : 시가총액 2,000억 원 이하 종목만 다루어라

먼저 시가총액 2,000억 원 이하만 다루어라. 왜 2,000억 원일까? '기관 투자자'들은 시가총액 2,000억 원 이하 종목을 사지 않기 때문이다. 한국거래소 투자자 분류에서 '기관 투자자'로 분류된 곳은 금융 투자, 투신, 은행, 보험, 기타금융, 연기금, 국가지방(각종 공공기관)이다. 그들은 수천억 원에서 수조 원의 큰돈을 운영한다. 시가총액 2,000억 원 이하는 그들이 사고팔기엔 너무 작다. 그들이 사면 상한가, 팔면 하한가다. 환금성도 없고, 너무 위험해서 다루지 않는다. 그래서 전업 투자자들은 이런 종목을 산다. 왜 그럴까?

'기관 투자자'로 일하는 사람들은 누구일까? 그들은 대부분 국내외 명문대를 나왔다. MBA나 석박사 학위를 가진 사람들도 많다. 집안도 좋고 국내외 국가기관이나 금융기관 지인도 많아 정보도 많다. 또한, 그들은 오늘 누가 얼마나 사고팔았는지 구체적이고, 합법적으로 알 수 있다. 기관, 외국인, 개인이 대략 아는 것과는 수준이 다르다. 결론적으로 그들은 나보다 뛰어나다. 그러면 그들을 상대로 돈을 벌 수 있겠는가? 없다.

그들을 피해야 한다. 그래서 증권사, 펀드 출신 전문가들은 스몰캡(Small Cap)[49] 투자는 위험하니 하지 말라고 한다. 왜 그럴까? 그들 입장에서 생각해보라. 그들은 주로 대형주를 다룬다. 돈을 더 많이 벌려면 개인 투자자가 대형주를 사야 한다. 그래야 기관 투자자가 싸게 사놓은 것을 비싸게 팔 수 있다. 나는 증권사, 펀드 등과 아무 연관이 없어서 솔직하게 이야기할 수 있다. 전업 투자자라면, 시가총액 2,000억 원 이하 종목을 다루어라. 그러면 시가총액 2,000억 원 이하 종목에서 어떤 종목을 다루어야 하나?

주식으로 필요한 자금을 조달하는 종목

주식으로 자금을 조달하는 종목을 다룬다. 주식으로 돈을 구하는 방법은 세 가지다. 제3자 배정 유상 증자, 전환사채 또는 신주

49) 스몰캡 : Small Capital(소형주)의 약자로 스몰캡이라 부르며, 상장 또는 등록된 시가총액이 작은 회사들인 중소기업주를 뜻한다.

인수권부사채 발행이다. 회사는 주식을 주면서 돈을 받는다. 돈을 준 사람들은 보호예수기간 1년이 끝나면 호재[50)]나 예쁜 차트 모양을 만든다. 그것을 보고 몰려든 개인 투자자들에게 팔아 돈을 회수한다. 이 종목들은 왜 이런 방식으로 돈을 구할까? 규모도 작은데 빚은 많고, 이익도 별로 없기 때문이다. 은행은 이런 회사들에 돈을 빌려주지 않는다. 하지만 사업을 하려면 돈이 필요하다. 그러면 이런 회사들에 주식으로 돈을 빌려주는 이들은 누굴까? 바로 '작은 기관 투자자'다.

작은 기관 투자자, 그리고 그들의 입장

혹자는 이런 작은 기관 투자자를 '세력'이라고도 한다. 나쁜 사람들은 아니다. 잘 알려져 있지 않고, 드러나고 싶어 하지 않는 똑똑하고, 주식 투자 잘하며, 돈 많은 사람 또는 회사다. 회사라고 하더라도 핵심은 개인이다. 나와 비슷한 사람일 뿐이다. 그래서 이 '작은 투자자'가 사는 종목을 산다. 사서 어떻게? 앞서 이야기한 대로다. "상황 따라 흐름 따라 때로는 친구도 됐다가, 때로는 원수도 됐다가." 그렇게 하도록 이 사람들이 개인 투자자보다 유리한 게 무엇이고, 불리한 게 무엇인지 알아야 한다.

그들이 개인 투자자보다 유리한 점은 첫째, 돈이 많다. 보통 수십억 원에서 200~300억 원 정도를 움직인다. 시가총액 2,000억 원 이하 종목을 다루기엔 충분하다. 둘째, 주식을 싸게 산다. 제3자 배정 유상 증자, 전환사채 또는 신주인수권부사채 발행에 참여

50) 호재는 회사가 만들고(그래서 그들이 돈을 빌려준 것이다), 차트 모양은 '작은 기관 투자자'가 만든다.

하면 50~70% 낮은 가격에 살 수 있다. 셋째, 오늘 누가 얼마나 사고팔았는지 받아 볼 수 있다. 큰돈을 투자했는데 회사에서 그 정도 서비스를 안 할까? 회사는 오늘 자기 회사 주식을 누가 얼마나 사고팔았는지 알 수 있다.

그들이 개인 투자자보다 불리한 점은 원가가 있다는 것이다. 상장사 발굴, 계약, 주식 거래 등을 하려면 분석하는 사람, 변호사, 세무사, 거래하는 사람 등이 필요하다. 월급을 줘야 하고 사무실도 있어서 월세를 내야 한다. 직원이 회삿돈을 빼돌리는지 감시해야 한다. 이런 작은 회사에는 인재가 오지는 않을 것이다. 인재가 아니니까 돈을 많이 줄 수 없다. 하지만 금융 회사처럼 돈을 다루는 회사다 보니 직원은 유혹을 많이 받는다. 따라서 사고도 많다. 사고가 없더라도 그나마 있던 직원이 나가면 새로 뽑고 가르쳐야 한다.

게다가 동업자들도 있다. 혼자서 모든 돈을 조달할 수 있는 큰손은 많지 않다. 그러다 보니 어떤 건은 돈 많은 사람끼리 팀을 짜게 된다. 이럴 때 꼭 배신자가 있다. 어떻게 할까? 보통 무슨 일이 벌어지더라도 자신에게 최대 이익이 되도록 작전을 짠다. 스스로가 배신자가 되기도 한다. 그래서 그 똑똑한 개인은 투자에 집중하기 어렵다. 이것들을 극복하려면 10%, 20% 수익으로 안 된다. 적어도 2배는 벌어야 한다.

작은 기관 투자자가 돈 버는 법

작은 기관 투자자가 회사에 돈을 빌려줬을 때 우리는 주당 얼마로 빌려줬는지 알 수 있다. 단, 신경을 좀 써야 한다. 유상 증자는 산 가격 그대로 팔 수 있다. 전환사채 또는 신주인수권부사채는 행사 가격을 계속 낮출 수 있다. 하지만 더는 낮출 수 없을 때가 있다. 전환권을 행사하면 낮출 수 없다. 그러면 더는 가격을 낮출 수 없는 전환권은 언제 행사할까? 작은 기관 투자자가 '때가 됐다'라고 생각할 때 행사한다. 그때가 언제일까?

보호예수기간 1년 동안 회사는 많은 일을 한다. 먼저 지금까지 하던 일과 상관없는 사업들을 정관에 추가한다. 그리고 회사 이름을 바꾸기도 한다. 주식 시장 유행을 따르기 위해서다. 이를 '테마'라고 한다. IT가 유행일 때는 IT, 바이오가 유행일 때는 바이오, 전기차가 유행일 때는 전기차, 이런 식이다. 그리고 그 분야와 관련된 사람을 영입한다. 대표로 앉히기도 한다. 이런 준비 기간에는 주가가 떨어진다. 그러면 전환사채 같은 경우 행사 가격을 계속 낮춘다.

1년이 지난 후 회사는 준비했던 뉴스를 발표한다. '테마'에 맞는 계약을 체결하거나 무언가를 개발했다. 그래서 어떤 단계를 통과했다. 신약을 개발한다면 임상 1상, 2상, 3상을 신청하거나 통과한다. '작은 기관 투자자'는 이때 주식을 판다. 유상 증자로 받은 주식은 그냥 팔면 되지만, 전환사채나 신주인수권부사채는 채권을 주식으로 바꾼다. 이를 '전환청구권 행사' 또는 '신주인수권 행사'라고 한다. 상장되면 언제든 팔 수 있다. 보통 매수했던 가격의 2배 정도에서 판다. 더 많이 벌기도, 더 적게 벌기도 하지만 거의 확실하게 번다. 이것을 알고 있다면 어떻게 하면 돈을 벌 수 있을까?

회사가 투자받은 지 1년이 지난 다음부터 주시하라. 가격이 아직 오르지 않았을 때 사라. 뉴스가 터지면 '작은 기관 투자자'는 판다. 그때 같이 팔아라. '테마'가 터지고 난 뒤에 사면 안 된다. 이미 늦었다. 그때 사서 돈을 벌려면 이 회사가 터트린 '테마'가 지속되어 다른 투자자(주로 개인 투자자)가 계속 사야 한다. 이렇게 될지, 안 될지는 '작은 기관 투자자'도 알 수 없다. 이런 뉴스를 터트리기 전이라는 것을 어떻게 알 수 있을까? 이 부분에 대한 내 노하우는 뒤에 나올 '전환사채 투자법'에서 설명하겠다.

:: 결론

기관 투자자와 싸우지 말고 같이 움직여라. 대형 기관 투자자가 투자하는 종목은 되도록 투자하지 마라. '작은 기관 투자자', 세력이나 큰손으로 불리는 그들과 상대하라. 그들은 돈을 주고 주식을 받는 형태로 투자한다. 보호예수기간 1년 동안 그 회사는 '테마'라고 불리는 주식 시장 유행에 편승할 수 있도록 준비한다. 그들이 '테마'를 터트리기 전 사서, '테마'를 터트리면 같이 팔아라. 그러면 마지막으로 개인 투자자는 어떻게 대응해야 할까?

개인 투자자 대응법

개인 투자자와 반대로 움직여라

개인 투자자와 반대로 움직여야 한다. 개인 투자자는 주식 시장의 소매상이다. 주로 뉴스, 공시, 재무를 보고 우량하고 성장성 높은 종목을 산다. 그리고 성장이 이루어질 때까지 끈기 있게 기다린다. 시대가 변해 성장 한계에 도달하면 판다. 이것이 개인 투자자다. 투자의 정석이며 바르고 건전하다. 하지만 돈 벌기가 어렵다. 돈을 벌기 위해서는 이와 반대로 움직여야 한다. 왜 그렇고, 어떻게 대응해야 할까?

개인 투자자 투자 방식은 가장 리스크가 높은 투자 방식이다

뉴스, 공시, 재무를 보고 기업의 성장성, 수익성, 안정성 등을 보고 장기 투자하는 것을 시장에서는 '올바른 투자'라고 부른다. 엄밀하게 말하면 누군가 이것이 올바른 투자처럼 보이도록 만든다. 누가? 이것으로 이익을 보는 사람들, 언론계와 금융계다. '올바른 투자'를 하려면 모든 뉴스를 열심히 봐야 한다. 이 뉴스가 내가 가진 주식에 어떤 영향을 미칠지 모르기 때문이다. 언론은 뉴스를 전하며 전문가 의견, 다른 사람들의 생각도 같이 보도한다. '올바른 투자'를 하는 사람들은 꼼꼼히 챙겨본다. 언론에 이득이다.

금융계도 이익을 본다. 뉴스가 좋은 소식인지, 나쁜 소식인지는 사실 시장에서 결정된다. 금융계가 좌지우지하지 않는다. 주식 투자는 생각보다 간단한 비즈니스다. 사람들이 좋은 소식이라고 생각해 주가가 오르면 싸게 사두었던 주식을 판다. 나쁜 소식이라고 생각해 주가가 떨어지면 싸게 사둔다. 이 모든 것이 개인 투자자들이 뉴스, 공시, 재무를 보고 '올바른 투자'를 해준 덕분이다.

'개인의 주식 투자 성공률은 5%'라는 말을 들어봤을 것이다. 이것이 진짜 '올바른 투자'라면 뉴스, 공시, 재무를 보고 기업의 성장성, 수익성, 안정성 등을 기준으로 장기 투자해서 성공할 확률은 5%라는 말이다. 그런데 성공한 투자자 5%의 이야기 들어보라.

저 방법으로 성공한 사람은 거의 없다. 따라서 '올바른 투자' 성공률은 거의 0%다. 왜냐하면, 이 '올바른 투자'는 가장 리스크가 높은 투자 방식이기 때문이다.

요즘 주식 투자를 하는 사람들이 많다. 이런 말들을 들어본 적 있을 것이다.

"○○ 회사 주식을 사야 해. ○○ 치료하는 신약을 세계 최초로 개발해서 미국 FDA 임상시험에 들어갔어. 다국적 제약사와 큰 계약을 했더군. 주가가 크게 오를 거야."

안타깝다. 신약개발 성공률은 7.9%[51]다. 돈을 잃을 확률이 92.1%다. 그걸 사야 한다고? 솔직히 나중에 우리 아들이 저런 소리 할까 봐 겁난다. 그래서 이 책을 쓴다. 돈을 벌고 싶다면 이렇게 투자하면 안 된다.

사고 싶지 않을 때 사서, 사고 싶을 때 팔아라

돈을 벌려면 사고 싶지 않을 때 사서, 사고 싶을 때 팔아야 한다. 즉 개인 투자자와 반대로 움직여야 한다. 그래야 언론계와 금융계가 짜 놓은 프레임에서 돈을 벌 수 있다. 좋은 뉴스가 나서 사고 싶다. 하지만 사면 안 된다. 만일 가지고 있다면 팔아라. 아무 이유 없이 계속 떨어진다. 바닥 뚫고 지하실로 내려갈 것 같다. 가지고 있는 것을 팔고 싶다. 절대 팔면 안 된다. 돈이 있다면 더 사라.

51) 강령우 연구원, '국내외 임상시험 최신 동향 및 전망', 제1회 제약바이오헬스 통계포럼 발표, 2021. 11. 3.

손절 하지 말라는 말인가? 그렇다. 다른 주식 책에서는 5% 컷, 10% 컷으로 손절을 잘해야 한다고 말한다. 절대 손해 보고 팔면 안 된다. 손절을 하면 손해가 확정된다. 하지만 언젠가는 내가 산 가격보다 올라간다. 그때 팔면 된다. 물론 손절을 해야 할 때가 있다. 내가 생각했던 것과 다른 경우, 또는 관리종목이나 상장 폐지가 거의 확실한 경우다. 그 외에는 언젠가 내가 산 가격보다 올라간다. 그러면 왜 많은 주식 책에서는 손절을 하라고 하는가?

그래야 수수료가 많이 발생하기 때문이다. 사고팔지 않으면 수수료가 발생하지 않는다. 현재 금융업계에 있는 사람이 손절 이야기를 한다면 더욱 의심해야 한다. 재미있는 것은 피터 린치나 앙드레 코스톨라니 같은 대가들은 하락을 인내하고 버티라고 한다. 손절을 꼭 하라는 책은 많지만, 그중에 대가들은 별로 없다. 손절할 종목은 안 사면 된다. 그리고 쌀 때 사면 떨어져도 그렇게 크게 떨어지지 않는다.

사고 싶지 않을 때 사라. 내려갈 대로 내려가면 사는 사람도 없고 파는 사람도 없다. 아무런 움직임이 없는데 누군가 조금 사서 오를 듯하면 누군가 마구 팔아 재낀다. 어디가 바닥인지 모르겠다. 뚫고 지하실로 갈 것 같다. 이럴 때 사라. 물론 더 떨어진다. 그래도 뭐 얼마나 더 떨어지겠는가?

사고 싶을 때 판다. '테마'가 터졌다. 예를 들어 전기차 배터리 사용 시간을 획기적으로 늘릴 기술을 개발했다. 신약이 개발되어 세계 최초로 임상시험을 신청했다. 이 회사가 잘될 것 같다. 성공하면 대박이다. 이미 많이 올랐지만 더 오를 것 같다. 결정은 빠를수록 좋다. 내일이면 저 하늘로 날아갈 테니까. 이런 생각이 들 때 팔아라. 물론 더 오를 수도 있다. 그러면 '여기까지가 나의 그릇이다. 내 그릇은 간장 종지다' 하며 받아들여라. 그래야 돈을 번다.

'이번에는 달라'를 이겨내라

오랜 경험을 통해 이렇게 투자하면 돈을 번다는 것을 알고 있었다. 그때 내 마음에서 이런 소리가 들린다. '이번에는 달라', 이 소리를 이겨내야 한다. '테마'가 터졌다. 내가 봐도 대단한 성과다. '이번에는 달라. 더 오를 거야' 내 마음에 이런 소리가 들릴 때, 이겨내고 팔아야 한다. 그래서 매도는 힘들다. 하지만 살 때 힘들게 샀다면 매도는 훨씬 쉽다. 살 때 호재에 덜컥 샀다면 팔 때 고생한다.

살 때는 이런 식으로 사야 한다. '작은 기관 투자자'가 투자했다. 사업목적도 바꾸고, 회사 이름도 바꾸고, 대표도 바꿨다. 보호예수가 끝나는 1년이 다 되어가는데 아무 움직임이 없다. 주가는 계속 떨어지고 네이버 게시판은 욕으로 도배가 되어 있다. 단기 이동평균선은 장기 이동평균선 한참 아래에 있다. 이를 '역배열'이라고 한다. 그러다가 전환사채를 주식으로 전환해서 상장했다. 매물폭탄이다. 이때 사야 한다. '이번에는 달라. 더 떨어질 거야', 이 소리를 이겨내고 사야 한다.

사례 : 고려신용정보

2015년 5월, 1,000원에 산 고려신용정보가 갑자기 4,000원이 넘어갔다. 대주주 횡령으로 상장 폐지될 뻔했는데 상장 폐지가 안 됐다는 황당한 이유 때문이다. 그런데 4,000원이 넘어가니까 이런 생각이 들었다.

'이게 정상이냐? 빨리 팔아.'

'이번에는 달라. 이번 이슈로 이런 좋은 회사가 있다는 것이 사람들에게 알려졌어. 1만 원 갈 것 같아.'

이겨내고 4,900원에 팔았다. 이후 고려신용정보는 2,000원~3,000원 박스권에서 움직이다가 4년 뒤인 2019년 4월에야 5,000원을 넘어갈 수 있었다. 순간의 선택이 4년을 좌우한 것이다.

:: 결론

개인 투자자와 반대로 움직여라. 개인 투자자는 뉴스, 공시, 재무를 보면서 기업의 성장성, 수익성, 안정성 등을 보고 장기 투자한다. 정석 같지만, 이것이 가장 돈 벌기 힘든 투자법이다. 돈을 벌려면 사고 싶지 않을 때 사서, 사고 싶을 때 팔아라. 많이 떨어져서 아무런 뉴스가 없을 때 사라. 더 내려가도 손절 하지 마라. 하락을 참아내야 한다. '테마'가 터지고 회사가 잘될 것 같아 더 사고 싶을 때 팔아라. 어렵다. 하지만 불가능은 아니다. 이미 기관 투자자들은 이렇게 하고 있다. 투자자 분석은 이것으로 마치고, 이제 기술적 분석으로 들어가도록 하겠다.

기술적 분석

기술적 분석 개론

전업 투자를 하려면 꼭 알아야 한다

전업 투자를 하려면 기술적 분석을 꼭 알아야 한다. 기술적 분석은 차트 분석과 기술적 지표, 즉 이동평균, 스토캐스틱, RSI, 볼린저밴드, 이격도 등을 이야기한다. 기술적 분석은 정해진 시간 내에 수익을 내기 위한 노력이다. 그리고 그 노력에 비해서 성과는 미미해서 기술적 분석 공부에 쓰는 시간은 낭비라고 볼 수 있다. 많은 시간을 쓰면 분명 낭비다. 하지만 어느 정도 알고 있으면 성과 개선에 도움이 된다. 그 정도가 어느 정도인지 전달하려고 한다.

기술적 분석을 하는 이유

기술적 분석을 알아야 하는 첫 번째 이유는 개인 투자자의 마음을 읽기 위해서다. 우리나라 개인 투자자 95%는 차티스트다. 우리나라 개인 투자자는 차트를 사랑한다. 그들이 이 종목을 어떻게 생각하는지 알기 위해서 차트를 봐야 한다. 차트를 볼 때 해야 하는 질문은 두 가지다. 첫째, 개인 투자자들은 이 차트를 보고 어떻게 생각할까? 둘째, 왜 차트를 이렇게 만들고 있을까? 그 결과를 매수, 매도 의사 결정에 참고하는 것이다.

두 번째 이유는 사고파는 타이밍을 잡기 위해서다. 기술적 분석으로 잡을 수 있나? "없다." 자신 있게 이야기할 수 있다. 사고파는 타이밍을 잡을 수 있다는 것은 '미래를 볼 수 있다'라는 뜻이다. 불가능하다. 다만, 이런 것은 알 수 있다. 지금 평소보다 과도하게 떨어졌다. 그러면 내일 오를까? 더 떨어질까? 모른다. 하지만 '과도하게 떨어졌을 때 사면 한 번쯤 반등이 있다'라는 경험상 믿음이 있다면 살 것이다. 반대로 지금 과도하게 올랐다면 내일 더 오를까? 떨어질까? 역시 모르는 일이다. 하지만 과도한 상승이나 하락을 감지하고, 그에 대한 자신만의 원칙을 세우려면 기술적 분석을 알아야 한다.

세 번째 이유는 내 마음을 다스리려면 필요하다. 주식 투자를 하면서 가장 보지 말아야 하는 것은 '호가창(주식 주문창)'이다. 뉴스 분석, 재무 분석, 투자자 분석까지 마치고 주문을 하기 위해 호가창을 연다. 호가창은 주문을 넣을 때 꼭 한 번 볼 수밖에 없다. 번쩍거리며 내 마음을 흔든다. 오르면 더 오를 것 같고, 떨어지면 더 떨어질 것 같다. 정신을 차리고 보면 엉뚱한 가격으로 주문을 넣은 자신을 발견한다. 이런 마음을 다스리려면 얼마에 사고팔지에 대한 구체적인 근거가 필요하다. 기술적 분석은 그것을 만드

현재가(I)	복수 현재가(I)	시간별 체결(I)	일자별 주가(I)	호가잔량 추이	당일/전일 주가비교	당일가격대별 매물대	지표분석 종합

005930 판 신 삼성전자 KOSPI200

현재가	74,100 ▼	1,000	(	-1.33 %)
거래량(전일)	2,864,053 (	13,691,134		20.92 %)

전기.전자

증감	매도	09:25:01	전일%	매수	증감
	42,038	75,000	0.13	상한 ↑	97,600
	28,478	74,900	0.27		
	41,222	74,800	0.40		
	25,844	74,700	0.53		
	27,652	74,600	0.67		
	46,380	74,500	0.80		
	60,614	74,400	0.93		
	160,064	74,300	1.07		
	99,934	74,200	1.20		
32	234,926	74,100	1.33	하한 ↓	52,600
전일 75,100	(%)	74,000	1.46	446,512	-13
시가 74,800	-0.40	73,900	1.60	143,137	-5
고가 75,000	-0.13	73,800	1.73	126,034	19
저가 74,000	-1.46	73,700	1.86	151,136	1
시가대비 ▼	700	73,600	2.00	101,263	28
증거금률	20 %	73,500	2.13	309,896	10
보증금률	45 %	73,400	2.26	86,168	1
ELW여부	발행	73,300	2.40	123,803	
기본	VI(예상)	73,200	2.53	220,819	
		73,100	2.66	119,434	
32	767,152		1,061,050	1,828,202	41
		시간외			

자료 4-2. 호가창(주식 주문창) 화면

는 데 도움이 된다.

기술적 분석에 너무 많은 의미를 두지 마라. 그냥 과거 가격 정보를 정리하는 여러 가지 방법일 뿐이다. 절대로 미래를 예측할 수 없다. 다른 사람의 마음을 이해하고, 사고파는 타이밍을 잡을 때 참고하고, 흔들리는 내 마음을 잡는 보조기구, 이 정도로 생각해야 한다. 따라서 기술적 분석을 공부하는 데 시간을 낭비하지 않기를 바란다. 영화 〈작전〉에 이런 대사가 있다. 몇몇 사람은 맞는다고 생각할 것이다. "답은 차트에 다 나와 있어요." 틀렸다. 차트에는 답이 없다.

거래량 많은 날을 보라

먼저 차트를 볼 때 참여자가 많은 종목의 차트는 볼 필요가 없다. 삼성전자처럼 외국인, 연기금, 국내기관, 개인 등 수많은 주체가 사고판다면 차트로 알 수 있는 것은 아무것도 없다. 참여자가 적은, 시가총액 2,000억 원 이하, '작은 기관 투자자'와 개인 투자자만 있는 그런 종목이 대상이다. 이런 종목에서도 차트를 봐야 하는 날은 정해져 있다. 바로 거래량이 많은 날이다.

삼아알미늄 차트다. 알루미늄 가격은 2019년 $1,791/t, 2021년 1월 $2,004/t, 10월에 $2,955/t까지 올랐다가 12월에 $2,695/t으로 내려왔다. 보통 $1,500/t 정도 하다가 2006년~2008년 $2,500/t이었으니 자원가격 등락 사이클 내에 있다. 그런데 거래량이 급증한 2020년 9월 21일과 22일, 두 번의 상한가가 있었다. 이틀 동안 개인 투자자가 10만 주 정도 샀다. 10월 23일에도 개인 투자자가 10

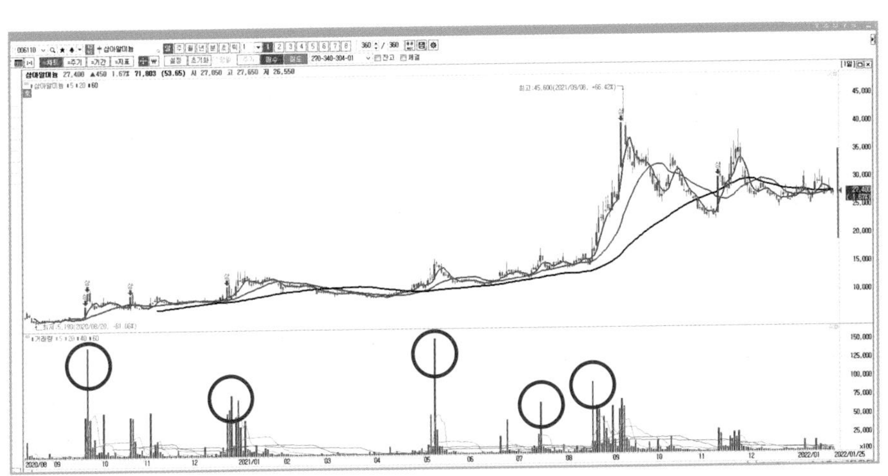

자료 4-3. 삼아알미늄 일봉차트(2020년 8월~2022년 1월) 화면

만 주를 샀다. 이로 인해 '현저한 시황변동에 따른 조회공시요구'가 있었다. 회사는 '중요 공시대상 없음'이라고 답변했다. 아무 이유 없이 오른 것이다. 12월 23일, 그리고 이듬해인 2021년 5월 4일에서 12일까지 또다시 개인 투자자가 5만 주 정도를 샀다. 7월에는 손바뀜만 약간 있었다. 이 기간에 개인 투자자가 25~30만 주 정도를 산 것이다.

2021년 8월 17일 화요일, 삼아알미늄은 영업이익 43억 원으로 전년 대비 95% 증가했다고 발표했다. 원자재 가격들이 많이 오른다는 뉴스들과 함께 외국인이 사기 시작했다. 8월 19일에 개인 투자자는 30만 주를 팔았다. 하지만 그것으로 끝나지 않았다. 9월 5일에 아프리카 기니에서 쿠데타가 발생했다. 기니는 알루미늄의 원료인 보크사이트를 세계에서 가장 많이 수출하는 나라다. 그 소식으로 삼아알미늄은 9월 7일 상한가를 기록한다. 이때부터 외국인과 기관 투자자들은 들어온 개인 투자자에게 꾸준히 물량을 넘기기 시작한다.

2020년 9월 21일부터 2021년 8월 19일까지 실행된 1년짜리 '작전'이다. 이들은 8,000원에서 10,000원 정도로 사서 17,000원에서 20,000원 사이에 팔았다. 이후 45,000원까지 올라갔지만, 그들과는 상관없었다. 예상치 못하게 기니에서 쿠데타가 발생해서 오른 것이다. 이런 식으로 거래량이 많은 날, 누가 샀는지 팔았는지(기관, 개인, 외국인, 대주주), 어떤 뉴스가 있었는지를 종합적으로 판단하기 위해 거래량이 많은 날을 살피는 것이다.

봉차트는 꼬리를 봐라

봉차트는 꼬리를 봐야 한다. 윗꼬리가 길다면 파는 사람들이 많다는 뜻이다. 이런 봉이 나오면 다음 날은 보통 내려간다. 아랫꼬리가 길다면 떨어지던 것을 누군가 사서 올렸다. 지금의 가격이 싸다고 생각하는 사람들이 있다는 뜻이다. 이후 하루나 이틀은 거의 확실하게 올라간다. 꼬리가 없는 장대양봉 다음 날은 오르면서 시작한다. 장대음봉 다음 날은 내리면서 시작한다. 하루 사이에 특별한 일이 없으면 그 전날 추세를 따라간다.

그 외 봉차트에 대한 해석들은 필요 없다. 다른 해석들은 오히려 올바른 판단을 방해한다. 그리고 차트에 대한 모든 해석은 첫째, 누가 사고 누가 팔았느냐, 둘째, 그날 어떤 뉴스가 있었느냐를 함께 보고 종합적으로 판단해야 한다. 그리고 그 해석을 적어놔야 한다. 전업 투자자라면 종목별로 엑셀시트를 하나씩 만들어서 적는 습관을 지니면 더욱 좋다. 전업 투자자는 엑셀과 친해야 한다.

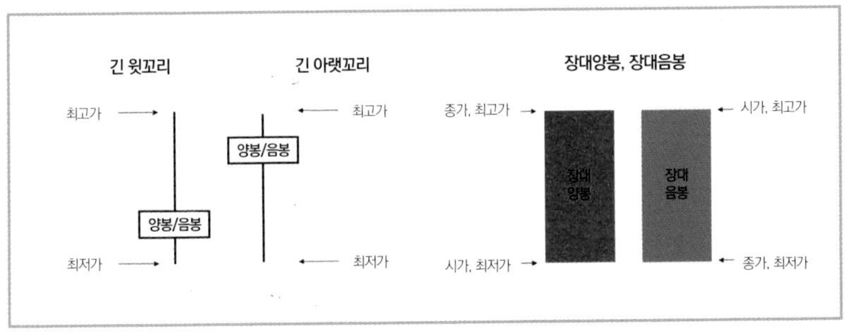

자료 4-4. 봉차트 꼬리

:: 결론

전업 투자자는 기술적 분석을 꼭 알아야 한다. 개인 투자자의 마음을 읽고, 사고파는 타이밍을 잡으며, 내 마음을 다스리기 위해서다. 차트를 보기 전 먼저 거래량이 많은 날 개인, 기관, 외국인 중 누가 샀는지 확인한다. 그리고 그날 어떤 뉴스가 있었는지 보면 어떤 과정 중에 있는지 대략 알 수 있다. 봉차트는 꼬리를 본다. 윗꼬리가 긴 날, 아랫꼬리가 긴 날, 장대양봉, 장대음봉, 이 네 가지를 보면 하락 중인지, 상승 중인지 알 수 있다. 나는 보통 아랫꼬리가 긴 날에 사서, 장대양봉이 뜬 다음 날 판다.

다음은 이동평균선 보는 법을 설명하겠다.

이동평균선 보는 법

평범하게 세팅하고, 이동평균선이 모여 있는지만 보라

이동평균선은 평범하게 세팅하라. 같은 이동평균선을 보는 다른 투자자들의 마음을 읽기 위해서다. 그리고 그들과 다르게 대응하면 된다. 이동평균선은 정배열 또는 역배열, 벌어졌거나 모였거나 이 두 가지를 본다. 역배열로 벌어졌다가 모였을 때 산다. 그리고 정배열로 벌어지면 판다. 기술적 분석은 쉽고 단순하게 봐야 한다. 복잡하고 정교하게 분석해도 어차피 맞추지 못한다. 게다가 무슨 뜻인지 해석하기도 어렵다. 그러면 가장 중요한 일봉부터 살펴보자.

일봉, 정배열, 역배열, 벌어짐, 모임

일봉차트는 며칠이나 몇 주 안에 돈을 벌어야 하는 전업 투자자에게 가장 중요하다. HTS 차트에 들어가면 이미 이동평균선이 여러 개 그려져 있다. 5일, 20일, 60일(120일도 괜찮다), 딱 3개만 남긴다. 가격 기준은 **'종가'**로 한다. 복잡하게 '시가', '평균가' 같은 것으로 하지 마라. 계산방식은 **'단순'**이다. '지수', '가중', '기하' 같은 것으로 하지 마라. 이렇게 하면 5일은 5일간 종가를 단순 평균한 값으로 선을 그린다. 20일은 20일간 종가 단순 평균, 60일은 60일간 종가 단순 평균선이다. 그리고 선을 굵게 하고 색깔을 명확하게 한다. 나는 5일선은 파란색, 20일선은 빨간색, 60일선은 검은색으로 한다.

정배열 뜻은 60일선 위에 20일선이 있고, 20일선 위에 5일선이 있다는 뜻이다. 주가가 올라가는 중이라는 의미다. 역배열 뜻은 정반대다. 60일선 아래 20일선이 있고, 20일선 아래에 5일선이 있다. 주가가 내려가는 중이라는 의미다. 이동평균선이 벌어진다는 것은 주가가 최근에 크게 오르거나 내렸다는 뜻이다. 이동평균선이 모인다는 것은 주가가 별다른 변동이 없다는 뜻이다. 삼아알미늄 사례로 설명하겠다.

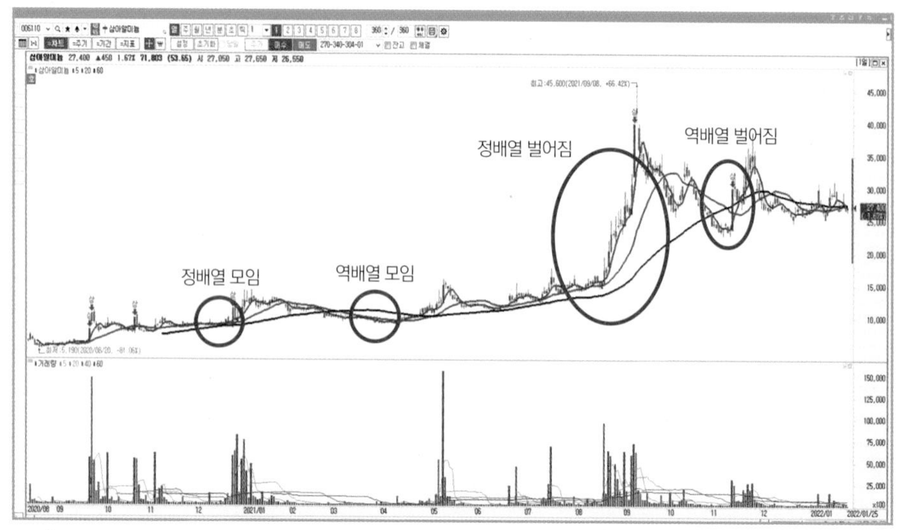

자료 4-5. 삼아알미늄 일봉차트(2020년 8월~2022년 1월) 화면_정배열, 역배열, 벌어짐, 모임

파란색이 5일 이동평균선이다. 빨간색이 20일선, 검은색이 60일선이다. 위에서부터 파란색, 빨간색, 검은색 정배열에 모여 있다. 주가가 크게 오르면서 정배열이 벌어진다. 이후 주가가 크게 떨어지면서 역배열이 벌어진다. 이것만 보면 된다. 이동평균선을 보는 다른 방법들이 있다. 별 의미 없다. 그게 뭔지, 그리고 왜 의미 없는지 설명하겠다.

눌림목

'눌림목 매매'라는 말이 있다. 뜻은 5일, 20일, 60일선이 모일 때 산다. 그래서 내려가면 손절을 하고, 올라가면 돈을 버는 것이다. 삼아알미늄 차트로 예를 들어보겠다. 빨간색 동그라미를 친 곳이 모두 눌림목이다. 저기서 사서 오르면 팔고, 내리면 손절을 하는 것이다. 얼핏 보기에 좋은 투자 방법 같이 보인다.

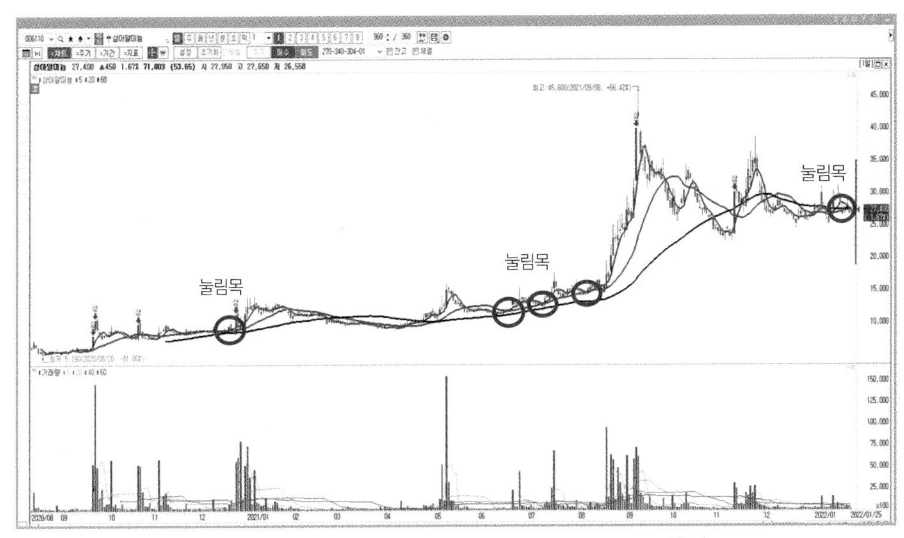

자료 4-6. 삼아알미늄 일봉차트(2020년 8월~2022년 1월) 화면_ 눌림목

그러면 한 가지 묻겠다. 2022년 1월 25일 현재, 눌림목이 발생했다. 지금 당신에게 1,000만 원이 있다면 삼아알미늄을 살 수 있는가? 과거 자료로 눌림목마다 오르는 게 확인된 종목이다. 그래도 사려면 손이 벌벌 떨린다. 아마 살 수 없을 것이다. 이것이 차트 매매의 현실이다. 결국은 알루미늄 가격 전망에 따라 사거나 팔게 된다. 알루미늄 가격이 오를 것 같다면 1월 25일은 사기 좋은 때다.

헤드앤숄더

요즘 유행하는 '헤드앤숄더' 패턴이다. '다음과 같은 패턴으로 움직이니 왼쪽 어깨에서 떨어졌을 때 사라. 머리에서 팔되, 머리에서 팔지 못했더라도 오른쪽 어깨를 기다렸다가 팔아라. 혹시 목선(기

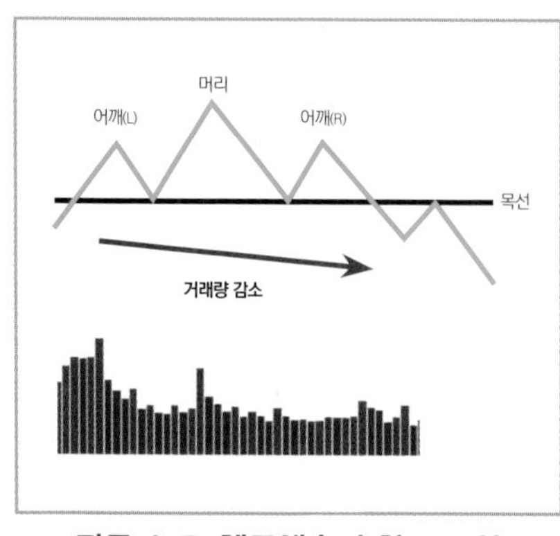

자료 4-7. 헤드앤숄더 차트 모양

준선) 아래로 무너지면 손절하라' 그런 뜻이다. 내가 주식을 시작하던 1990년대 후반 차트 책에서 M형 차트, W형 차트와 똑같다. 목선(기준선)을 어디로 긋느냐에 따라 결과가 많이 달라져서 고민을 많이 했었다. 지금도 대부분 HTS 차트에는 기준선을 긋는 기능이 있다. 이처럼 헤드앤숄더 패턴은 그럴듯하게 들린다.

왜 저런 M자, W자 모양을 이름만 바꿔서 유행시킬까? 생각해보니 영화 〈타짜〉에서 정 마담(김혜수 역)과 호구(권태원 역)의 대사가 생각났다.

호구 : "노름이 뭐야?"
정 마담 : "파도요."
호구 : "그래! 파도! 올라갔으면 내려가고, 내려갔다가 다시 올라가는 거야!"

헤드앤숄더 패턴과 호구의 말이 똑같지 않은가? 헤드앤숄더 패턴을 믿고 기준선을 긋고 있다면 당신은 호구다. 기관 투자자나 작은 기관 투자자는 그런 당신에게 매도 폭탄을 안길 것이다. 이런 식으로 차트를 보고 사는 개인 투자자에게 매도 폭탄을 안기는 활동을 '설거지'라고 한다.

:: 결론

이동평균선을 보는 이유는 다른 투자자들의 마음을 읽기 위해서다. 그러니 그들과 똑같이 5일선, 20일선, 60일선(또는 120일선)을 설정하라. 세 개의 선을 두껍게, 색을 선명하게 세팅하라. 알아야 할 것은 정배열, 역배열, 모임, 벌어짐이다. 역배열로 모였을 때 사서 정배열로 벌어지면 판다. 그 외 눌림목, 헤드앤숄더는 알 필요 없다. 알아봐야 남들에게 이용만 당한다. 이것이 차트 분석의 모든 것이다. 진짜 이것뿐인가? 프로그래머였고, 기술적 분석을 프로그램으로 만들어 '대신증권 프로그램 경진대회' 금상을 탄 사람이 20년 투자해보고 하는 말이다. 진짜 이것뿐이다. 믿어도 좋다.

이제 기술적 지표 활용법에 관해 설명하겠다.

기술적 지표 활용법

나만의 특별한 세팅을 하라

기술적 지표란 무엇일까? HTS에 수많은 기술적 지표가 있다. KB증권 차트에는 기술적 지표 178개[52]가 있다. 이 많은 지표를

52) 가격지표 20개, 추세지표 26개, 변동성지표 35개, 거래량지표 17개, 파생지표 11개, 기타지표 8개, 시장지표 61개다.

다 알 필요가 있을까? 모든 기술적 지표는 결국 '정해진 기간 가격 대비 많이 떨어졌는지, 많이 올랐는지'를 보는 방법이다. 이동평균선 모임과 벌어짐을 그럴듯하고 복잡한 방법으로 표현한 것이다. 따라서 이동평균선을 본다면 기술적 지표는 굳이 볼 필요가 없다. 그런데도 본다면 딱 하나만 정해서 보라. 왜 그런지 설명하겠다.

RSI

RSI는 내가 쓰고 있는 기술적 지표라서 자세히 설명하겠다. 하지만 몰라도 된다. RSI는 상승세라면 얼마나 강한 상승세인지, 하락세라면 얼마나 강한 하락세인지 백분율로 알려주는 지표다. RSI 30% 이하면 매수하고, RSI 70% 이상이면 매도한다. 매우 직관적이고 간단하다.

RSI=100-100/(1+RS)

RS=n일간 종가 평균 상승폭/n일간 종가평균 하락폭
n 기본설정값 : 14

공식을 써서 미안하다. 공식의 뜻은 14일간 상승폭 대 하락폭이 7:3 이상(8:2, 9:1)으로 올라가면 RSI가 70% 위로 올라간다. 그러면 팔아라. 14일간 상승폭 대 하락폭이 3:7 이하(2:8, 1:9)로 내려가면 RSI가 30% 아래로 내려간다. 그러면 사라. RSI는 '내려갈 때 사서 올라갈 때 팔아라'를 어렵게 표현한 것이다. 삼아알미늄을 RSI로 설명해보겠다.

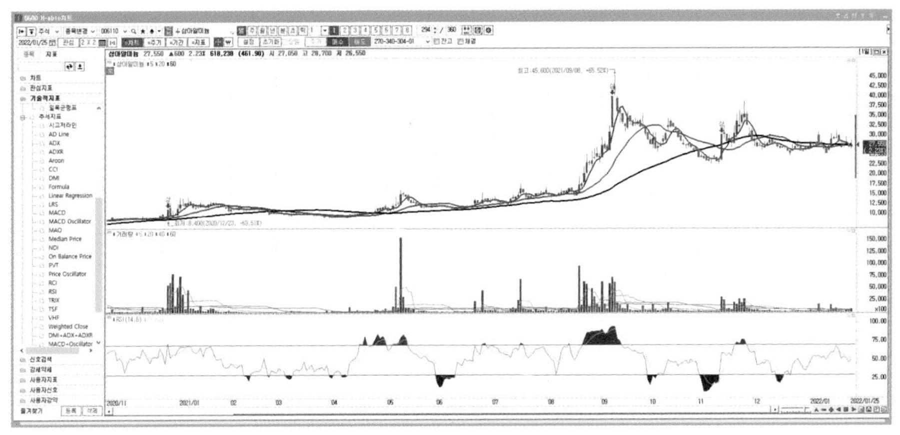

자료 4-8. 삼아알미늄 차트(2020년 8월~2022년 1월) 화면_ RSI

하단에 RSI가 표시되어 있다. 나는 n을 10으로 했다. 우선 기본 설정 14는 2주일이 14일인 것을 기준으로 한 것 같다. 하지만 지금은 2주일이 10영업일 아닌가. 그리고 모두가 쓰는 14를 쓰면 역이용을 당할 수도 있다. 그래서 나만의 수치인 10을 쓴다. RSI 30% 이하면 파란색, 70% 이상이면 빨간색이다. 결과적으로 RSI가 신호를 줄 때 사고팔면 확실히 돈을 번다. 이렇게 내려갈 때 사서 올라갈 때 팔면 돈을 벌 수 있다는 것을 알 수 있다.

사실 스토캐스틱도 RSI와 비슷한 개념이고, 결과도 비슷하다. 다만 스토캐스틱은 RSI에 비해 매매신호가 더 자주 나온다. 그리고 스토캐스틱 공식이 RSI보다 더 어렵다. 그래서 해석하기 복잡하고 시간이 많이 걸려 쓰지 않는다. 하지만 스토캐스틱은 RSI보다 좀 더 정교하고 다양하게 전략을 수립하고 쓸 수 있다.

편차범위를 알려주는 지표 : 볼린저 밴드

차트를 보면서 혹시 이런 생각을 해봤는가? '주가는 보통 어떤 가격 범위 안에서 움직인다. 그 범위를 깨고 아래로 내려갈 때 사서, 그 범위를 깨고 위로 올라갈 때 팔면 돈을 벌 수 있지 않을까?' 그러면서 차트에 가격범위 선을 긋고 뚫었는지, 안 뚫었는지 해본 경험이 있는가? 굳이 선을 그을 필요 없다. 볼린저 밴드가 그어준다.

볼린저밴드 초기세팅은 (20, 2)다. 중심선은 20일 단순이동평균이다. 상향밴드는 중심선에서 표준편차 2배만큼 위에 선을 긋는다. 하향밴드는 중심선에서 표준편차 2배만큼 아래에 선을 긋는다. 주가가 하향밴드 아래로 내려가면 사서, 상향밴드 위로 올라가면 판다. 이렇게 하면 어떻게 되는지 삼아알미늄 사례로 살펴보자.

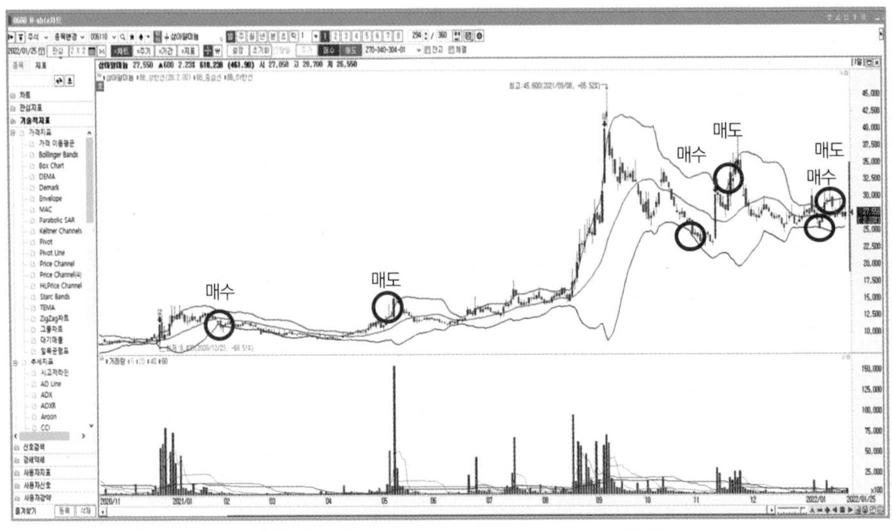

자료 4-9. 삼아알미늄 차트(2020년 8월~2022년 1월) 화면_ 볼린저밴드

볼린저밴드가 주는 매수, 매도 신호대로 사고팔면 돈을 벌 수 있는 것을 알 수 있다.

이격도

이격도란 주가와 이동평균선이 얼마나 떨어져 있는지를 나타낸다. 보통 60일 이동평균선을 쓰지만, 나는 20일을 쓴다. 당일 주가를 20일 이동평균값으로 나눈다. 100%면 같다는 뜻이다. 90%면 주가가 이동평균보다 낮다는 뜻이다. 110%면 주가가 이동평균보다 높다는 뜻이다. 그래서 이격도가 90% 아래로 내려가면 사서 110% 위로 올라가면 판다. 그렇게 하면 어떻게 되는지 삼아알미늄 사례로 살펴보자.

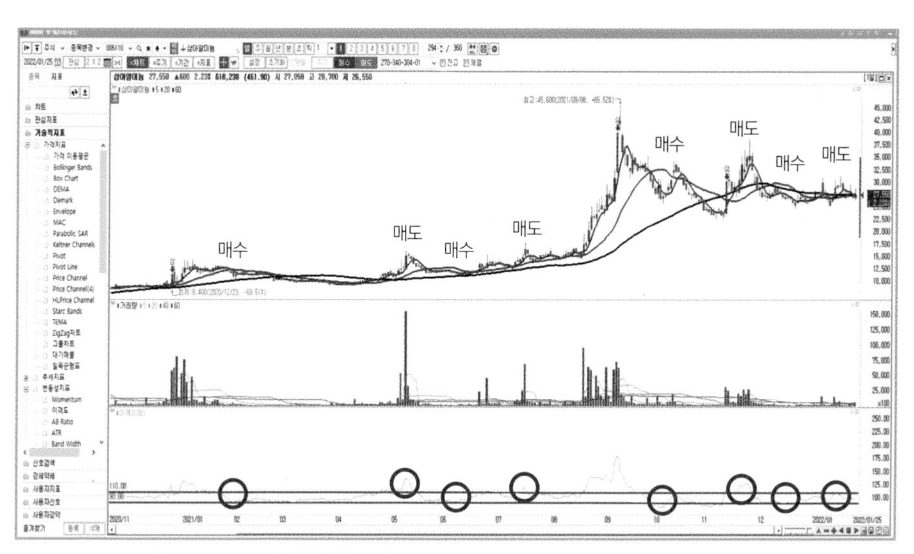

자료 4-10. 삼아알미늄 차트(2020년 8월~2022년 1월) 화면_ 이격도

이격도가 주는 매수, 매도 신호대로 사고팔면 돈을 벌 수 있는 것을 알 수 있다.

하나만 써라

기술적 지표인 RSI, 볼린저밴드, 이격도를 보니 어떤가? 이렇게 쉽게 돈을 벌 수 있다는 게 신기하지 않은가? 하지만 하나만 써야 한다. 세 개를 모두 쓰면 주는 신호가 제각각이다. '세 개 모두 동시신호를 줄 때만 사고팔면 더 안전하지 않을까?' 하고 직접 해봤으나 그렇지 않았다. 해석하기 어렵고 헷갈리기만 한다. 그렇다고 더 잘 맞추는 것도 아니다.

:: 결론

기술적 지표를 본다면 여러 개 한꺼번에 보지 말고 하나만 봐라. 하나만 본다면 기본설정값으로 세팅하지 말고 나만의 세팅으로 바꿔라. 기본설정값은 모든 투자자가 같은 값을 보기 때문에 상대방에게 이용당할 수도 있다. 나는 RSI를 쓰며 기본설정값 RSI(14) 대신 RSI(10)으로 바꿔서 쓴다. 기술적 지표 매수 신호, 매도 신호의 뜻은 '내려갈 때 사서 올라갈 때 팔아라', 이거 하나다. 이제 기술적 분석을 마무리하고 전업 투자자로서의 내 투자 전략을 소개하겠다.

04 전업 투자 전략

전환사채 투자법

전환사채 투자법이란?

전환사채란 주식으로 전환할 수 있는 채권이다. 예를 들어 내가 어떤 상장회사에 100억 원을 연이자 4%에 빌려줬다. 주식으로 바꿀 수도 있도록 했다. 돈을 못 갚으면 주식으로 바꿔 팔기 위해서다. 이것이 전환사채다. 원래 이런 것인데 기관 투자자들은 이자 받는 것보다 주식으로 바꿔서 파는 게 더 이득이라는 것을 알게 됐다. 그래서 연이자 0%, 1.5% 전환사채를 받고 돈을 빌려준다. 보호예수기간 1년 뒤 주식으로 바꿔서 팔면 훨씬 더 많이 벌 수 있기 때문이다. 회사는 1년 뒤 주가를 올릴 이벤트를 준비한다. 그래서 주가가 오르면 기관 투자자는 전환사채를 주식으로 바꾸고 팔아서 돈을 번다.

'전환사채 투자법'이란 이런 회사에 투자하는 것이다. 전환사채를 주식으로 바꾸는 것을 '전환청구권 행사'라고 한다. 전환사채는 대부분 무기명으로 발행되기 때문에 누가 샀는지, 누가 바꾸는지는 모른다. 하지만 바꿀 때 반드시 공시를 해야 한다. 그 누군가는 잠깐 돈이 필요해서 1만 주나 2만 주 정도 바꿀 수도 있다. 그런데 100만 주 이상 바꿨다면? 아직 별다른 뉴스가 없고, 주식으로 바꾼 가격이 지금 주식 가격과 큰 차이가 없다면? '준비된 이벤트가 곧 시작된다'라고 보고 나도 주식을 산다. 그리고 주가가 오르면 판다. 이것이 전환사채 투자법이다.

종목 전략

먼저 '전환청구권 행사'를 검색한다. 전환청구권 행사는 몇 주를, 언제, 주당 얼마로 상장한다고 공시한다. 이 중에 100만 주 이상 전환청구권을 행사하는 회사를 고른다. 2021년 기준, 100만 주 이상 전환청구권이 행사된 횟수는 623회다. 거기서 회사 이름으로 중복을 제외하면 241개다. 241개의 상장사에서 1년에 2.6회 정도, 하루 2.5개 회사가 100만 주 이상 전환권을 행사했다. 그러면 이 중에서 어떤 회사를 선택할까? 다음에 해당할 경우 제외한다.

① 전환청구권 행사, 주식 상장 공시 전후 악재 발생
② 상장가가 현재가보다 낮을 경우
③ 오버행(현재가가 상장가보다 2배가 넘을 때)
④ 상장일 RSI 70% 이상
⑤ 시가총액 4,000억 원 이상

⑥ 뉴스가 너무 없는 경우
⑦ 거래 정지 또는 관리종목
⑧ 3년 연속 영업적자 또는 관리종목 지정, 상장 폐지 이슈가 있는 경우
⑨ 최대 주주 변경을 수반한 주식 담보대출이 있는 경우
⑩ 이미 크게 오른 경우
⑪ 액면분할, 액면병합 직후에 상장되는 경우
⑫ 경영권이 자주 바뀌는 경우
⑬ 승계 중인 회사
⑭ 중국인, 중국펀드 대주주 또는 어리숙한 대주주

매수 전략, 매도 전략

매수 전략은 전환청구권 행사로 나온 주식이 상장하는 날 전후에 '현저한 시황변동'이나 '아무 이유 없는 상한가'가 있는지 살핀다. 최근 전환청구권 행사가 없다가 처음으로 행사한다면 더욱 좋다. 전환된 주식이 상장하는 날 이동평균선이 역배열인지 살핀다. 혹 RSI가 70%를 넘으면 매수 대상에서 제외한다.

매도 전략은 준비됐던 뉴스가 나온 다음 날, 또는 크게 오른 다음 날 9시~9시 30분에 판다. 전날 크게 올랐다면 다음 날 장 초반에는 상승세가 유지되기 때문이다. '종가매수 시가매도'와 같은 원리다. 목표 수익률은 10%다. 10%가 넘어가면 기다리지 않고 무조건 판다. 기업 내용을 알고 산 것이 아니어서 10% 손실이 나면 손절을 한다. 그리고 팔고 나서 바로 매수하지 않는다. 매도대금은 D+2일에 정산되기 때문이다. 정산될 때까지 미수를 쓰면 되지

만, 어떤 형태로든 미수는 쓰지 않는다. 주식 시장에서 꼭 팔아야 할 때는 있지만 꼭 사야 할 때는 없다.

리스크 및 대응 방법

이 투자 방법을 적용해서 투자한 결과, 투자 기간은 평균 23일, 투자 건당 수익률 17%, 성공률 90%다. 10건에 1건은 손실이 난다. 그래서 가진 돈의 10분의 1씩 10개 종목을 산다. 이렇게 10종목을 사서 9개는 +10%, 1개는 -10% 수익이 나면 수익률은 8%가 된다. 하지만 마이너스가 나면 확실히 10%에서 끊고, 플러스가 나면 평균 17%이기 때문에 최종 수익률은 14%다.

이 투자법을 하기 위해 매일 전환청구권 행사한 종목을 엑셀로 정리한다. 그래서 사거나 팔 종목을 결정하고 다음 날 실행한다. 꽤 힘든 일이다. 다시 말하지만 전업 투자자는 FIRE족이 아니다. FIRE족은 투자를 하지 않아도 될 만큼 돈이 많은 사람이다.

:: 결론

100만 주 이상 전환청구권 행사하는 종목을 찾는다. 제외조건에 해당하는지 확인한다. 제외조건에 해당하지 않으면 전환된 주식이 상장되는 날에 매수한다. 그리고 회사가 준비한 뉴스가 나거나 시세가 오르면 판다. 목표 수익률은 10%다. 10% 이상 오르면 무조건 판다. 오르지 않았다면 10% 빠졌을 때 손절을 한다. 이 투자법을 하려면 매일 전환청구권 행사한 종목을 엑셀로 정리해 사거나 팔 종목을 결정하고, 다음 날 실행해야 한다.

내려갈 때 사서 올라갈 때 팔아라

주식 투자를 처음 시작했을 때 한 강연을 들었다. 당시 증권사에서는 주식 투자를 잘하는 분들을 모셔다가 강연을 하곤 했다. '○○동 큰손'으로 불리던 나이 지긋한 개인 투자자였다. 열정적으로 소리를 지르듯 "내려갈 때 사서 올라갈 때 팔아라. 그러면 성공한다"라고 하셨다. 처음 그 말을 들었을 때 '말도 안 돼'라고 생각했다. 그리고 '왜 저렇게 소리를 지르실까?' 싶었다. 왠지 자기 자식에게 해주고 싶었던 말인 것 같았다.

몇 년 후 대신증권 프로그램 경진대회에 나갔다. 학부생인 나와 석사과정 선배 2명, 박사과정 선배 2명이었고, 리더는 최동은 선배였다. 대신증권에서는 프로그램을 짤 수 있게 증권API[53]를 열어주었다. 우리는 데이트레이더가 하루 1% 이상 수익을 낼 수 있는 프로그램을 짜기로 했다. 시험 삼아 내려갈 때 사서 올라갈 때 팔도록 프로그램을 짜봤다. 대성공이었다. 다른 어떤 방법으로도 이보다 더 좋은 수익률을 낼 수 없었다.

53) 증권API : 컴퓨터 프로그램에서 증권 종목별 가격 및 각종 정보에 대한 자료를 받아 볼 수 있는 함수.

"형 이걸로 하시죠."
나는 동은이 형에게 말했다.

"그러면 우리 프로그램 이름은 '내려갈 때 사서 올라갈 때 파는 프로그램'이야? 너무 없어 보이지 않아?"

그래서 기술적 지표들을 검토했다. RSI 30%일 때 사서 70% 때 파는 것이 가장 비슷한 결과를 냈다. 결국 'RSI를 활용한 데이트레이딩 시뮬레이션 프로그램'이라는 이름으로 개발해서 출품했고 금상을 탔다. 이후에도 계속 주식 투자를 했지만, 그 중요성을 깨닫지 못했다. 주식 투자 15년째 되던 해, "내려갈 때 사서 올라갈 때 팔아라"라는 말이 맞다는 것을 깨달았다. 그 깨달음을 실천하며 드디어 돈을 벌기 시작했다. 그리고 그 돈으로 집도 사고 경제적 독립도 달성했다.

좋은 것은 자녀에게 물려주고 싶은 법. 깨달은 것을 아이에게 알려주고 싶었다. 그런데 자녀가 많아 하나하나 가르쳐 줄 수 없다. 어떻게 하면 아이들의 시행착오를 줄여줄 수 있을까? 그것이 바로 이 책을 쓴 이유다. 왕도는 없다. 공부해야 한다. 네 단계로 나

눴다. '투자를 위한 준비', '내 집 마련 주식 투자', '부수입 만들기', '직업으로 주식 투자' 등 단계별로 꼭 알아야 할 것을 소개했다. 그리고 내 경험과 내가 현재 쓰고 있는 투자 전략을 소개했다. 투자에서 지름길은 없다. 공부한 것을 실제 적용해 자기 것으로 만드는 것, 그것이 가장 지름길이다. 그러면 깨달음이 생기고 자기 성향과 시대에 맞춰 변형할 수 있다. 이것이 시행착오를 줄이고, 가장 빠르게 성공하는 방법이다.

내 자녀들도 아빠처럼 평범하게 살았으면 좋겠다. 20대 때 사랑하는 사람과 결혼해 자녀를 여럿 낳고, 집을 마련하며, 너무 늙기 전에 경제적으로 독립하는 삶. 하지만 평범하게 사는 것은 어렵다. 그런데 주식 투자는 그것을 가능하게 해준다. 공대를 졸업했지만 대기업 전략기획실, 재무실에서 근무했다. 그 경력으로 연봉 높은 카드사와 은행으로 이직할 수 있었다. 그 기초는 주식 투자였다. 결혼할 때 전세금 마련, 아이들과 함께할 집 마련, 이렇게 책을 쓸 수 있었던 것도 모두 주식 투자 덕분이다. 이 재주를 자녀에게 물려주고 싶다. 그리고 이 책을 읽는 사람들도 주식 투자가 삶에 힘이 되기를 바란다.

주식 투자, 내려갈 때 사서 올라갈 때 팔아라

제1판 1쇄 | 2022년 5월 13일
제1판 2쇄 | 2022년 6월 30일

지은이 | 이상엽
펴낸이 | 오형규
펴낸곳 | 한국경제신문*i*
기획제작 | (주)두드림미디어
책임편집 | 배성분　디자인 | 디자인 뜰채 apexmino@hanmail.net

주소 | 서울특별시 중구 청파로 463
기획출판팀 | 02-333-3577
E-mail | dodreamedia@naver.com(원고 투고 및 출판 관련 문의)
등록 | 제 2-315(1967. 5. 15)

ISBN 978-89-475-4796-3 (03320)

책 내용에 관한 궁금증은 표지 앞날개에 있는 저자의 이메일이나
저자의 각종 SNS 연락처로 문의해주시길 바랍니다.

한국경제신문*i* 주식, 선물 도서목록

한국경제신문^{i} 주식, 선물 도서목록

한국경제신문*i* 주식, 선물 도서목록

DDM
dodreamedia
두드림미디어
경제·경영, 재테크, 자기계발, 실용서 전문 출판 임프린트

㈜두드림미디어 카페
https://cafe.naver.com/dodreamedia

가치 있는 콘텐츠와 사람
꿈꾸던 미래와 현재를 잇는 통로

Tel : 02-333-3577
E-mail : dodreamedia@naver.com